Lernen in Unternehmen

Praxis der Personalpsychologie
Human Resource Management kompakt
Band 43

Lernen in Unternehmen

Prof. Dr. Timo Kortsch, Dr. Julian Decius, Dr. Hilko Paulsen

Die Reihe wird herausgegeben von:

Prof. Dr. Jörg Felfe, Prof. Dr. Benedikt Hell, Dr. Rüdiger Hossiep,
Prof. Dr. Martin Kleinmann, Prof. Dr. Bettina Kubicek

Die Reihe wurde begründet von:

Prof. Dr. Heinz Schuler, Dr. Rüdiger Hossiep,
Prof. Dr. Martin Kleinmann, Prof. Dr. Werner Sarges

Timo Kortsch
Julian Decius
Hilko Paulsen

Lernen in Unternehmen

Formal, informell, selbstreguliert

hogrefe

Prof. Dr. Timo Kortsch, geb. 1985. Seit 2021 Professor für Wirtschaftspsychologie an der IU Internationale Hochschule. Arbeitsschwerpunkte: Stressmanagement, Lernen und Lernkultur in Unternehmen, Glück bei der Arbeit.

Dr. Julian Decius, geb. 1988. Seit 2021 Leitung des Arbeitsgebiets Organisationspsychologie im Fachbereich Wirtschaftswissenschaft an der Universität Bremen. Forschungsschwerpunkte: Arbeitsbezogenes Lernen, „New Learning", Beschäftigungsfähigkeit, Job Crafting, Arbeit in algorithmisch geprägten Kontexten, Kompetenzentwicklung im Profifußball.

Dr. Hilko Paulsen, geb. 1985. Seit 2022 Leiter der Personal- und Organisationsentwicklung bei der Region Hannover. Themenschwerpunkte: Kompetenzentwicklung, arbeitsintegriertes Lernen und organisationale Lernprozesse.

Bibliografische Information der Deutschen Nationalbibliothek
Die Deutsche Nationalbibliothek verzeichnet diese Publikation in der Deutschen Nationalbibliografie; detaillierte bibliografische Daten sind im Internet über http://dnb.dnb.de abrufbar.

Hogrefe Verlag GmbH & Co. KG
Merkelstraße 3
37085 Göttingen
Deutschland
Tel. +49 551 999 50 0
Fax +49 551 999 50 111
info@hogrefe.de
www.hogrefe.de

Umschlagabbildung: © iStock.com by Getty Images / skynesher
Satz: Franziska Stolz, Hogrefe Verlag GmbH & Co. KG, Göttingen
Druck: mediaprint solutions GmbH, Paderborn
Printed in Germany
Auf säurefreiem Papier gedruckt

1. Auflage 2024

(E-Book-ISBN [PDF] 978-3-8409-3093-5; E-Book-ISBN [EPUB] 978-3-8444-3093-6)
ISBN 978-3-8017-3093-2
https://doi.org/10.1026/03093-000

Inhaltsverzeichnis

Karten

1 Lernen in Unternehmen

1.1 Einordnung des Gegenstandsbereichs

Lernen ist in vielen Lebensbereichen allgegenwärtig – so auch bei der Arbeit. Wenn man an Lernen bei der Arbeit denkt, denkt man oft zuerst an explizite Lernformate: sei es der Besuch einer Weiterbildungsveranstaltung, die kurze Einweisung in einen neuen Arbeitsprozess oder ein verpflichtendes Online-Seminar zum Thema Datenschutz. Doch auch jenseits dieser formalen Lernformate findet Lernen im Unternehmen statt, beispielsweise als selbstinitiiertes Handeln. Dies kann geschehen, wenn man sich für ein bestimmtes Thema interessiert und sich eine Möglichkeit ergibt, sich dafür relevantes Wissen anzueignen (z. B., indem man die Arbeitsausführung im Kollegium beobachtet oder um Feedback bittet). Da das Thema Lernen im alltäglichen Arbeitsleben einen herausgehobenen Platz einnimmt, kann es für ganz unterschiedliche Human-Resources (HR)-Prozesse relevant werden. Dies spiegelt sich beim Versuch der Einordnung des Themas in die Personalpsychologie wider: Lernen spielt in vielen Themenbereichen der Personalpsychologie eine Rolle, wie bei der Personalentwicklung, der Personaldiagnostik, der Personalführung, beim Personalmarketing, und bei der Interaktion in Gruppen und Teams. In der Tabelle 1 sind beispielhaft Berührungspunkte der genannten Bereiche mit dem Thema Lernen dargestellt.

Primär ist Lernen in Unternehmen allerdings der Personalentwicklung zuzuordnen, die einen wichtigen – wenngleich nicht den einzigen – Rahmen für Lernaktivitäten der Beschäftigten darstellt. Unter Personalentwicklung werden „alle geplanten Maßnahmen (im Unterschied zur Sozialisation) gefasst, die geeignet sind, die individuelle berufliche Handlungskompetenz (in Abgrenzung zur Organisationsentwicklung) der Beschäftigten zu entwickeln und zu erhalten“ (Kauffeld & Grote, 2019, S. 168). Lernen findet zudem nicht nur auf der individuellen Ebene statt, sondern auch auf der Team- und Organisationsebene, sodass auch Schnittmengen mit Themen der Organisationspsychologie bestehen (z. B. Organisationsentwicklung). Dabei können die Übergänge fließend sein, da individuelles Lernen oft im sozialen Kontext stattfindet (z. B. durch die Besprechung von eigenen Erfahrungen im Kollegium). In diesem Rahmen können sich auch Strukturen herausbilden, die zu organisationalem Lernen führen (beispielsweise durch die Dokumentation von „Learnings“, die für andere Organisationsmitglieder digital verfügbar gemacht werden). Diese organisationalen Aspekte des Lernens werden im vorliegenden Buch am Rande behandelt (z. B. in Abschnitt 2.4 die Verbindung von Lernen auf der individuellen und organisationalen Ebene).

Tabelle 1: Oberthemen der Personalpsychologie (in Anlehnung an Schuler & Kanning, 2014) und beispielhafte Berührungspunkte mit dem Thema Lernen

Oberthemen der Personalpsychologie	Berührungspunkte mit dem Gegenstand des Buches
Personalentwicklung	Alle Maßnahmen zum Erhalt und zur Entwicklung individueller beruflicher Handlungskompetenz umfassen Lernprozesse. Insofern beinhaltet die Personalentwicklung stets Lernen. Hierzu zählen beispielsweise: • Externe Seminare und Inhouse-Seminare • Schulungen zu verschiedenen Themen • Arbeitsintegriertes Lernen, z. B. in Projekten • Digitale Lernangebote
Personaldiagnostik	• Arbeitsanalysen: Lernen kann eine wichtige Anforderung von Tätigkeiten sein – somit kann die Fähigkeit und die Bereitschaft zum Lernen im Kontext von Arbeitsanalysen relevant werden. • Da Lernen in besonders dynamischen Arbeitswelten immer wichtiger wird, können lernassoziierte Merkmale (z. B. Gewissenhaftigkeit, Lernzielorientierung) im Rahmen von Personalauswahlprozessen Berücksichtigung finden. • In Auswahlverfahren zielen beispielsweise biografische Fragen auf frühere Lernerfahrungen ab. Daraus werden Kompetenzen geschlussfolgert. • In Nachgang zu Simulationen wie Rollenspielen werden Reflexionen eingebunden, um Rückschlüsse auf Lernfähigkeit und -bereitschaft zu ziehen.
Personalführung	• Führungskonzepte wie transformationale Führung enthalten lernbezogene Merkmale (z. B. intellektuelle Anregung). • Die Ermöglichung eigener Lernerfahrungen durch Führungskräfte trägt zur Motivierung bei, indem das Kompetenzerleben und die Selbstwirksamkeit gestärkt werden. • Mitarbeitendengespräche berücksichtigen oft auch das Thema Lernen im Sinne der weiteren Entwicklungswünsche und -möglichkeiten. • Der Umgang mit Veränderung erfordert immer Anpassungen der Kompetenzen seitens der Beschäftigten.
Personalmarketing	• Individuelle Lern- und Entwicklungsmöglichkeiten (z. B. ein breites Angebot individueller Lernpfade in einem Lernmanagementsystem) können wichtige Argumente im Personalmarketing darstellen.
Interaktion in Gruppen und Teams	• Gruppen und Teams stellen einen wichtigen sozialen Kontext dar, der Lernen auslösen und/oder erleichtern kann (z. B. Beobachtung von anderen Personen im Kollegium). • Lernen als Vorgabe seitens der Führungskraft oder als soziale Norm im Team kann sowohl als Belastung (z. B. „Lernen müssen") als auch als Ressource (z. B. als Mittel zur Erweiterung der eigenen Kompetenzen) wahrgenommen werden.

1.2 Definition

Gegenstand dieses Buches ist das *Lernen in Unternehmen*, was alle Ausprägungen des arbeitsbezogenen Lernens[1] umfasst.

Arbeitsbezogenes Lernen ist Lernen, das Bezug zur aktuellen Arbeit hat. Es zielt darauf ab, Kompetenzen (integriertes Wissen, Fähigkeiten und Einstellungen) zu erwerben oder zu verbessern, um die gegenwärtige und zukünftige berufliche Leistung des Einzelnen (und letztlich auch die Leistung des Unternehmens) positiv zu beeinflussen (vgl. Kyndt & Baert, 2013).

Arbeitsbezogenes Lernen muss nicht zwangsläufig am Arbeitsplatz (z.B. Besuch einer externen Weiterbildung im Kongresshotel) und nicht während der Arbeit (z.B. Lernen für die Meisterschule nach Feierabend, Teilnahme an einem Web-Seminar am Abend) stattfinden (siehe Abbildung 1). Es findet auf der individuellen Ebene statt und umfasst verschiedene Lernformen, vor allem formales Lernen, informelles Lernen und selbstreguliertes Lernen (Decius, Knappstein & Klug, 2023). Man kann neben diesen drei Lernformen, die arbeitsbezogenes Lernen vor allem ausmachen (sie werden in Abschnitt 2.2 ausführlich beschrieben), noch weitere Lernformen wie erfahrungsorientiertes Lernen, transformationales Lernen, situiertes Lernen, arbeitsbasiertes Lernen und Deliberate Practice unterscheiden (zur Beschreibung und Unterscheidung dieser Lernformen sei Decius, 2020, empfohlen), die allerdings in der Unternehmenspraxis eine eher untergeordnete Rolle spielen.

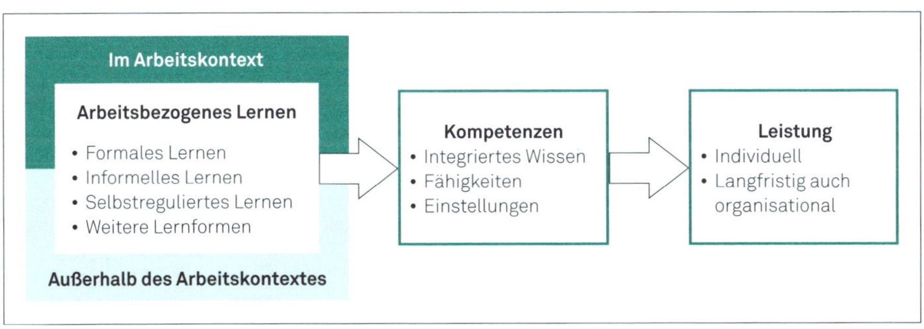

Abbildung 1: Arbeitsbezogenes Lernen und seine Konsequenzen

1 Die Begriffe arbeitsbezogenes Lernen und Lernen in Unternehmen werden im Buch synonym verwendet.

1.3 Abgrenzung zu ähnlichen Begriffen

Neben dem arbeitsbezogenen Lernen kursieren mehrere Begriffe sowohl in der Praxis als auch in wissenschaftlichen Veröffentlichungen, um Lernprozesse zu beschreiben. Im Folgenden wird eine Auswahl relevanter Begriffe vorgestellt, die definiert und vom Gegenstand dieses Buches, dem arbeitsbezogenen Lernen, abgegrenzt werden.

Ausbildung. Die Ausbildung wird als Synonym zur Berufsausbildung verwendet. Die Ausbildung bezeichnet curricular organisierte Lernaktivitäten, die die grundsätzliche Befähigung (Kompetenz) und einen Berufsabschluss (Qualifikation) zum Ziel haben. Das gesamte Lernen im Rahmen der Ausbildung hat einen Bezug zur Arbeit und kann insofern als eine hoch strukturierte Spezialform des arbeitsbezogenen Lernens in einer speziellen Phase der Berufstätigkeit verstanden werden. Die Berufsausbildung erfolgt in Deutschland meist als duale Ausbildung, in der Theoriephasen an Berufsschulen und Praxisphasen in Ausbildungsbetrieben kombiniert werden. Während das Lernen in der Theoriephase überwiegend formal erfolgt, ist das arbeitsbezogene Lernen im Rahmen der Praxisphasen stärker informell und selbstreguliert geprägt.

Berufliche Fort- und Weiterbildung. Während die Berufsausbildung die Grundqualifikation in einem Beruf zum Ziel hat, setzt die berufliche Fortbildung nach der Ausbildung an und hat die Vertiefung oder Ergänzung beruflicher Kenntnisse zum Ziel. Dabei kann zwischen dem Aufstieg (z. B. in eine Führungsposition) und der Anpassung (z. B. durch neue Anforderungen) unterschieden werden. Berufliche Weiterbildung soll den kontinuierlich verändernden Anforderungen Rechnung tragen, dient dem Erwerb neuer Qualifikationen und umfasst auch Umschulungen (z. B. Übernahme einer neuen Aufgabe). Wie auch die Ausbildung hat die berufliche Fort- und Weiterbildung einen Arbeitsbezug. Berufliche Fort- und Weiterbildung bezieht sich allerdings auf z. B. durch Vorgaben wie Fortbildungsordnungen stark formalisierte Lernformate und ist insofern auch eine Spezialform arbeitsbezogenen Lernens.

Job Crafting. Job Crafting stellt die eigenen Gestaltungsspielräume bei der Arbeit in den Vordergrund. Unter Job Crafting wird verstanden, dass Beschäftigte die Arbeit selbst so gestalten, dass sie den eigenen Vorstellungen und Fähigkeiten möglichst gut entspricht. Damit sind die individuellen Gestaltungsspielräume gemeint, ohne dass der Arbeitgeber eine Veränderung anstößt. Beschäftigte werden als aktive Gestaltende ihrer Arbeit verstanden. Dabei nutzen sie verschiedene Strategien (z. B. Aufgaben ganzheitlicher angehen, mehr Austausch mit anderen Beschäftigten aus angrenzenden Jobs suchen, herausfordernde Aufgaben anstreben; vgl. Tims, Bakker & Derks, 2012; Wrzesniewski & Dutton, 2001). Die arbeitsbezogenen Tätigkeiten des Job Crafting zielen vor allem darauf ab, die Arbeit sinnvoller zu gestalten und können auch zu Lernen führen. Insofern beinhaltet Job Crafting in bestimmten Fällen arbeitsbezogenes Lernen (z. B. können Beschäftigte im Rahmen ihres Aufgabenbereichs gezielt ein arbeitsbezogenes E-Learning absolvieren, um ihre Aufgabe besser auszufüllen), in anderen allerdings nicht (z.B., wenn Beschäftigte nur ihre Aufgabenbereiche neu aufteilen, um sinnvollere Arbeitseinheiten zu haben). Informelles Lernen sagt mittelfristig Job Crafting vorher; Job-Crafting-Verhalten (nicht jedoch gedankliches Job Crafting) sagt wiederum informelles Lernen vorher (Decius, Schaper, Klug & Seifert, 2023).

Organisationales Lernen. Organisationales Lernen findet statt, wenn innerhalb der Organisation eine ihrer Einheiten Wissen erwirbt, das sie als potenziell nützlich für die Organisation erkennt (Huber, 1991). Lernen wird dann zu organisationalem Lernen, wenn die Lernresultate sich auf der Organisationsebene niederschlagen. Dies kann zum Beispiel in Form von Richtlinien zum Lernen, gemeinsamen Praktiken (z.B. Teamreflexionsgespräche) oder sogar in neuen Produkten erfolgen. Hier findet dann sogenanntes Zwei-Schleifen-Lernen (vgl. Argyris & Schön, 1978) statt, da eine Lernerfahrung nicht nur zu einem individuell angepassten Verhalten führt (dies wäre Ein-Schleifen-Lernen), sondern das Vorgehen auf einer Metaebene generell hinterfragt und geändert wird. Beispielsweise wird dann ein Produkt auf Basis von Kundenfeedback nicht nur verbessert, sondern der Sinn des Produktes generell infrage gestellt. Eine wichtige Rolle spielt dabei, dass zuvor implizites Wissen expliziert wird, also für andere sichtbar und diskutierbar wird (vgl. Nonaka & Takeuchi, 1995). Insofern ist organisationales Lernen auch arbeitsbezogen, wenn durch Organisationen ein Arbeitskontext entsteht. Allerdings bewegt sich organisationales Lernen auf der organisationalen Ebene und fällt insofern nicht unter die hier verwendete Definition von arbeitsbezogenem Lernen.

1.4 Bedeutung für das Personalmanagement

Arbeitsbezogenes Lernen ist in Unternehmen weit verbreitet. Dies zeigen zum Beispiel die alle fünf Jahre stattfindenden europäischen Erhebungen im Rahmen des „Continuing Vocational Training Survey“ (CVTS). In diesem Rahmen finden EU-weit Erhebungen zu vielen Formen des arbeitsbezogenen Lernens statt (siehe Tabelle 2 für die Unterscheidung der untersuchten Formen), die eine Einordnung der nationalen Zahlen möglich machen.

Die CVTS6 ist die sechste Erhebung, die sich auf das Jahr 2020 bezieht. EU-weit haben demnach 67.4% der Unternehmen ihren Beschäftigten arbeitsbezogene Lernangebote gemacht. Betrachtet man den deutschsprachigen Raum, findet man sogar noch höhere Werte: In Deutschland betrug der Anteil gut 77% und in Österreich 79% (siehe Tabelle 2). Die Teilnahmequote an diesen Angeboten liegt bei etwa 50%, d.h. etwa die Hälfte der Beschäftigten nimmt arbeitsbezogene Lernangebote in Anspruch. In absoluten Zahlen bedeutet dies für Deutschland, dass

2020 etwa 6.23 Millionen Personen an arbeitsbezogenen Lernangeboten teilgenommen haben (Statistisches Bundesamt, 2021). Im Jahr 2019 – also vor der Covid-19-Pandemie – waren es sogar 7.41 Millionen Personen (Statistisches Bundesamt, 2021). Dabei zeigt sich ein stabiles Phänomen: Je größer die Unternehmen sind, desto mehr Beschäftigte nehmen an Weiterbildungsangeboten teil (Cedefop, 2015). Der Unterschied zwischen kleinen Unternehmen (10 bis 49 Beschäftigte) und großen Unternehmen (über 250 Beschäftigte) ist in Deutschland besonders stark (bezogen auf das Jahr 2015; Eurostat, 2022a).

Die Bedeutung des arbeitsbezogenen Lernens für das Personalmanagement zeigt sich u.a. an der für die Weiterbildung aufgewendeten Zeit. Diese liegt bei 22 (Deutschland) bzw. 23 Stunden (Österreich) im Jahr 2015 (siehe Tabelle 2). Allerdings ist die investierte Zeit in Deutschland im Jahr 2020 sogar auf 28 Stunden gestiegen (während sie im EU-Schnitt und in Österreich eher stagnierte), was auf die zunehmende Relevanz hindeutet. Ein weiterer Indikator für die Bedeutsamkeit sind die Kosten, die durch arbeitsbezogenes Lernen entstehen. Hier gibt es verschiedene Einheiten, die betrachtet werden können – je beschäftigter Person, je teilnehmender Person oder je Kursstunde (siehe Tabelle 2). Schaut man beispielsweise auf die Kosten je teilnehmender Person an Weiterbildungsangeboten, so lagen diese im Jahr 2020 in Deutschland bei 1846 Euro und sind damit im Vergleich zu 2015 ca. um 100 Euro angestiegen. In Österreich lagen die Kosten mit 1365 Euro (2015) bzw. 1378 Euro (2020) deutlich niedriger. Zudem kann man die Gesamtkosten der arbeitsbezogenen Lernangebote betrachten. Diese wurden vom Institut der deutschen Wirtschaft für 2019 in Deutschland auf 41.3 Milliarden Euro geschätzt, wobei der Fokus auf formalen Angeboten liegt (Seyda & Placke, 2020). Gegenüber 2010 ist dies ein Anstieg von ca. 43 %. Damals betrugen die Weiterbildungskosten insgesamt nur 28.9 Milliarden Euro – allerdings sind Preissteigerungen und Lohnentwicklungen nicht berücksichtigt. Interessant ist zudem die Zusammensetzung der Kosten. Es entfällt etwa die eine

Tabelle 2: Verbreitung verschiedener Formen der arbeitsbezogenen Lernangebote in Unternehmen sowie Weiterbildungskosten und aufgewendete Zeit im Vergleich

	Deutschland	Österreich	EU
Unternehmen in %, die Weiterbildungsmaßnahmen anbieten[1]	2015: 77.3 2020: 77.2	2015: 88.1 2020: 79.3	2015: 70.5 2020: 67.4
Teilnahmequote in % der Beschäftigten in Unternehmen, die Weiterbildung anbieten	2015: 44.7 2020: 52.3[2]	2015: 48.8	2015: 52.5
Angebot unterschiedlicher arbeitsbezogener Lernangebote			
% der Unternehmen, die Lehrveranstaltungen[a] anbieten	2010: 61 2015: 61.9 2020: 63.2	2010: 72.4 2015: 81.6 2020: 69.5	2010: 55.0 2015: 60.2 2020: 54.9

Tabelle 2: Fortsetzung

	Deutschland	Österreich	EU
% der Unternehmen, die On-the-Job-Training[b] anbieten	2010: 45 2015: 64.3 2020: 60.8	2010: 39 2015: 48.7 2020: 48.0	2010: 34
% der Unternehmen, die Job Rotation[c] anbieten	2010: 7 2015: 9.9 2020: 10.2	2010: 20 2015: 17.1 2020: 12.1	2010: 10
% der Unternehmen, die Lern- und Qualitätszirkel[d] anbieten	2010: 12 2015: 18.5 2020: 16.5	2010: 23 2015: 26.5 2020: 22.2	2010: 10
% der Unternehmen, die den Besuch von Informationsveranstaltungen[e] anbieten	2010: 56 2015: 59.3 2020: 50.3	2010: 63.7 2015: 65.4 2020: 41.5	2010: 32.7 2015: 37.2 2020: 29.4
% der Unternehmen, die selbstgesteuertes Lernen[f] anbieten	2010: 15 2015: 26.4 2020: 41.7	2010: 13.0 2015: 21.6 2020: 36.2	2010: 12.5 2015: 19.5 2020: 29.1
Kosten für die Lernangebote			
Gesamte Kosten (bezogen auf Unternehmen mit Lernangeboten) in Euro ... je beschäftigter Person	2015: 801 2020: 966	2015: 619 2020: 481	–
... je teilnehmender Person	2015: 1739 2020: 1846	2015: 1365 2020: 1378	–
Weiterbildungskosten je Kursstunde in Euro	2015: 81	2015: 63 2020: 72	–
Weiterbildungsstunden			
Weiterbildungsstunden (bezahlte Arbeitsstunden) je teilnehmender Person	2015: 22 2020: 28	2015: 23 2020: 19	2015: 24 2020: 23

Anmerkungen: Die berichteten Zahlen beruhen auf den Erhebungen CVTS4 (2010), CVTS5 (2015) und CVTS6 (2020). Zahlen von 2010 aus Cedefop (2015); Zahlen von 2015 für Deutschland aus Statistisches Bundesamt (2017); Zahlen von 2020 für Deutschland aus Statistisches Bundesamt (2022b); Zahlen von 2015 für Österreich aus Statistik Austria (2018); Zahlen von 2020 für Österreich aus Statistik Austria (2023); [1] Zahlen aus Eurostat (2022b), [2] Zahlen aus Statistisches Bundesamt (2022a); Zahlen für EU beziehen sich auf EU-27, Zahlen aus Statistik Austria (2023)

[a] Dies umfasst Lehrgänge, Kurse und Seminare, die ausschließlich der betrieblichen Weiterbildung dienen und die räumlich getrennt vom Arbeitsplatz stattfinden.

[b] Dies umfasst geplante Ausbildungsphasen am Arbeitsplatz oder in der Arbeitsumgebung.

[c] Dies umfasst Job Rotation, Austauschprogramme, Abordnungen und Studienbesuche.

[d] Dies umfasst Gruppen von Beschäftigten, die sich regelmäßig treffen, um sich z.B. über Anforderungen der Arbeitsorganisation und des Arbeitsplatzes weiterzubilden oder gemeinsam Probleme zu lösen, sofern Weiterbildung der vorrangige Zweck für die Teilnahme ist.

[e] Dies umfasst Fachvorträge, Fachtagungen/Kongresse/Symposien/Kolloquien, Workshops, Fachmessen, Erfahrungsaustauschkreise.

[f] Dies umfasst z.B. Lernen durch E-Learning und mit audio-visuellen Hilfen wie Videos und anderen Medien.

Hälfte auf direkte Kosten (z.B. Seminargebühren) und die andere Hälfte auf indirekte Kosten (v.a. Personalkosten) (Seyda & Placke, 2020). Dieses Verhältnis wird annähernd auch für Österreich berichtet (Statistik Austria, 2018). Übertragen auf verschiedene Formen des arbeitsbezogenen Lernens ist dieses Verhältnis ebenfalls relevant: Die direkten Kosten sind zwar oft geringer (z.B. fallen für informelles Lernen keine Seminargebühren an), indirekte Kosten existieren hier aber ebenfalls.

1.5 Verbreitung von Lernen in Unternehmen

Die im Rahmen der CVTS erhobenen Zahlen geben zudem Aufschluss darüber, wie verbreitet verschiedene Lernformate in der Praxis sind. In der CVTS6 wurde deutlich, dass besonders drei Formen arbeitsbezogenen Lernens verbreitet sind:

1. Klassische Lehrveranstaltungen (d.h. Lehrgänge, Kurse und Seminare, die ausschließlich der betrieblichen Weiterbildung dienen und die vom Arbeitsplatz räumlich getrennt stattfinden),
2. der Besuch von Informationsveranstaltungen (z.B. Fachvorträge oder Tagungen/Kongresse) und
3. On-the-Job-Training (Weiterbildung am Arbeitsplatz) (siehe Tabelle 2).

Demnach boten bezogen auf das Jahr 2020 in Deutschland 63.2% und in Österreich 69.5% der Unternehmen klassische Lehrveranstaltungen an. Der Besuch von Informationsveranstaltungen liegt bei 50.3% (Deutschland) bzw. 41.5% (Österreich) und On-the-Job-Training ist mit 60.8% in Deutschland deutlich verbreiteter als in Österreich (48.0%). Damit liegen beide Länder aber in allen Kategorien deutlich über dem EU-Durchschnitt. Interessant ist zudem, dass das selbstgesteuerte Lernen (d.h. Lernen durch E-Learning und mit audio-visuellen Hilfen wie Videos und anderen Medien) deutlich an Verbreitung gewonnen hat: Die Anteile haben sich in Deutschland und Österreich zwischen 2010 und 2020 beinahe verdreifacht und sind in Deutschland 2020 auf 41.7% und in Österreich auf 36.2% gestiegen.

Die Zahlen geben eine grobe Orientierung über die Verbreitung des arbeitsbezogenen Lernens in Unternehmen. Zu beachten ist, dass die Zahlen oft nur Schätzungen darstellen. Begrifflichkeiten bieten einen Ermessensspielraum (z.B. die unterschiedliche Verwendung des Begriffs Weiterbildung) und Stichproben beeinflussen ebenso die Schätzwerte. Als Fazit bleibt jedoch festzuhalten, dass arbeitsbezogenes Lernen für nahezu alle Unternehmen einen hohen Stellenwert besitzt. Neben klassischen Formaten des formalen Lernens wie Schulungen, Seminaren und Lehrveranstaltungen wächst die Bedeutung von arbeitsplatznahen (z.B. „On-the-Job-Training“ gemäß CVTS) und weniger formalisierten Lernformen (z.B. „selbstgesteuertes Lernen“).

1.6 Betrieblicher Nutzen

Bei derart hohen Ausgaben für arbeitsbezogenes Lernen stellt sich selbstverständlich die Frage des betrieblichen Nutzens. Im Zuge des formalen Lernens, z. B. hinsichtlich klassischer Fortbildungen und Seminare, wird in der Forschung hierbei vor allem das „Transferproblem" betrachtet: Das Gelernte wird nicht oder nur unvollständig in der Praxis umgesetzt (Baldwin & Ford, 1988; Blume, Ford, Baldwin & Huang, 2010). Schätzungen gehen davon aus, dass lediglich ein geringer Lernanteil aus Trainings in die Praxis transferiert wird und Investitionen daher oftmals verpuffen (Ford, Baldwin & Prasad, 2018).

Oft herrscht in der Praxis nämlich die mechanistische Vorstellung, dass Leistungsdefizite bei Beschäftigten durch ein Training vollständig ausgeglichen werden können. Fehlen Wissen und Kompetenzen bei den Beschäftigten, sehen einige Führungskräfte nicht nur Schulungsbedarf, sondern gehen auch davon aus, dass eine Schulung hinreichend ist, um dem Problem zu begegnen. Im Gegensatz zum informellen Lernen fallen beim formalen Lernen der Lernprozess und die Anwendung jedoch nicht zusammen. Das bedeutet, dass an Trainings und anderen formalen Lernangeboten Teilnehmende das Gelernte in der Praxis anwenden müssen, damit es wirksam wird. Die empirische Evidenz des Transferproblems zeigt sich auch im lediglich geringen Zusammenhang zwischen dem Lernen und der Anwendung des im Training Gelernten (Arthur, Bennett, Edens & Bell, 2003).

Die Gründe für das Transferproblem sind vielschichtig – zu unterscheiden ist jedoch die Input- und die Output-Seite: Auf der *Input-Seite* (dem Training selbst) wird der Grundstein für einen erfolgreichen Transfer gelegt. Sind beispielsweise die Trainingsinhalte zu generisch und passen nicht zu den spezifischen Problemen am Arbeitsplatz, wird der anschließende Transfer erschwert. Auch ein unpassender Trainingszeitpunkt ist hier zu nennen: Wird ein Training im Angesicht einer akuten beruflichen Herausforderung gebucht, vergehen üblicherweise mehrere Tage, Wochen oder sogar Monate bis zur eigentlichen Trainingsteilnahme. Zum Teilnahmezeitpunkt sind im Tagesgeschäft eventuell aber bereits andere Herausforderungen vordringlich. Zudem ist ein „Lernen auf Vorrat" nur in sehr begrenztem Maße möglich. Auf der *Output-Seite* (im Nachgang des Trainings) erfolgt der eigentliche Trainingstransfer. Hier spielen Führungskräfte eine wichtige Rolle: Erkundigen sie sich nach den gelernten Inhalten und ermutigen sie die teilnehmende Person, die neuen Inhalte in den Arbeitsprozess zu integrieren? Oder sehen sie in den neuen Methoden lediglich einen kurzfristigen Störfaktor, der zunächst die Arbeitseffizienz senkt und die Fehlerquote erhöht? Eine Unterstützung durch Führungskräfte und Kollegium, die z. B. den Personen zugesteht, Trainingsinhalte in den Arbeitsalltag zu integrieren, auch wenn nicht sofort alles perfekt läuft, gilt als transferförderlich (für eine ausführliche Darstellung siehe Abschnitt 2.2.1.2).

Trotz des Transferproblems – und das mag zunächst widersprüchlich erscheinen – stehen Trainingsangebote in einem positiven Zusammenhang mit dem Unternehmenserfolg (Kim & Ployhart, 2014; Saks & Burke-Smalley, 2014). Zu erklären ist dies dadurch, dass Organisationen auch dann profitieren, wenn nur ein Bruchteil des Gelernten transferiert wird, während fehlende Trainings eher zum Stillstand führen. Trainingsangebote sind also sinnvoll, wenn der Transfer von Anfang an mitgedacht wird. Bei formalen Trainings kann die Effizienz der Investitionen durch eine sinnvolle Gestaltung der Trainings und vor allem des Trainingstransfers gesichert werden. Es reicht nicht, nur bei der Qualität der Weiterbildung anzusetzen, sondern es müssen auch Merkmale der Teilnehmenden und vor allem die Gestaltung des Arbeitsumfeldes berücksichtigt werden (Ford et al., 2018).

Die folgenden Berechnungen sollen – vereinfacht dargestellt – den wirtschaftlichen Nutzen von Investitionen in die Weiterbildung exemplarisch illustrieren:

Beispiel 1: „Verkaufszahlen"

Angenommen, ein Unternehmen investiert pro Person 1000 Euro in ein Verkaufstraining. Im Jahr erzielen Beschäftigte durch das Training im Mittel einen Verkaufsabschluss mehr pro Person, der einen Umsatz von durchschnittlich 3000 Euro erbringt. Der Return on Investment läge hier bei 3:1.

In der Praxis ist es schwierig, den unmittelbaren Nutzen von Trainings monetär zu bestimmen und Effekte auf einzelne Maßnahmen zurückzuführen. Dies setzt aufwendige Evaluationsdesigns voraus (Solga, Ryschka & Mattenklott, 2011). Wie in anderen Bereichen des Controllings lassen sich jedoch Kosten und Nutzen schätzen. Dabei kann auf Forschungsbefunde zurückgegriffen werden, um die Wirksamkeit verschiedener Maßnahmen zu beurteilen und Wirkungen anhand von Effektstärkemaßen zu quantifizieren. Zu beachten ist jedoch, dass Trainings auch immateriellen Nutzen haben, der sich nicht unmittelbar in Geldwerten ausdrücken lässt (z. B. Verbesserung der Zufriedenheit von Beschäftigten). Auch haben Weiterbildungen erwünschte Nebeneffekte (z. B. Aufbau von Netzwerken innerhalb und außerhalb einer Organisation, Bindung von Beschäftigten). Der Verzicht auf Weiterbildungen wäre infolgedessen mit – wenn auch schwer zu bestimmenden – Opportunitätskosten verbunden.

Neben einem entgangenen Nutzen fallen unter Umständen auch Kosten an. Fehlen ausreichend Lernangebote während der Einarbeitungsphase, kann sich eine Fachkraft bei Konkurrenzunternehmen bewerben. Die Stelle muss neu ausgeschrieben werden. Kosten für das Recruiting sind bereits angefallen, der Umsatz bleibt jedoch aus.

Beispiel 2: „Kosten durch Kündigung"

Eine Führungskraft kündigt nach einem Jahr – unter anderem, da ihr Weiterbildungsangebote fehlen. Die Stelle ist drei Monate vakant. Dies entspricht einem Umsatzausfall von etwa 30 000 Euro, hinzu kommen Recruiting- und Auswahlkosten von 40 000 Euro. Insgesamt entsteht ein geschätzter Verlust von 70 000 Euro. Die Finanzierung eines Weiterbildungsprogramms, das pro Führungskraft 10 000 Euro kostet, wäre eine sinnvolle Investition gewesen.

1.7 Weitere Ziele

Neben den genannten finanziellen Nutzenargumenten gibt es noch zahlreiche andere Gründe, warum sich eine Beschäftigung mit dem Thema *Lernen in Unternehmen* lohnt. Im Folgenden wird eine nicht erschöpfende Auswahl dargestellt.

Bindung an das Unternehmen. Oft gibt es in Unternehmen gewisse Vorbehalte, in das Lernen der Beschäftigten zu investieren, sei es direkt in Form von finanziellen Mitteln oder indirekt durch Bereitstellung von Zeit für Weiterbildung. Dahinter steckt die Befürchtung, dass diese Beschäftigten damit ihren Wert auf dem Arbeitsmarkt steigern und dadurch bessere Chancen haben, den Arbeitgeber zu wechseln. Allerdings sprechen empirische Befunde im Gegenteil eher für eine Erhöhung des Commitments durch das Angebot von Weiterentwicklungsmöglichkeiten (Forrier, De Cuyper & Akkermans, 2018).

Lernen als Gesundheitsressource. Moderne Arbeitswelten sind von Anforderungen geprägt, die oftmals komplex und unübersichtlich sind und sich dynamisch verändern. Damit gewinnt der Blick auf Ressourcen eine große Bedeutung (vgl. Bakker & Demerouti, 2017), weil Ressourcen helfen können, trotz dieser Mehrfachbelastungen handlungsfähig zu bleiben. Lernen kann eine solche Ressource sein, da Lernprozesse helfen, Kompetenzen zur Bewältigung neuer Anforderungen zu entwickeln. Wer Lernaktivitäten nachgeht, reduziert beispielsweise die negative Wirkung von Stressoren wie Aufgabenunklarheit (Zhang, Mayer & Hwang, 2018). Gleichzeitig stoßen Anforderungen der Arbeit auch Lernprozesse an und stärken auf diese Weise die individuelle Resilienz (vgl. Crane, Searle, Kangas & Nwiran, 2019; Kunzelmann & Rigotti, 2022).

Lernen zur Umsetzung von Vorgaben und Richtlinien. Der rechtliche Rahmen stellt eine zunehmende Anforderung in vielen Branchen dar. Neben branchenspezifischen Regeln existieren auch viele übergreifende Vorgaben, z. B. zu Arbeitssicherheit, Datenschutz und verstärkt auch IT-Sicherheit. Für immer mehr Tätigkeiten gibt es dadurch formale Vorgaben, die nur durch den Besuch entsprechender Schulungen zu erfüllen sind. Insofern kommt Lernen auch in diesem Rahmen eine große Bedeutung zu, um die Organisation rechtssicher aufzustellen und Risiken zu minimieren.

Lernen als Anpassung an Veränderungen. Die immer schnelleren Veränderungen in der Arbeitswelt machen es notwendig, dass Beschäftigte sich ständig weiterentwickeln. Lernen ist insofern eine notwendige Reaktion auf diese Änderungen. Aus neuen Anforderungen resultiert ein erweiterter Bedarf an notwendigen Schulungen, ohne die man bestimmte Tätigkeiten gar nicht (mehr) ausführen kann oder darf. Um diesen ständigen Veränderungen Rechnung zu tragen, wird auch die Entwicklung von Lern-Metakompetenzen wichtig. Die Metakompetenz „Lernen lernen" bedeutet, Lerngelegenheiten frühzeitig zu erkennen, zu ergreifen sowie bei der Arbeit aufgetretene Fehler im positiven Sinne für den eigenen Kompetenzerwerb zu nutzen (Decius, 2020). Die Lernenden sind so in der Lage, sich themenunabhängig und selbstständig neue Kompetenzen anzueignen.

Lernen zur Erhöhung der Beschäftigungsfähigkeit. Lernen spielt auch für die individuelle Laufbahnplanung eine wichtige Rolle. Durch Lernen können Beschäftigte Kompetenzen und Qualifikationen erwerben, die es überhaupt erst möglich machen, den Beruf (weiterhin) auszuüben. Insofern dient Lernen dem Erhalt der individuellen Beschäftigungsfähigkeit. Der Zusammenhang zwischen Lernen und Beschäftigungsfähigkeit konnte auch empirisch gezeigt werden (Decius, Knappstein & Klug, 2023; Houben, De Cuyper, Kyndt & Forrier, 2021). Die Beschäftigten können sich beispielsweise Kompetenzen und Qualifikationen aneignen, die für die eigene Karriereentwicklung relevant sind und den Aufstieg im eigenen Unternehmen erleichtern oder den eigenen Wert für den externen Arbeitsmarkt erhöhen.

2 Arbeitsbezogenes Lernen in Unternehmen – Modelle und Befunde

Lernen und Arbeiten sind zwei nicht trennbare Prozesse. Arbeitsbezogenes Lernen findet daher ständig in Unternehmen statt, ob nun gewollt oder nicht. Um das arbeitsbezogene Lernen nicht dem Zufall zu überlassen, sondern es aktiv zu gestalten, müssen sich die mit dem Thema befassten Personen im Unternehmen folgende Fragen stellen:

1. Wozu wird in Unternehmen gelernt?
2. Wie wird in Unternehmen gelernt?
3. Wie lässt sich das Lernen in Unternehmen fördern?

Diese Fragen werden als Leitfragen in diesem Kapitel nacheinander beantwortet.

2.1 Wozu wird in Unternehmen gelernt?

Lernen hat die übergeordnete Funktion, Kompetenzen zu entwickeln.

Kompetenzen im beruflichen Kontext umfassen alle Wissensbestände, Fertigkeiten, Fähigkeiten und anderen Merkmale (z. B. Handlungsbereitschaft, Einstellungen, Haltungen), die zur Aufgabenbewältigung beitragen (vgl. Kauffeld & Paulsen, 2018).

Um das arbeitsbezogene Lernen besser zu verstehen, ist es sinnvoll, die Funktion der Kompetenzentwicklung genauer zu betrachten und weiter zu untergliedern. Man kann im Wesentlichen drei strategische Funktionen des arbeitsbezogenen Lernens unterscheiden (siehe Tabelle 3): Kompetenzen schaffen, Kompetenzen weiterentwickeln und Kompetenzen konsolidieren.

Tabelle 3: Strategische Funktionen für arbeitsbezogenes Lernen in Unternehmen und Beispiele aus individueller und organisationaler Perspektive

Strategische Funktion	Individuelle Perspektive	Organisationale Perspektive
Kompetenzen schaffen	Grundlagen legen	Onboarding, Übernahme einer neuen Aufgabe
Kompetenzen weiterentwickeln	„Learn Crafting“	Personalentwicklung
Kompetenzen konsolidieren	Beschäftigungsfähigkeit	Wissensmanagement

Wie in der Tabelle 3 deutlich wird, macht es einen Unterschied, ob man diese Funktionen als Individuum oder als Unternehmen betrachtet. Die drei Phasen können aus *organisationaler Perspektive* als zeitlicher Ablauf einer mitarbeitenden Person im Unternehmen verstanden werden – vom Onboarding zu Beginn des Beschäftigungsverhältnisses, über die kontinuierliche Personalentwicklung, bis hin zum Wissensmanagement, um Erfahrungswissen dieser Person zu sichern, im Unternehmen zu halten und anderen Personen zur Verfügung zu stellen. Letzteres ist insbesondere wichtig, wenn Beschäftigte auf absehbare Zeit das Unternehmen verlassen, aber auch losgelöst davon ist es eine bedeutende Aufgabe im Sinne einer nachhaltigen Organisationsentwicklung. Die Phasen können sich allerdings auch wiederholen, wenn Beschäftigte z. B. in einer neuen Abteilung eingesetzt werden oder Umstrukturierungen den Aufgabenbereich verändern.

Aus *individueller Sicht* möchten sich Beschäftigte zu Beginn die Grundlagen erarbeiten, um im Job bzw. im Unternehmen „anzukommen" und die überwiegend neuen Aufgaben zu bewältigen. Während der Zeit im Unternehmen trifft die arbeitende Person stets auf weitere neue Arbeitsanforderungen, die kontinuierliches Lernen erfordern, um die eigenen Kompetenzen weiterzuentwickeln. Auch bei der Übernahme neuer Aufgaben kann sich diese Perspektive erneut ergeben. Analog zum Konzept Job Crafting (Wrzesniewski & Dutton, 2001) könnten Beschäftigte auch aktiv ihre Arbeitsbedingungen lernförderlicher gestalten („Learn Crafting"). Auf lange Sicht geht es für Mitarbeitende zudem darum, die eigene Beschäftigungsfähigkeit (Vanhercke, De Cuyper, Peeters & De Witte, 2014) zu erhalten oder zu steigern, um innerhalb und außerhalb des Unternehmens als Person wettbewerbsfähig zu sein.

Hier unterscheidet man auch zwischen dem internen und dem externen Marktwert. Haben Beschäftigte das Gefühl, mit ihren Kompetenzen können sie ihre aktuelle Arbeit gut ausfüllen, fühlen sie sich eher an den aktuellen Arbeitgeber gebunden (interner Marktwert). Haben Beschäftigte das Gefühl, die eigenen Kompetenzen werden bei anderen Arbeitgebern gefragt, kann dies das Interesse an einem Arbeitgeberwechsel fördern (externer Marktwert).

Entscheidend ist daher für Beschäftigte, ob sie organisationsspezifische oder generische Kompetenzen haben (Soderquist, Papalexandris, Ioannou & Prastacos, 2010). Organisationsspezifische Kompetenzen sind diejenigen, die den Bedarfen eines einzelnen Unternehmens entsprechen und nur in geringerem Maße auf andere Unternehmen transferierbar sind (z. B. die Kenntnis eines internen Produktionsprozesses). Demgegenüber sind generische Kompetenzen auch für andere Organisationen interessant, da sie in der Regel weit verbreitete Prozesse betreffen (z. B. SAP). Die Interessen von Unternehmen und einzelnen Beschäftigten können deshalb beim Lernen auseinandergehen: Für Unternehmen ist die Entwicklung organisationsspezifischer Kompetenzen besonders relevant (auch wenn die Förderung generischer Kompetenzen damit nicht ausgeschlossen ist); aus individueller Sicht sind hingegen generische Kompetenzen sehr bedeutsam.

Oft wird Lernen in Unternehmen vor allem aus der organisationalen Perspektive betrachtet. Dies birgt die Gefahr, dass die Lernenden wenig Sinn im Lernen sehen. Um diesem Risiko vorzubeugen, sollten die individuelle und die organisationale Perspektive zusammen gedacht und in Einklang gebracht werden. Sowohl die Beschäftigten als auch das Unternehmen profitieren auf diese Weise durch das arbeitsbezogene Lernen. Eine Möglichkeit, die drei strategischen Ziele einerseits und die individuelle sowie organisationale Perspektive andererseits gleichzeitig zu berücksichtigen, bietet der Ansatz des strategischen Kompetenzmanagements.

Strategisches Kompetenzmanagement beschreibt einen systematischen Zugang zur Kompetenzentwicklung (Kauffeld & Paulsen, 2018). Zentral im Ansatz des Kompetenzmanagements ist eine Verknüpfung der Kompetenzentwicklung mit der Organisationsstrategie. Aus dieser Strategie leiten sich die relevanten gegenwärtigen und zukünftigen Anforderungen ab, die an Beschäftigte gestellt werden. Eine Analyse dieser Anforderungen kann der Grundstein für ein Kompetenzmodell (d.h. eine Systematisierung strategisch relevanter Kompetenzen) sein, mit dem relevante Kompetenzen gezielt weiterentwickelt werden sollen. Auf dieser Basis können nun alle Lernaktivitäten im Unternehmen entwickelt, gefördert und gesteuert werden. Für Beschäftigte herrscht auf diese Weise Klarheit über die relevanten Kompetenzen und die erwünschten Lernaktivitäten. Das Unternehmen kann so sicherstellen, dass auch gegenwärtig schon zukünftig relevante Kompetenzen erworben werden.

Als Methode für das strategische Kompetenzmanagement lässt sich beispielsweise in mittelständischen Unternehmen die *Kompetenzmanagementtabelle* einsetzen, die mit speziellem Fokus auf Industriebetriebe entwickelt wurde, sich aber auch für andere Branchen anpassen lässt (Decius & Schaper, 2017, 2021b; siehe Abschnitt 4.1.3).

2.2 Wie wird in Unternehmen gelernt? Drei arbeitsbezogene Lernformen

Um Kompetenzen zu entwickeln, können Beschäftigte auf verschiedene Art lernen. Im Folgenden werden die drei bedeutendsten arbeitsbezogenen Lernformen dargestellt (Kortsch, Decius & Paulsen, 2021): formales Lernen, informelles Lernen und selbstreguliertes Lernen (siehe hierzu auch die Übersicht auf der beiliegenden Karte „Kurzprofile der drei Lernformen mit Vor- und Nachteilen"). Die drei Lernformen haben eine elaborierte theoretische Grundlage; empirisch ist das formale Lernen die mit Abstand am besten erforschte Lernform, auch wenn eine zunehmende Erforschung der anderen Lernformen erfolgt. Es ist notwendig, die drei Lernformen zu unterscheiden, da je nach Person, Situation und Anforderung eine andere Lernform zur Kompetenzentwicklung angemessen sein kann. Außerdem werden in der Forschung bezüglich der verschiedenen Lernformen – sowohl konzeptionell als auch empirisch – Unterschiede bei den förderlichen Bedingungen bzw. Prädiktoren des Lernens sowie bei den Lernergebnissen diskutiert. Werden die Lernformen nicht unterschieden, bilden sich blinde Flecken bei der praxisorientierten Betrachtung des arbeitsbezogenen Lernens.

Weitere Lernformen sowie Mischformen lassen sich über die in Abschnitt 2.2.4 genannten Dimensionen einordnen (vgl. Decius, 2020, für einen Überblick zu arbeitsbezogenen Lernformen und eine Abgrenzung zu den hier genannten Lernformen).

2.2.1 Formales Lernen

Formales Lernen ist eine Lernform mit hoher Strukturierung in Bezug auf den Lernkontext, die Lernunterstützung, die Lernzeit und die Lernziele (Kyndt & Baert, 2013). Es umfasst beispielsweise Fortbildungen, Schulungen, Trainings, Workshops, Seminare sowie andere Lehrveranstaltungen und strukturierte Weiterbildungsformate. Lerninhalte sind z. B. durch ein Curriculum oder einen Lehrplan vorgegeben; Lerninhalte und -prozesse werden durch Lehrende bzw. Trainierende gesteuert.

Die Vielfalt formaler Lernangebote sei an folgendem Beispiel veranschaulicht: Florian, der gerade begonnen hat, als Vertriebsingenieur bei einem mittelständischen Maschinenbauunternehmen zu arbeiten, besucht eine Inhouse-Schulung, in der innerhalb einer Stunde neue Produkte vorgestellt werden. Ergänzend nutzt er ein E-Learning-Angebot im Firmen-Intranet, mit welchem er sich über die bestehenden Produkte und technische Details informiert. Auf seinem Smartphone bekommt Florian regelmäßig kleinere Lerneinheiten mit Quizaufgaben zugeschickt, die er bearbeiten muss, um sein Produktwissen aufzufrischen. Dies wird im Unternehmen „Mobile Learning“ genannt. Des Weiteren besucht Florian eine externe Schulung, in der er Verkaufsgespräche im interkulturellen Setting mittels Rollenspielen übt.

All diese Lernangebote basieren vorwiegend auf formalem Lernen, da Ziele, Inhalte und Ablauf vorgegeben sind. Formales Lernen kann sich dabei erheblich hinsichtlich Dauer und Umfang unterscheiden. So kann formales Lernen aus modular aufgebauten mehrtägigen Trainingseinheiten bestehen, wobei die Module linear aufgebaut oder dynamisch vernetzt sein können, oder eine Unterweisung in Form einer Unterrichtseinheit von 45 Minuten beinhalten. Beim E-Learning oder Mobile Learning werden Inhalte in noch kürzere Sequenzen unterteilt.

Zu betonen ist, dass E-Learning-Angebote grundsätzlich formales Lernen darstellen. Auch bei der Methode des Blended Learning, welches Präsenzphasen und virtuelle, zumeist asynchrone Lernangebote kombiniert (Boelens, De Wever & Voet, 2017), handelt es sich aufgrund der externen Strukturierung primär um formales Lernen.

2.2.1.1 Ergebnisse des formalen Lernens

Idealtypisch geht formalen Lernangeboten eine Bedarfsanalyse voraus (vgl. Abschnitt 3.2). Die Ergebnisse der Bedarfsanalyse bestimmen die Lernziele und -inhalte. Lernziele stellen erwartete Lernergebnisse dar, die sich auf die zu vermittelnden Inhalte beziehen. Folgende Lernergebnisse lassen sich klassischerweise unterscheiden (Kraiger, Ford & Salas, 1993):

Arten von Lernergebnissen

- *Kognitive Lernergebnisse:* Hierzu zählen das deklarative Wissen, die Wissensorganisation in Form von mentalen Modellen und kognitive sowie metakognitive Strategien.
- *Fähigkeitsbezogene Lernergebnisse:* Hierunter fallen das beobachtbare und gezeigte Verhalten und Verhaltensergebnisse wie Geschwindigkeit, Fehlerhäufigkeit sowie die Automatisierung von Verhaltensweisen.
- *Affektive Lernergebnisse:* Hierzu zählen Einstellungen und weitere motivationale Komponenten wie z. B. die Selbstwirksamkeit und das eigenständige Setzen von Zielen.

Es liegen umfangreiche Erkenntnisse zur Wirksamkeit formalen Lernens vor. Da in der Forschung bereits viele Einzelstudien zur Wirksamkeit unterschiedlicher Trainingstypen und -zielgruppen durchgeführt wurden, wurden diese inzwischen in Metaanalysen zusammengefasst. Die Metaanalysen werten Einzelstudien aus. Der Vorteil ist, dass man auf diese Weise einen durchschnittlichen Zusammenhang erhält, der auf mehreren Einzelstudien beruht und somit verlässlicher ist als die Ergebnisse einzelner Studien. Mehrere Metaanalysen (siehe Tabelle 4) zeigen, dass Trainings – ein hauptsächlicher Typ des formalen Lernens – grundsätzlich wirksam sind. Dies gilt sowohl auf Individual- als auch auf Teamebene. Zugleich ergeben sich hier aber auch Unterschiede in Bezug auf die untersuchten Kriterien (z. B. Reaktion, Lernen, Verhalten und Ergebnisse nach Kirkpatrick, 1967, 1994; siehe ausführlich in Abschnitt 3.5) und moderierende Faktoren (d. h. stärkende oder abschwächende Faktoren durch die Trainingsgestaltung). Beispielsweise zeigt die Studie von McEwan, Ruissen, Eys, Zumbo und Beauchamp (2017; siehe Tabelle 4), dass Teamtrainings wirksam sind. Dabei profitieren neue Teams stärker als bestehende Teams von Teamtrainings, die Wirksamkeit wird also durch den Zeitpunkt moderiert.

In Tabelle 4 sind die verschiedenen Metaanalysen nach Kategorien (z. B. mit Fokus auf Führungskräftetrainings; siehe hierzu auch Felfe & Franke, 2014) geordnet aufgeführt. Es wird jeweils die zentrale Erkenntnis der jeweiligen Studie dargestellt sowie die Effektstärke, einmal als statistische Kenngröße (umgerechnet in den Korrelationskoeffizienten) und zusätzlich eingeteilt in geringe bis hohe Effekte (siehe hierzu auch den Kasten auf S. 22).

Tabelle 4: Überblick über Metaanalysen zu der Wirksamkeit von Trainings

Quelle	Erkenntnis	Effektstärke	Metaanalytischer Zusammenhang
Trainings allgemein			
Arthur et al. (2003)	Trainings in Organisationen sind grundsätzlich wirksam und weisen im Durchschnitt mittlere Zusammenhänge mit Lernergebnissen auf.	mittel	• Reaktion: $r = .29$ • Lernen: $r = .30$ • Verhalten: $r = .30$ • Ergebnisse: $r = .30$
Führungskräftetrainings			
Burke & Day (1986)	Trainings mit Führungskräften weisen mit Verhaltenskriterien mittlere Zusammenhänge auf, mit Lernkriterien geringe Zusammenhänge.	gering bis mittel	• Lernen (subjektiv[a]): $r = .17$ • Lernen (objektiv[b]): $r = .19$ • Verhalten (subjektiv): $r = .24$ • Ergebnisse (objektiv): $r = .27$
Collins & Holton (2004)	Studien zu Führungskräftetrainings weisen je nach Kriterien und Versuchsdesign (Vorher-Nachher-Messung oder nur Nachher-Messung; Kontrollgruppe vorhanden oder nicht) geringe bis hohe Zusammenhänge mit Lernergebnissen nach.	gering bis hoch	Vergleich mit Kontrollgruppe (nur Nachher-Messung): • Wissen (objektiv): $r = .43$ • Expertise (objektiv): $r = .26$ • Expertise (subjektiv): $r = .20$ • System (objektiv): $r = .19$ • Gesamt: $r = .57–.71$ Vorher-Nachher-Vergleich mit Kontrollgruppe: • Expertise (objektiv): $r = .17$ • Expertise (subjektiv): $r = .20$ • Gesamt: $r = .22–.64$ Vorher-Nachher-Vergleich ohne Kontrollgruppe: • Wissen (objektiv): $r = .57$ • Expertise (objektiv): $r = .45$ • Expertise (subjektiv): $r = .19$ • Gesamt: $r = .13–.72$

Tabelle 4: Fortsetzung

Quelle	Erkenntnis	Effektstärke	Metaanalytischer Zusammenhang
Powell & Yalcin (2010)	Studien zu Trainings mit Führungskräften wiesen je nach Kriterium und Design niedrige bis hohe Effektstärken nach. Höhere Zusammenhänge ergaben sich mit dem Lernen als Kriterium im Vergleich zu Verhaltenskriterien.	gering bis hoch	Lernen als Kriterium: • $r = .48$ (Vergleich mit Kontrollgruppe, nur Nachher-Messung) • $r = .17$ (Vorher-Nachher-Vergleich mit Kontrollgruppe) • $r = .55$ (Vorher-Nachher-Vergleich ohne Kontrollgruppe) Verhaltenskriterien: • $r = .15$ (objektiv) bzw. .20 (subjektiv) (Vergleich mit Kontrollgruppe, nur Nachher-Messung) • $r = .30$ (nur subjektiv; Vorher-Nachher-Vergleich mit Kontrollgruppe) • $r = .22$ (objektiv) und $r = .22$ (subjektiv) (Vorher-Nachher-Vergleich ohne Kontrollgruppe)
Lacerenza et al. (2017)	Führungskräftetrainings weisen im Durchschnitt mittlere Zusammenhänge mit Lernergebnissen auf. Besonders hoch sind die Effekte in Bezug auf Lernen und Transfer, wenn Bedarfsanalysen durchgeführt wurden, das Trainingsdesign Information, Demonstration und Übung enthielt und Feedback angeboten wurde.	mittel	• Reaktion: $r = .28$ • Lernen: $r = .33$ • Transfer: $r = .36$ • Ergebnisse: $r = .31$

Tabelle 4: Fortsetzung

Quelle	Erkenntnis	Effektstärke	Metaanalytischer Zusammenhang
Teamtrainings			
Salas et al. (2007)	Teamtrainings weisen einen mittleren Zusammenhang mit der Teamleistung auf. Das Training von Teamkoordination und -anpassung ist für die Trainingseffektivität förderlich.	mittel	• Teamleistung: $r = .29$ • Effekt der Trainingskomponenten Teamkoordination und -anpassung auf die Trainingseffektivität: $r = .61$
Salas et al. (2008)	Teamtrainings weisen mittlere Zusammenhänge mit verschiedenen Lernergebnissen auf.	mittel	• Kognitiv: $r = .38$ • Affektiv: $r = .32$ • Prozessbezogen: $r = .39$ • Leistung: $r = .33$
Hughes et al. (2016)	Teamtrainings im Gesundheitswesen weisen geringe bis mittlere Zusammenhänge mit Lernergebnissen auf. Teamtrainings reduzieren dabei offenbar auch Fehler, da sie mit geringerer Sterblichkeit von Patientinnen und Patienten verbunden sind.	gering bis mittel	Allgemein: • Reaktion: $r = .23$ • Lernen: $r = .37$ • Transfer: $r = .30$ • Ergebnisse: $r = .16$ Zusätzliches Kriterium: • Patientensterblichkeit als Ergebnis: $r = -.16$
McEwan et al. (2017)	Teamtrainings sind branchenübergreifend wirksam, neue Teams profitieren stärker als bestehende Teams. Teamtrainings sind nur dann wirksam, wenn mehr als eine von vier Teamdimensionen betrachtet wird (Zielsetzung/Vorbereitung, Ausführung, Reflexion, zwischenmenschliche Dynamiken).	gering bis hoch	• Teamwork: $r = .32$ • Für bestehende Teams: $r = .16$ • Für neue Teams: $r = .32$ • Zwei oder mehr Dimensionen: $r = .31–.44$ • Nur eine Dimension: $r = .03$

Tabelle 4: Fortsetzung

Quelle	Erkenntnis	Effektstärke	Metaanalytischer Zusammenhang
Virtual-Reality-Trainings			
Howard & Gutworth (2020)	Durch Virtual Reality gestützte Trainings fördern den Erwerb von Wissen und das Lernen bei Soft Skills, jedoch nicht den Transfer und die Ergebnisse auf Unternehmensebene.	gering bis mittel	Vergleich mit Kontrollgruppe: • Reaktion: $r = .32$ • Lernen: $r = .36$ • Verhalten: $r = -.02$ • Ergebnisse: $r = -.05$ • Allgemein: $r = .33$
Kaplan et al. (2021)	Durch Virtual Reality, Augmented Reality bzw. Mixed Reality gestützte Interventionen zeigen geringfügige Wirksamkeit für physische Aufgaben, in denen psychomotorische Fertigkeiten eine dominierende Rolle spielen, nicht jedoch für kognitive Aufgaben oder physisch-kognitiv gemischte Aufgaben.	gering	Leistung nachher: • Physisch: $r = .17$ • Kognitiv: $r = .01$ • Gemischt: $r = -.04$

Anmerkungen: [a] d. h: selbsteingeschätzt. [b] z. B. durch Wissenstests erfasst. In den Originalstudien wurde teilweise Cohens *d* als Maß der Effektstärke berichtet. Zur Vereinheitlichung wurde es für die Darstellung in dieser Tabelle in das Korrelationsmaß *r* transformiert.

Die *Effektstärke* drückt die Stärke eines Zusammenhangs zwischen zwei Konstrukten (z.B. zwischen Trainingsteilnahme und Lernerfolg) aus und kann beispielsweise mit dem statistisch bereinigten Korrelationskoeffizienten *r* angegeben werden. Der Koeffizient kann zwischen −1 und +1 liegen. Bei Werten zwischen 0 und 0.2 ist von einem schwachen positiven Zusammenhang auszugehen; Werte zwischen 0.2 und 0.4 stehen für einen mittleren positiven Zusammenhang; bei Werten ab 0.4 kann ein starker positiver Zusammenhang angenommen werden (vgl. Bosco, Aguinis, Singh, Field & Pierce, 2015).

Beispielsweise zeigt die Metaanalyse von Burke und Day (1986), dass Trainings mit Führungskräften geringe Zusammenhänge mit Lernkriterien aufweisen (subjektiv, also selbsteingeschätztes Lernen, bei $r=.17$ und objektiv, also z.B. Wissenstests, bei $r=.19$); mit Verhaltens- ($r=.24$) und Ergebniskriterien ($r=.27$) sind die Zusammenhänge als mittel einzuordnen.

2.2.1.2 Transfer des formal Erlernten

Formales Lernen geht mit dem Problem einher, dass das im Lernkontext erworbene Wissen oder erlerntes Verhalten in einem Arbeitskontext eingebracht und dort verankert werden muss. Die Schwierigkeit bei der Übertragung des Gelernten in den Arbeitsalltag wird auch als Transferproblem bezeichnet (vgl. Abschnitt 1.6). Beim Transferproblem handelt es sich um ein strukturelles Problem des Lern- und Arbeitssystems. Fehlende Kenntnis des Transferproblems bei Führungskräften kann dazu führen, dass der Misserfolg eines Trainings auf die teilnehmende Person zurückgeführt wird. Der Misserfolg wird dann fälschlicherweise fehlender Lernfähigkeit oder Motivation, das Gelernte anzuwenden, zugeschrieben. Um den Lerntransfer möglichst zu erleichtern, sollten daher transferförderliche Faktoren berücksichtigt werden.

Ein zentrales Modell von Baldwin und Ford (1988; siehe Abbildung 2) unterscheidet drei Merkmalskategorien, die Einfluss auf den Transfer haben:

1. *Merkmale der Teilnehmenden:* Hierzu zählen z.B. die Fähigkeiten, Kenntnisse, Persönlichkeitsmerkmale und Motivation der Teilnehmenden.
2. *Merkmale des Trainings:* Hierzu zählen z.B. Lernprinzipien und -methoden sowie die Übereinstimmung von Trainingsaufgaben mit den Anforderungen am Arbeitsplatz.
3. *Merkmale des Arbeitsumfeldes:* Hierzu zählen z.B. die Unterstützung durch Vorgesetzte und durch das Kollegium sowie hinreichende Gelegenheiten zur Anwendung des Gelernten.

Innerhalb der drei Merkmalskategorien zeigt die empirische Forschung die Relevanz verschiedener Einflussfaktoren für den Lerntransfer auf (Ford et al., 2018; Grossman & Salas, 2011). Diese Einflussfaktoren sind in Tabelle 5 dargestellt. Ähn-

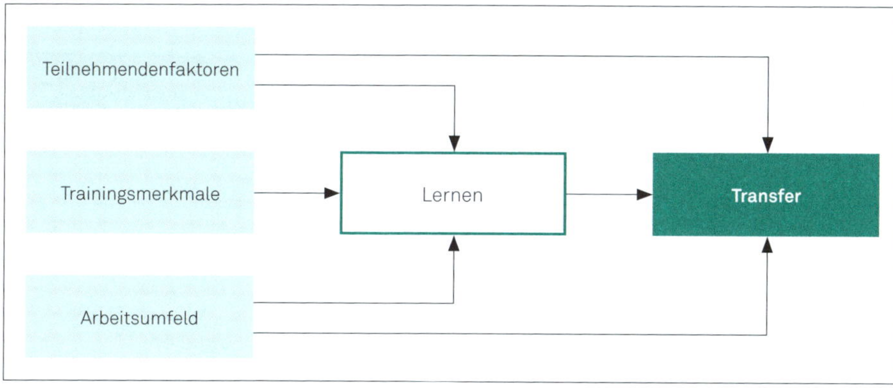

Abbildung 2: Modell des Trainingstransfers nach Baldwin und Ford (1988)

lich wie in Tabelle 4 sind die Studien nach Kategorien geordnet, in diesem Fall nach den drei Merkmalskategorien Teilnehmendenfaktoren, Trainingsmerkmale und Arbeitsumfeld. Zu den Teilnehmendenfaktoren zeigt die Metaanalyse von Blume et al. (2010) beispielsweise, dass kognitive Fähigkeiten wie die allgemeine Intelligenz mit r=.31 einen mittelstarken Zusammenhang mit dem Transfer aufweisen.

Tabelle 5: Befunde zu den Einflussfaktoren

Quelle	Erkenntnis	Effektstärke	Metaanalytischer Zusammenhang
Teilnehmendenfaktoren			
Blume et al. (2010)	*Kognitive Fähigkeiten* (z.B. allgemeine Intelligenz): Je höher die kognitiven Fähigkeiten, desto größer ist der Transfer in den Arbeitsalltag.	mittel	r = .31
Blume et al. (2010)	*Gewissenhaftigkeit:* Je gewissenhafter Trainingsteilnehmende sind, desto größer ist der Transfer.	mittel	r = .23
Blume et al. (2010)	*Neurotizismus:* Je emotional instabiler Trainingsteilnehmende sind, desto geringer ist der Transfer.	gering	r = –.16
Gegenfurtner (2011)	*Lernmotivation:* Je höher die Lernmotivation, desto höher ist der Transfer.	mittel	r = .22

Tabelle 5: Fortsetzung

Quelle	Erkenntnis	Effektstärke	Metaanalytischer Zusammenhang
Gegenfurtner (2011)	*Transfermotivation:* Je höher die Transfermotivation ist, desto höher ist der Transfer.	mittel	$r = .33$
Hughes et al. (2020)		mittel bis hoch	• $r = .45$ (publizierte Studien) • $r = .30$ (nicht publizierte Studien)
Blume et al. (2010)	*Selbstwirksamkeit:* Je größer die Selbstwirksamkeit der Teilnehmenden ist, desto größer ist der Transfer. Dies gilt sowohl für die Selbstwirksamkeit vor als auch nach dem Training.	gering	• Vor dem Training: $r = .19$ • Nach dem Training: $r = .19$
Gegenfurtner (2011)		mittel	• Vor dem Training: $r = .23$ • Nach dem Training: $r = .32$
Blume et al. (2010)	*Lernzielorientierung:* Je größer die Lernzielorientierung der Teilnehmenden ist, desto größer ist der Transfer.	gering	$r = .13$
Gegenfurtner (2011)		gering	$r = .18$
Blume et al. (2010)	*Leistungszielorientierung:* Je größer die vermeidende Leistungszielorientierung ist, desto geringer ist der Transfer; der Zusammenhang ist aber nur schwach ausgeprägt. Bei der aufsuchenden Leistungszielorientierung zeigen sich nur sehr geringe, praktisch kaum bedeutsame positive Zusammenhänge mit dem Transfer.	gering	• Aufsuchend (d. h. motiviert dadurch, gute Ergebnisse erbringen zu wollen): $r = .06$ • Vermeidend (d. h. motiviert dadurch, schlechte Ergebnisse vermeiden zu wollen): $r = -.10$
Gegenfurtner (2011)		gering	• Aufsuchend: $r = .02$ • Vermeidend: $r = -.07$
Trainingsmerkmale			
Grossman & Salas (2011)	Je größer die *Übereinstimmung* zwischen Training und Arbeitsplatz ist, desto größer ist der Transfer (z. B. Training in realistischen Arbeitsumfeldern).	kein quantitativ-empirisches Review, daher keine Aussage zu Effektstärken möglich	

Tabelle 5: Fortsetzung

<table>
<tr><th>Quelle</th><th>Erkenntnis</th><th>Effektstärke</th><th>Metaanalytischer Zusammenhang</th></tr>
<tr><td>Keith & Frese (2008)</td><td>Fehlermanagement: Die Möglichkeit, im Training Fehler zu antizipieren und aus Fehlern zu lernen, ist förderlich für den Transfer. Dies ist stärker der Fall, wenn sich die Aufgaben am Arbeitsplatz stärker von den Trainingsaufgaben unterscheiden.</td><td>gering bis mittel</td><td>• Transfer gesamt: $r = .27$
• Analoger Transfer (d. h. Arbeitssituation ist dem Training sehr ähnlich): $r = .10$
• Adaptiver Transfer (d. h. Trainings- und Arbeitsaufgaben unterscheiden sich stärker): $r = .37$</td></tr>
<tr><td>Taylor et al. (2005)</td><td>Behavioral Modeling: Die Präsentation von positiven und negativen Beispielen sowie die Gelegenheit des praktischen Übens sind förderlich für den Transfer.</td><td>gering</td><td>• Verhalten am Arbeitsplatz: $r = .12$; darunter Studien mit Kontrollgruppe: $r = .09$; darunter Studien ohne Kontrollgruppe: $r = .15$
• Teamproduktivität am Arbeitsplatz: $r = .06$</td></tr>
<tr><td colspan="4">Arbeitsumfeldfaktoren</td></tr>
<tr><td>Blume et al. (2010)</td><td rowspan="2">Unterstützung durch die Organisation (inklusive Arbeitsumgebung und Organisationsklima), Führungskraft und durch das Kollegium: Je größer die Unterstützung ist, desto größer ist der Transfer.</td><td>gering bis mittel</td><td>• Arbeitsumgebung allgemein: $r = .30$
• Unterstützung allgemein: $r = .18$
• Organisationsklima: $r = .23$</td></tr>
<tr><td>Hughes et al. (2020)</td><td>mittel bis hoch</td><td>Organisationale Unterstützung:
• $r = .27$ (publizierte Studien)
• $r = .35$ (nicht publizierte Studien)

Unterstützung durch Führungskräfte:
• $r = .40$ (publizierte Studien)
• $r = .44$ (nicht-publizierte Studien)

Unterstützung durch das Kollegium:
• $r = .44$ (publizierte Studien)
• $r = .39$ (nicht publizierte Studien)</td></tr>
</table>

Tabelle 5: Fortsetzung

Quelle	Erkenntnis	Effektstärke	Metaanalytischer Zusammenhang
Grossman & Salas (2011)	Je mehr *Gelegenheiten zur Anwendung* existieren, desto größer ist der Transfer.	kein quantitativ-empirisches Review, daher keine Aussage zu Effektstärken möglich	
Blume et al. (2010)	*Transferklima:* Signale zur Wertigkeit sowie positive Konsequenzen des Transfers (und Sanktionen für fehlenden Transfer) erhöhen den Transfer.	mittel	$r = .23$
Grossman & Salas (2011)	*Follow-Ups:* Auffrischungen, Feedback sowie Gelegenheiten zur Reflexion bei der Arbeit fördern den Transfer.	kein quantitativ-empirisches Review, daher keine Aussage zu Effektstärken möglich	

Der Transfer sollte keineswegs ausschließlich mechanisch betrachtet werden, d.h. indem angenommen wird, dass Inhalte wie von einer Maschine im Idealfall eins zu eins umzusetzen sind. Trainingsteilnehmende nehmen eine aktive Rolle ein und gestalten den Transferprozess aktiv mit (Blume, Ford, Surface & Olenick, 2019). Zu unterscheiden ist grundsätzlich auch, ob Routinetätigkeiten trainiert werden, oder ob Inhalte adaptiert werden müssen (Huang, Ran & Blume, 2017). Daher kann nicht angenommen werden, dass sämtliche Inhalte immer in die Praxis transferiert werden – dies kann in Einzelfällen schlicht wenig sinnvoll sein. Beispielsweise kann in einem externen Training eine Vorgehensweise beschrieben werden, die in Details von Abläufen im eigenen Unternehmen abweicht. In diesem Fall ist es Aufgabe der Teilnehmenden, zu selektieren, was relevant ist und was nicht.

Dies zeigt auch, dass eine Unterstützung des Transfers bereits vor dem Training beginnt, um sicherzustellen, dass Inhalte Bedarfen entsprechen. Insgesamt ergeben sich Empfehlungen für die transferförderliche Gestaltung vor, während und nach dem Training, die in Tabelle 6 dargestellt sind.

Die Zeit nach einem Training ist stets davon geprägt, dass Gelegenheiten für den Transfer gesucht, das Gelernte adaptiert und angewendet werden muss. Die aktive Rolle der Lernenden ist ein wesentlicher Grund dafür, dass auch die Personalentwicklung den Lerntransfer verstärkt aus Sicht der Lernenden betrachten sollte. Demnach sind Trainings beispielsweise nur einer von mehreren Bausteinen an Lerngelegenheiten innerhalb des Arbeitsumfeldes der Beschäftigten.

Tabelle 6: Empfehlungen für die transferförderliche Gestaltung

Phase	Empfehlungen
Vor dem Training	• Durchführung einer Bedarfserhebung • Betonung der Wichtigkeit des Trainings durch Führungskräfte • Gespräche zwischen Führungskraft und teilnehmenden Beschäftigten, um Lern- und Transferziele zu setzen und Unterstützungsangebote zu erfragen • Gespräche im Kollegium, um Interesse von anderen an Weiterbildungsinhalten zu erfragen und Unterstützung zu aktivieren • Schaffen von Freiräumen für das Lernen (z. B. Vertretungsregelungen)
Während des Trainings	• Bezüge zur Praxis darstellen, gute und schlechte Beispiele zeigen • Teilnehmende ausprobieren lassen • Feedback geben • Ausreichend Lern- und Übungszeit einräumen (insbesondere bei digitalen Angeboten) • Den Umgang mit Fehlern im Training einbauen • Transferziele setzen
Nach dem Training	• Gespräch zwischen Führungskraft und Beschäftigten, um Transfer zu planen (z. B. Transferprojekt) und Unterstützungsbedarf zu besprechen • Frühzeitige Möglichkeiten des Transfers schaffen • Gespräch im Kollegium, um Transfer zu planen • Regelmäßige Follow-Up-Meetings • Integration von arbeitsintegrierten Methoden (z. B. After Action Review; vgl. auch Abschnitt 4.3.4)

2.2.2 Informelles Lernen

Vielfach herrscht die Annahme vor: Informelles Lernen ist schlichtweg alles Lernen, das nicht formal organisiert stattfindet. Tatsächlich wird informelles Lernen nicht von der Organisation strukturiert, es gibt weder einen definierten Lernort noch eine Lernzeit und keine vorgegebenen Lernziele. Ganz falsch ist diese Überlegung somit nicht – sie greift allerdings zu kurz. Wenn man informelles Lernen nur darüber definiert, was es nicht ist, stempelt man es zu einer randständigen Restkategorie ab. Genau dies ist informelles Lernen jedoch nicht: Schätzungen gehen davon aus, dass das informelle Lernen sogar 70 bis 90 % des gesamten arbeitsbezogenen Lernens ausmacht – eine derartige Ausweisung von prozentualen Anteilen ist jedoch in der Forschung umstritten (vgl. Abschnitt 2.2.2.2).

Informelles Lernen ist ein bewusster, von der lernenden Person gesteuerter Prozess, der eine Arbeitshandlung oder eine Problemlösung zum Ziel hat – im Gegensatz zum formalen und selbstregulierten Lernen, bei dem das Lernen das Ziel ist. Ausgelöst wird informelles Lernen häufig durch ein konkretes Problem oder eine

Herausforderung im Arbeitsprozess. Wenn beispielsweise eine Mitarbeiterin informell lernt, probiert sie eigene Lösungen aus, schaut sich Best-Practice-Beispiele in ihrem kollegialen Umfeld ab, holt sich Rückmeldungen ein oder reflektiert über ihre Arbeitsaufgabe (Decius, Schaper & Seifert, 2019). Die Kompetenzentwicklung durch den Lernprozess zeigt sich dann üblicherweise darin, dass die lernende Person das Problem bzw. die Herausforderung lösen kann. Da es sich hierbei um alltagstaugliches, arbeitsnahes Wissen handelt, spricht man auch von „Arbeitsprozesswissen" als Ergebnis des informellen Lernens (Dehnbostel, 2008).

Metaanalytische Ergebnisse zeigen, dass informelles Lernen aber nicht nur mittlere Zusammenhänge mit Wissens- und Fähigkeitszuwachs, sondern auch mit Einstellungsänderungen und Verbesserung der Arbeitsleistung aufweist (Cerasoli et al., 2018).

Der Vorteil des informellen Lernens ist, dass immer genau dann und dort gelernt wird, wenn das Wissen benötigt wird. Informelles Lernen führt somit zu einem „Instant Payoff" – die lernende Person profitiert durch die Anwendung des Gelernten zur Problemlösung im Arbeitsprozess direkt von den neu erworbenen Kompetenzen. Das sogenannte Transferproblem des Lernens (vgl. Abschnitt 1.6) spielt somit kaum eine Rolle. Allerdings existiert bisher noch keine empirische Forschung zur Generalisierbarkeit der Ergebnisse des informellen Lernens. Ein Beispiel wäre: Eine Laborantin lernt durch eigenes Ausprobieren und Feedbacksuche, eine neu aufgetretene Störung an einem Gerät zu beheben. Logisch erscheint, dass die Laborantin die gleiche Störung am gleichen Gerät auch zukünftig beheben können wird. Inwieweit sich dieser Kompetenzerwerb jedoch auf die gleiche Störung an anderen Geräten oder andere Störungen am gleichen Gerät auswirkt, dürfte von Fall zu Fall verschieden sein.

Informelles Lernen kann demnach je nach Situation ein auf den Moment fokussiertes Null-Schleifen-Lernen (Lernen fokussiert auf ein einzelnes Problem) oder ein zukunftsorientiertes Ein-Schleifen-Lernen sein (Übertragung des Gelernten auf ähnliche Situationen) – im elaboriertesten Fall jedoch ein Zwei-Schleifen-Lernen, bei dem auch die Grundannahmen des Arbeitsprozesses hinterfragt werden: Im Gegensatz zum Ein-Schleifen-Lernen, also der Anpassung des individuellen Verhaltens als Reaktion auf äußere Veränderungen, führt Zwei-Schleifen-Lernen zum Hinterfragen bisheriger Zielvorstellungen und zur Anpassung der Ziele. Dies lässt sich an der Metapher eines Heizungsthermostats verdeutlichen (vgl. Ashby, 1952): Ein-Schleifen-Lernen bezieht sich auf die Art und Weise, *wie* sich die Solltemperatur erreichen lässt; Zwei-Schleifen-Lernen bezieht sich darauf, *ob* die Solltemperatur überhaupt sinnvoll gewählt wurde.

Bei einem Zwei-Schleifen-Lernprozess käme die Laborantin eventuell zu dem Ergebnis, dass die Störung bei einer gewissen Art von Geräten und einer gewissen Art von Laborprozess gehäuft vorkommt, und könnte der Laborleitung empfehlen, die Laborprozesse neu zu organisieren und andere bereits vorhandene Geräte einzusetzen. Die Gestaltung von Personalentwicklungsprozessen könnte somit zum

Ziel haben, die Bedingungen für ein möglichst nachhaltiges informelles Lernen zu schaffen, sodass sich die Lernergebnisse leicht auf neue Herausforderungen übertragen lassen (Ein-Schleifen-Lernen). Außerdem kann die Personalentwicklung die Beschäftigten befähigen und ermutigen, Arbeitsprozesse zu reflektieren, um das Zwei-Schleifen-Lernen zu stärken.

2.2.2.1 Merkmale des informellen Lernens

In der Wissenschaft wurden in den letzten drei Jahrzehnten viele, teilweise inkonsistente Definitionsversuche in Bezug auf informelles Lernen am Arbeitsplatz unternommen. Decius (2020) stellt auf Basis der Analyse von 21 Definitionen jedoch folgende übereinstimmende Merkmale des informellen Lernens fest:

Informelles Lernen

- ist nicht formal bzw. institutionell organisiert
- ist wenig strukturiert
- kommt in alltäglichen Arbeitsprozessen und -situationen vor
- wird von der lernenden Person selbst initiiert
- wird nicht pädagogisch unterstützt oder begleitet
- beinhaltet das Lernen aus Erfahrungen und Handlungen sowie Reflexion
- ist ein bewusster bzw. intentionaler Prozess
- hat eine Handlung bzw. Problemlösung zum Ziel, nicht das Lernen selbst
- ist oftmals in einen sozialen Kontext eingebunden

2.2.2.2 Prozentgerangel: 70-20-10-Regel – „Darf's noch etwas mehr sein?“

So manch eine Führungskraft in der Praxis liebt Zahlen – häufig zu Recht, manchmal aber auch unabhängig davon, ob ein exakter Zahlenwert sinnvoll ist oder nicht. So ist es auch beim arbeitsbezogenen Lernen: Wie viel Prozent des Lernens beispielsweise formal oder informell erfolgen, lässt sich nur grob schätzen. Dies liegt auch daran, dass klare Kriterien fehlen. Sollte man die Lernzeit zugrunde legen? Erfahrungsgemäß wird jedoch in formalen Schulungen nicht dauerhaft gelernt, da eine Person nicht mehrere Stunden am Stück gleichermaßen aufmerksam den Lerninhalten folgen kann. Beim informellen Lernen findet das Lernen bruchstückhaft verteilt über den Arbeitstag und größtenteils spontan statt, das Ausmaß kann daher je nach Neuheit und Schwierigkeit der Arbeitsaufgabe stark schwanken. Oder sollte man den Kompetenzzuwachs für eine Prozentberechnung zugrunde legen? Veränderungen in den Kompetenzen sind allerdings schwierig festzustellen und zeigen sich oftmals erst dann, wenn sie in einer Leistungssituation wirklich benötigt werden. Außerdem kann die Effizienz des Lernens je nach Lernthema unterschiedlich sein: Bei komplexen, aber wichtigen Inhalten (zum Beispiel formalen Sicherheitsschulungen) wird viel Zeit für einen eher geringen, aber notwendigen Kompetenzzuwachs aufgewendet – bei einfachen Inhalten (oft informell und nebenbei gelernt im Arbeitsalltag) geht es schneller. Eine prozentuale Abbildung von Lernverteilungen könnte hier schnell zu falschen Schlussfolgerungen führen.

Dennoch kursieren in der Praxis und auch in der wissenschaftlichen Literatur Prozentzahlen, um das numerische Bedürfnis des Menschen zu erfüllen, Ordnung in die Dinge zu bringen. Beispielsweise sprechen einige Quellen davon, dass 60 bis 90 % des arbeitsbezogenen Lernens informell stattfinden. Besonders bekannt in der Praxis ist die auf Lombardo und Eichinger (1996) zurückgehende „70-20-10-Regel" (vgl. auch Arets, Jennings & Heijnen, 2015). Gemäß dieser Regel sollen 70 % des Lernens durch den Umgang mit beruflichen Herausforderungen und „learning by doing" erfolgen (selbstbezogenes informelles Lernen), 20 % durch Interaktionen mit Personen des beruflichen Umfelds (sozialbezogenes informelles Lernen) und lediglich 10 % durch formale Schulungen und Trainings. Manches Mal wird auch die Eisberg-Metapher bemüht, um zu verdeutlichen, dass der Großteil des Lernens wie bei einem im Wasser schwimmenden Eisberg abseits der formalen (Schulungs-)Oberfläche stattfinde. Das bedeutet, der deutlich geringere formale Teil des Lernens ist sichtbar – wie bei einem Eisberg.

Im Rahmen einer umfassenden Überblicksstudie stellte Clardy (2018) allerdings kritisch fest, dass die „70-20-10-Regel" empirisch nur schwach belegt sei. Diejenigen, die diese „Regel" propagieren, würden sich demnach auf wenige, sich gegenseitig zitierende Publikationen berufen. Diese Publikationen bringt Clardy (2018) mit nachlässiger Studiendurchführung, uneinheitlicher Konzeptualisierung des (informellen) Lernens sowie grundlegenden methodischen Problemen in Verbindung. In einer qualitativen Untersuchung konnten zudem nicht die erhofften positiven Effekte der Implementierung eines 70-20-10-Rahmenmodells im öffentlichen Dienst in Australien auf den Lerntransfer festgestellt werden (Johnson, Blackman & Buick, 2018).

Viele Forschende sprechen in diesem Zusammenhang daher vom „Prozentproblem" des arbeitsbezogenen Lernens. Zwar herrscht Einigkeit darüber, dass selbstreguliertes und informelles Lernen einen Großteil des gesamten arbeitsbezogenen Lernens ausmachen und zukünftig weiter an Bedeutung gewinnen werden – dies sieht auch Clardy (2018) so. Eine starre Festlegung auf Prozentzahlen scheint jedoch weder der Komplexität des Themas gerecht zu werden noch in der Praxis sinnvoll umsetzbar zu sein.

2.2.2.3 Paradoxon des informellen Lernens

Informelles Lernen ist ein von den Beschäftigten selbst initiierter Prozess, dessen Ausgangspunkt häufig eine zu lösende Herausforderung bei der Arbeit ist. Einen solchen Prozess gezielt (z.B. durch formal organisierte Interventionen) anregen oder gar verordnen zu wollen, kann leicht zum Gegenteil des intendierten Ziels führen: Man „würgt" das Lernen ab. Dieses „Paradoxon des informellen Lernens", d.h. wenn die Organisation es fördern will, kann sie es auch zerstören, wird eindrücklich von Boud, Rooney und Solomon (2009) im Rahmen einer Interviewstudie mit Beschäftigten des öffentlichen Dienstes beschrieben: Die Führungskräfte in der Behörde hatten beobachtet, dass sich die im Außendienst tätigen Personen informell zum Mittagessen treffen und dabei nebenbei arbeitsbezogene Informationen mit hoher Bedeutung für das Team austauschen und diese Situationen als wertvolle Gelegenheiten zum Netzwerken wahrnehmen. Im Glauben, etwas Gutes für die Förderung des Lernens der Beschäftigten zu tun, führte die Behörde eine Intervention in Form von monatlichen, geplanten und verpflichtenden morgendlichen „Tee- und Kaffeetreffen" ein. Eine der interviewten Personen beschreibt diese Treffen als sehr seltsam, da man die anderen Personen teilweise nicht kenne und nicht wirklich mit ihnen reden könne, wenn man nur einmal im Monat zusammenkäme. Eine andere Person kommentiert: „Wir stehen nur herum und starren uns gegenseitig an" (Boud et al., 2009, S. 330, Übers. d. Verf.). Was in der geschilderten Studie zwar nicht untersucht wurde, aber durchaus denkbar ist: Durch diese negativen sozialen Erfahrungen könnte auch die generelle Bereitschaft zum informellen Austausch beim Mittagessen abnehmen. Dann wäre die Intervention des Managements nicht nur verpufft, sondern hätte auch schädliche Wirkung auf das informelle Lernen.

Daher stellt sich die Frage, was Organisationen also tun können, um das informelle Lernen zu unterstützen, ohne es künstlich wirken zu lassen, zu formalisieren und durch Regeln und Vorschriften zu behindern. Die Antwort ist, dass Organisationen lediglich die Voraussetzungen schaffen und „den Nährboden" bereitstellen können, damit informelles Lernen gedeihen kann und die natürliche Auftretenswahrscheinlichkeit erhöht wird. Das hehre Ziel, informelles Lernen zu kontrollieren und zu steuern, widerspricht der Definition des Konzepts. Zudem besteht dann die Gefahr einer ökonomischen Vereinnahmung und Instrumentalisierung des Lernens für die Wertsteigerung der Arbeitskraft (Decius, 2020). Lernpotenziale würden dann durch Lernzwänge verdrängt und die *Möglichkeiten* zum lebenslangen Lernen in die *Dauerverpflichtung* des „lebenslänglichen" Lernens verkehrt, um der gesellschaftlichen und organisationalen Erwartung gerecht zu werden und die Selbstoptimierung voranzutreiben (Gnahs, 2016). Die Bereitstellung lernförderlicher Rahmenbedingungen (vgl. Cerasoli et al, 2018; Decius, Schaper & Seifert, 2021) sowie mitarbeiterorientierte Führungsstile (Zia, Decius, Naveed & Anwar, 2022) bei gleichzeitiger Freiwilligkeit der Nutzung von Lernmöglichkeiten kann dem entgegenwirken (siehe hierzu auch Abschnitt 2.3).

2.2.2.4 Modelle des informellen Lernens

Als Begründerinnen des modernen Begriffsverständnisses des informellen Lernens gelten Marsick und Watkins (1990). Sie stellen das informelle Lernen als einen stetigen Zyklus dar, in dem die eigene Erfahrung eine zentrale Rolle einnimmt. Folgende Schritte werden dabei durchlaufen:

1. Problem diagnostizieren
2. Kontext interpretieren
3. über eine Lösung entscheiden
4. Fähigkeiten nutzen oder entwickeln
5. Lösung erstellen
6. Konsequenzen bewerten
7. Schlussfolgerung ziehen
8. Lernerfahrung einordnen.

Dies sei am Beispiel von Johannes verdeutlicht:

Beispiel: „Johannes in der Marketingagentur"

Johannes arbeitet seit drei Jahren in einer Marketingagentur. Er soll eine neue Kampagne zur Vermarktung eines Reinigungsmittels für den Küchenbereich entwerfen. Da Johannes sich in diesem Bereich kaum auskennt, stellt die Aufgabe eine Herausforderung für ihn dar. Er beginnt mit einer (1) Problemdiagnose, bei der er auf seine Erfahrungswerte zurückgreift und nach Ähnlichkeiten sowie Unterschieden mit früheren Aufgaben sucht. Hierbei fällt ihm ein, dass er vor einigen Jahren in einem Projekt beteiligt war, bei dem es um die Vermarktung eines Duschgels ging. Allerdings muss Johannes nun mehr über den (2) Kontext der neuen Aufgabe erfahren, um die „politische Dimension" der Herausforderung zu verstehen. Im Gespräch mit einer Kollegin erfährt er, dass das Reinigungsmittel nur der Anfang sein soll - der Hersteller erhofft sich offenbar den Einstieg in eine größere Kampagne, die auch Spülmaschinen und Entkalkungsmittel für Wasserkocher umfassen könnte. Diese Informationen erweitern Johannes' Horizont, da er nun verschiedene Handlungsalternativen sieht: Neben der naheliegenden Möglichkeit, sich auf die Eigenschaften des Reinigungsmittels zu fokussieren, bietet sich zum Beispiel auch die Alternative, das gesamte Küchenerlebnis einzubeziehen. Im nächsten Schritt (3) entscheidet sich Johannes für diese zweite Alternative und überlegt, welche (4) Fähigkeiten und welches Wissen ihm aktuell fehlen, um diese Option sinnvoll umzusetzen. Er recherchiert in verschiedenen Quellen und lässt sich inspirieren, um schließlich (5) das Vermarktungskonzept zu Papier zu bringen. Doch sein Lernen ist damit nicht abgeschlossen: Nachdem er das Konzept seiner Chefin präsentiert hat und viel Lob, aber auch ein paar Kritikpunkte zu hören bekam, (6) überlegt Johannes, was er an dem Konzept verbessern könnte - aber auch, welche (7) „Lessons learned" er für zukünftige Projekte mitnimmt. Durch sein informelles Lernen hat Johannes somit nicht nur seine Herausforderung bei der Arbeit gelöst, sondern auch langfristig nutzbare Kompetenzen erworben.

Das Beispiel von Johannes zeigt bereits anschaulich, wie der informelle Lernprozess aussehen kann. Einen vollständigen Überblick über die Komponenten des informellen Lernens bietet zudem das Oktagon-Modell des informellen Lernens am Arbeitsplatz (Decius et al., 2019). Das Oktagon-Modell basiert auf dem dynamischen Modell von Tannenbaum, Beard, McNall und Salas (2010), welches die vier Komponenten *Erfahrung/Handlung, Feedback, Reflexion* und *Lernintention* beinhaltet. Im Oktagon-Modell sind diese vier Komponenten jeweils in zwei Subkomponenten unterteilt – es ist somit das detailliertere Modell (vgl. Abbildung 3). Eigenes Ausprobieren und die beiden Subkomponenten der Reflexion werden als *selbstbasiertes* informelles Lernen bezeichnet; Modelllernen und die beiden Feedback-Subkomponenten werden als *sozialbasiertes* informelles Lernen bezeichnet, da hierbei die Interaktion mit anderen Personen notwendig ist (Decius & Hein, 2023).

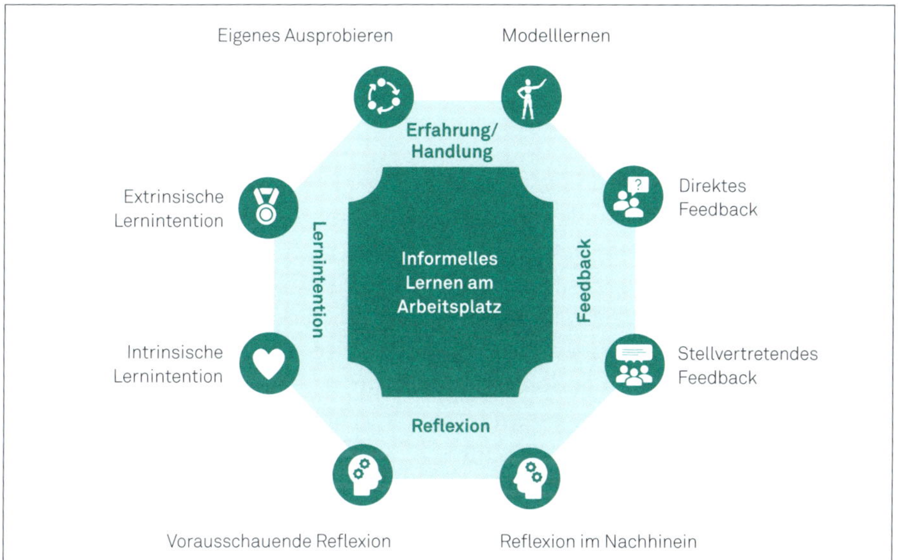

Abbildung 3: Oktagon-Modell des informellen Lernens

Beispiel (Fortsetzung): „Johannes in der Marketingagentur“

Johannes kann durch eigenes Ausprobieren, d.h. das Anwenden seiner Ideen zur Marketingkampagne, etwas dazulernen. Ebenso kann er seine Kolleginnen und Kollegen beobachten und durch Modelllernen neue Erkenntnisse gewinnen. Indem Johannes seine Chefin um eine Rückmeldung bittet, holt er sich ein lernförderliches, direktes Feedback ein. Beim stellvertretenden Feedback tauscht Johannes Erfahrungen mit seinen Kolleginnen und Kollegen zu erfolgskritischen Situationen bei der Erstellung des Vermarktungskonzepts aus – im

Gegensatz zum direkten Feedback geht es hierbei jedoch *nicht* um seine aktuelle eigene Arbeitsleistung, sondern um Tipps und Tricks sowie Erfahrungswerte im Allgemeinen. Im Rahmen der vorausschauenden Reflexion überlegt Johannes im Vorhinein, wo bei der Erstellung des Konzepts Hindernisse und Stolpersteine lauern könnten. Die Überlegungen, was er beim nächsten Mal noch besser machen könnte („Lessons learned"), fallen in den Bereich Reflexion im Nachhinein. Nicht zu unterschätzen ist zudem die Lernintention: Johannes kann einen inneren, intrinsischen Anreiz für sein informelles Lernen haben und aus Freude daran lernen, mehr über die Vermarktungsmöglichkeiten von Küchenerlebnissen zu erfahren. Lernt der junge Mitarbeiter Johannes hingegen vor allem mit der Aussicht auf ein Lob von seiner Chefin und auf eine positive Karriereentwicklung, stehen äußere, extrinsische Anreize im Vordergrund. Aber auch bei erfahrenen Beschäftigten spielt informelles Lernen für die Kompetenzentwicklung eine wichtige Rolle (Decius, 2021), wenngleich sich gemäß empirischen Befunden der Fokus bei älteren Mitarbeitenden stärker vom Modelllernen und Feedback zur Reflexionskomponente verlagert (Decius & Schaper, 2021a).

Wichtig zu wissen ist, dass nach aktueller Forschungsmeinung nicht alle vier Komponenten bzw. acht Subkomponenten hoch ausgeprägt sein müssen, damit informelles Lernen stattfindet. Je mehr Komponenten allerdings in den Lernprozess involviert sind, desto effektiver ist das informelle Lernen (Tannenbaum et al., 2010) – empirische Evidenz dafür liegt jedoch noch nicht vor. Jede Komponente kann Auslöser einer anderen Komponente sein und dieser somit vorausgehen, aber auch jeder anderen Komponente nachfolgen. Somit gibt es keinen festen Start- oder Endpunkt im Modell, das einen dynamischen Charakter aufweist. Insgesamt sind trotz zunehmender empirischer Forschungsbemühungen (siehe Decius, Knappstein, Schaper & Seifert, 2021, für einen Überblick zu Messinstrumenten des informellen Lernens) noch viele Fragen zum informellen Lernen offen, beispielsweise zu individuellen und organisationalen Voraussetzungen sowie Lernergebnissen, informellem Lernen auf Teamebene, zeitlichen Lernverläufen, dem Zusammenspiel von Subdimensionen des informellen Lernens und möglichen lernförderlichen Interventionen (siehe Tannenbaum & Wolfson, 2022, für einen Überblick zu bekannten Forschungsergebnissen und offenen Forschungsfragen).

2.2.3 Selbstreguliertes Lernen

Neben dem formalen Lernen und dem informellen Lernen ist eine dritte Form des arbeitsbezogenen Lernens in der Praxis weit verbreitet: das selbstregulierte Lernen. Im Gegensatz zum formalen Lernen werden beim selbstregulierten Lernen Lerninhalte, -umfang und -zeiten von den lernenden Personen bestimmt und nicht vorgegeben. Vom informellen Lernen unterscheidet sich das selbstregulierte Lernen insbesondere dadurch, dass es von den lernenden Personen mit einer Lernabsicht initiiert wird. Informelles Lernen wird hingegen durch ein Problem oder eine Herausforderung bei der Arbeit initiiert und die Problemlösung steht im Vordergrund.

2.2.3.1 Definition des selbstregulierten Lernens

Im Unterschied zum formalen Lernen übernimmt die lernende Person – nicht die Lehrperson – im selbstregulierten Lernprozess die primäre Verantwortung für die Zielsetzung, die Umsetzung geeigneter Lernstrategien und die Bewertung der Lernergebnisse (Knowles, 1975). Zimmerman (1990, S. 4) beschreibt selbstregulierend lernende Personen folgendermaßen: Sie sind sich bewusst, wann sie Wissen oder eine bestimmte Fähigkeit in einem Bereich besitzen und wann nicht. Sie suchen proaktiv nach Informationen und unternehmen die notwendigen Schritte, um das benötigte Wissen zu erwerben. Auch bei hinderlichen Lernbedingungen wie verwirrenden Aussagen von Lehrpersonen oder unübersichtlichen Lehrbüchern finden sie einen eigenen Weg zum Lernerfolg. Daran angelehnt ist in der Literatur insbesondere die Definition von Pintrich (2000) verbreitet:

> *Selbstreguliertes Lernen* ist ein aktiver, konstruktiver Prozess, bei dem der Lernende sich Ziele für sein Lernen selbst setzt und zudem seine Kognitionen, seine Motivation und sein Verhalten in Abhängigkeit von diesen Zielen und den gegebenen äußeren Umständen beobachtet, reguliert und kontrolliert (S. 453; Übersetzung von Otto, Perels & Schmitz, 2015, S. 42).

Arbeitsbezogenes selbstreguliertes Lernen kann nicht nur direkt am Arbeitsplatz, sondern auch in der Freizeit und am Rande von formalen Trainings stattfinden, um zum Beispiel Trainingsinhalte freiwillig zu vertiefen. Neuere Forschung beschäftigt sich außerdem damit, wie berufsbedingt pendelnde Personen die Zeit in öffentlichen Verkehrsmitteln für selbstreguliertes Lernen nutzen und welche Rahmenbedingungen diese Lernprozesse fördern (Danna, Randall & Mahabir, 2023).

2.2.3.2 Phasenmodell des selbstregulierten Lernens

Beschäftigte durchlaufen beim selbstregulierten Lernen in der Regel drei Phasen (Schmitz & Wiese, 2006): die präaktionale Phase, die aktionale Phase und die postaktionale Phase.

In der *präaktionalen Phase* – vor dem eigentlichen Lernen – setzt sich die lernende Person, z.B. eine Mitarbeiterin oder ein Mitarbeiter, ein Lernziel. Dies kann beispielsweise sein, sich die Funktionalitäten eines neuen Projektmanagement-Tools anzueignen. In der Regel hat die Person einen externen Grund dafür (extrinsische Motivation); vermutlich kommt sie nicht darum herum, in Zukunft mit diesem Tool zu arbeiten. Besonders wertvoll und wirksam beim selbstregulierten Lernen ist jedoch, wenn die Person aus Freude daran, das neue Tool zu erkunden, und somit aus eigenem Antrieb lernen möchte (intrinsische Motivation). Damit verbunden sind auch die Emotionen, die Mitarbeitende beim selbstregulierten Lernen erleben. Positive Emotionen gelten als lernförderlich. Die lernende Person kann aber auch Freude beim Erkunden des neuen Tools empfinden, wenn sie aus einem externen Grund lernen möchte. Ebenfalls eine wichtige Rolle spielt die Selbstwirksamkeit beim selbstregulierten Lernen: Je mehr die Person daran glaubt, mit ihren aktuellen Fähigkeiten die Funktionalitäten des Tools verstehen zu können, desto effektiver verläuft ihr Lernprozess.

Das Lernen der Person wird aber nicht nur durch Ziele, Motivationen, erlebte Emotionen und die Selbstwirksamkeit beeinflusst, sondern auch durch die Aufgabe und die Situation: Ein sehr komplexes und tiefgreifendes Projektmanagement-Tool stellt andere Anforderungen an das Lernen als ein einfaches und oberflächliches Tool. Ebenfalls ist beispielsweise entscheidend, ob sich die Person auf die Erkundung des Tools fokussieren kann, oder ob sie parallel noch viele weitere Aufgaben des Tagesgeschäfts erledigen muss und beim Lernen häufig unterbrochen wird. Zielsetzung und Selbstwirksamkeit sind besonders starke Prädiktoren des Lernerfolgs, wie metaanalytische Evidenz ergeben hat (Sitzmann & Ely, 2011; siehe Abbildung 4).

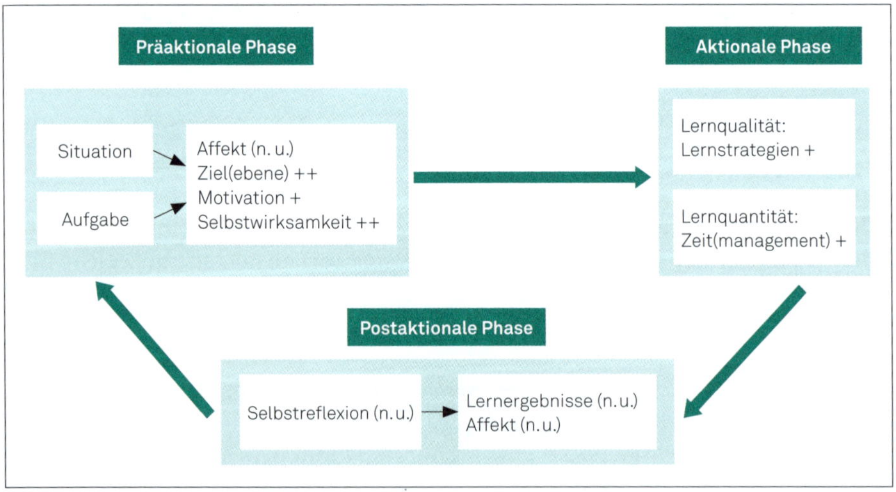

Anmerkungen: ++ = moderater bis starker Prädiktor bei Sitzmann und Ely (2011); + = schwacher bis moderater Prädiktor bei Sitzmann und Ely (2011); n. u. = nicht untersucht bei Sitzmann und Ely (2011).

Abbildung 4: Prozessmodell des selbstregulierten Lernens nach Schmitz und Wiese (2006), ergänzt um die empirischen Ergebnisse der Metaanalyse von Sitzmann und Ely (2011)

Auf die präaktionale Phase der Lernvorbereitung folgt die *aktionale Phase* – die Phase des eigentlichen Lernens inklusive der Überwachung und Regulation des eigenen Lernprozesses. Die Lernstrategien als Indikator der Lernqualität und die Zeit bzw. das Zeitmanagement als Indikator der Lernquantität (siehe Abbildung 4) sind die hauptsächlichen Charakteristika dieser Phase. Sieht sich die Person beispielsweise während des Lernens einer Ablenkung gegenübergestellt, wie einer unerwarteten E-Mail-Anfrage, könnte sie diese ignorieren und sich weiter konzentriert mit dem Projektmanagement-Tool beschäftigen. Für das selbstregulierte Lernen ist ebenfalls bedeutsam, dass die Person über ausreichend Zeitressourcen verfügt bzw. die ihr zur Verfügung stehende Zeit effizient zum Lernen nutzen kann.

An die aktionale Phase schließt sich die *postaktionale Phase* an. Hier reflektiert die Person ihr Lernen, indem sie beispielsweise darüber nachdenkt, welche Funktionen des Tools sie bereits schnell erfasst hat, welche Funktionen sie nach einiger Anstrengung verstanden hat, und das Erlernen welcher Funktionen sie in den nächsten Tagen noch angehen möchte. In dieser Phase nach dem eigentlichen Lernen werden auch die Lernergebnisse sichtbar (zum Beispiel sieht die Person einen gewissen Zuwachs an Wissen und Sicherheit im Umgang mit dem neuen Tool). Außerdem nimmt die Person je nach Erfolg des selbstregulierten Lernprozesses mehr oder weniger positive Gefühle wahr. Da es sich beim selbstregulierten Lernen um einen permanenten Kreislauf handelt, mündet die postaktionale Phase wiederum in die präaktionale Phase. Basierend auf ihrer Selbstreflexion setzt sich die Person im idealtypischen Verlauf neue Lernziele, zum Beispiel das Verständnis darüber zu erlangen, wie das neue Tool auch in zukünftigen Projekten eingesetzt werden könnte.

2.2.4 Sieben Dimensionen zur Charakterisierung von Lernformen

Arbeitsbezogene Lernformen wie formales, informelles und selbstreguliertes Lernen lassen sich anhand von sieben Lerndimensionen unterscheiden (Decius, 2020; siehe Abbildung 5). Eine solche Unterscheidung ist sinnvoll, um festzustellen, ob es sich um das jeweilige Lernen in seiner Reinform handelt oder ob eine Mischform vorliegt. Ein klassisches formales Training würde beispielsweise andere Bedingungen für eine erfolgreiche Durchführung erfordern als ein Training mit selbstregulierten Lernanteilen.

- Bewusstheit

Menschen können nicht *nicht* lernen – viele Lernprozesse im Alltag laufen dabei unbewusst ab. Beim arbeitsbezogenen Lernen hingegen handelt es sich überwiegend um *explizites* und somit bewusstes Lernen, wie die Teilnahme an Schulungen und Trainings oder das selbstgesteuerte Verfolgen von Lernzielen. Lediglich

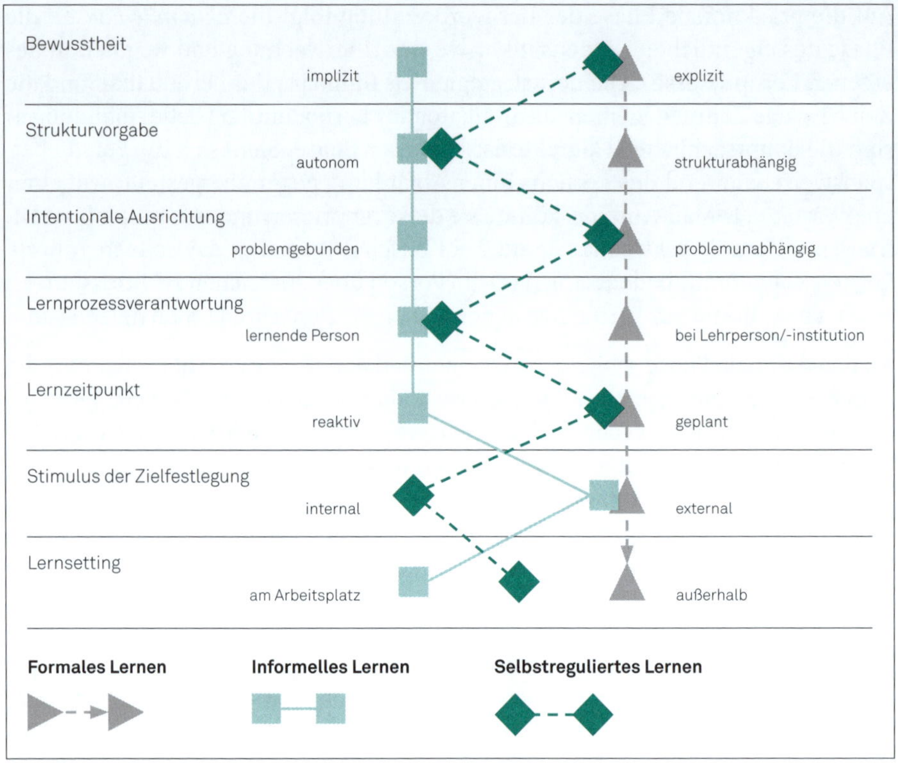

Abbildung 5: Lernformenprofile

das sog. inzidentelle Lernen ist *implizit* und somit unbewusst. Dabei handelt es sich um beiläufiges Lernen. Eine Person hört beispielsweise neben der Arbeit einen Radiosender, ohne den Inhalten Aufmerksamkeit zu schenken, nimmt aber unbewusst Informationen auf. Später kann diese Person eventuell einige Informationen wiedergeben, vermutlich jedoch nicht benennen, aus welcher Quelle sie ihr Wissen hat.

- Strukturvorgabe

Lernen kann entweder einem stark vorstrukturierten Ablauf folgen oder weitgehend frei von solchen strukturellen Vorgaben sein. Wenn beispielsweise Lernzeit, Lernort, Lernziele und womöglich auch ein Curriculum vorgegeben sind, handelt es sich um Lernen mit einer hohen Strukturvorgabe – das Lernen ist *strukturabhängig*. Bewegt sich das Lernen hingegen nicht in einem solchen Korridor, liegt eine niedrige Strukturvorgabe vor – das Lernen erfolgt *autonom*. Die lernende Person hat dann größere Freiräume darin, Lerninhalte und den Lernablauf auszugestalten.

- Intentionale Ausrichtung

Man könnte annehmen, dass bei Lernprozessen eine klare Absicht bei der lernenden Person vorliegt – nämlich die Intention, etwas zu lernen. Dies ist teilweise auch der Fall. Es gibt aber auch Lernsituationen, in denen das Dazulernen zweitrangig erscheint. Tritt beispielsweise ein Problem bei der Arbeit auf, das die Person dringend lösen muss, um weiterarbeiten zu können, steht eine Handlungsintention im Vordergrund. In diesem Fall wäre es die Absicht, das Problem zu lösen. Auch bei der Problemlösung lernt die Person etwas dazu; Lernen ist dann aber nicht der Hauptzweck des Agierens. Somit kann eine *problemunabhängige* Lernintention von einer *problemgebundenen* Handlungsintention unterschieden werden.

- Lernprozessverantwortung

Die Dimension der Lernprozessverantwortung beschreibt, wer den Lernprozess steuert. Dabei kann es sich um eine externe *Lehrperson bzw. -institution* handeln. Das Lernen kann aber auch selbstgesteuert stattfinden, sodass die Lernprozessverantwortung bei der *lernenden Person* liegt. Mit der Steuerung geht eine Verantwortungsübernahme für die Durchführung, Kontrolle und potenzielle Bewertung des Lernens einher.

- Lernzeitpunkt

Lernprozesse können sowohl als Reaktion auf eine Situation oder Erfahrung als auch überlegt stattfinden. *Reaktives* Lernen findet nahezu spontan und ungeplant statt – mitten im Geschehen, wenn wenig Zeit zum Nachdenken bleibt. Im Arbeitskontext kann dies beispielsweise ein zu lösendes Problem oder eine inhaltliche Frage sein, der die lernende Person gegenübersteht. *Geplantes* Lernen zeichnet sich hingegen durch klare Lernziele sowie überlegte Lernaktivitäten aus, für die ein bestimmtes Zeitbudget vorgesehen ist.

- Stimulus der Zielfestlegung

Der Impuls zum Lernen und zur Festsetzung des Lernziels kann sowohl von außen kommen *(external)* als auch aus der Person selbst *(internal)*. Ein externaler Stimulus kann einerseits aus der Arbeitsumgebung stammen. Beispiele sind Veränderungen im Umfang oder Verantwortungsbereich der eigenen Arbeit, Anforderungen zur Nutzung einer neuen Technologie oder im Arbeitsprozess auftretende Probleme, Fehler sowie Misslingen von Arbeitsschritten. Andererseits kann ein externaler Stimulus durch eine Institution, eine Lehrperson oder ein vorgegebenes Curriculum festgelegt werden.

Als internaler Stimulus kann beispielsweise der Antrieb einer Person fungieren, die eigenen Kompetenzen zu erweitern, sich beruflich neu aufzustellen oder sich auf ein bestimmtes zukünftiges Ereignis vorzubereiten. Wenn eine lernende Person ihr Lernziel auf Basis eines internalen Stimulus selbst festlegt, bedeutet dies jedoch nicht, dass sie automatisch auch die gesamte Verantwortung des Lernprozesses trägt (z. B. beim Coaching). Umgekehrt kann die lernende Person auch dann die volle Lernprozessverantwortung innehaben, wenn die Zielfestlegung durch einen externalen Stimulus erfolgt, z. B. durch ein im Arbeitsprozess auftretendes Problem.

- Lernsetting

Arbeitsbezogenes Lernen kommt in verschiedenen Lernsituationen vor – auch Lernsettings genannt. Findet das Lernen direkt *am Arbeitsplatz* bzw. während der Arbeitsausführung statt, spricht man von „Learning on the Job". Im Gegensatz dazu steht „Learning off the Job", welches *außerhalb* der Aufgabendurchführung stattfindet. Dies trifft zum Beispiel auf Schulungen und Trainings zu. Auch betriebsintern durchgeführte Schulungen (zum Beispiel in einem Schulungsraum) gelten als „Learning off the Job", da die lernenden Personen für die Schulungsteilnahme ihr direktes Arbeitsumfeld verlassen. Zwischen den beiden Kategorien steht „Learning near the Job", welches am Arbeitsplatz stattfindet, aber nicht direkt während der Arbeitsausführung. Ein Beispiel wäre das gezielte und selbstgesteuerte Bearbeiten von (Online-)Lernmaterialien in einem Bürojob: Die Person säße weiterhin an ihrem Schreibtisch, würde aber ihre reguläre Arbeit für das Lernen unterbrechen.

2.2.5 Übertragung der Lerndimensionen auf Praxisbeispiele

Die sieben Dimensionen zur Klassifizierung des arbeitsbezogenen Lernens lassen sich auf die drei vorgestellten Lernformen des informellen, formalen und selbstregulierten Lernens anwenden. Die Unterscheidung ist nicht nur in der Wissenschaft, sondern auch in der Praxis bedeutsam: Während sich selbstreguliertes Lernen unmittelbar fördern lässt – beispielsweise durch Zielsetzungstrainings und Angebote zur Erweiterung der metakognitiven Fähigkeiten – lassen sich beim informellen Lernen lediglich die Rahmenbedingungen gestalten (vgl. Abschnitt 2.2.2.3). Wird in der Praxis von informellem Lernen gesprochen, ist es somit zunächst einmal sinnvoll, anhand der Dimensionen zur Beschreibung von Lernformen zu prüfen, ob es sich wirklich um (probleminduziertes) informelles Lernen handelt oder um (selbstbestimmtes) selbstreguliertes Lernen. Hierzu können die lernenden Personen befragt werden, inwieweit sie im Lernprozess ein Problem lösen oder gezielt etwas dazulernen möchten. Außerdem kann geprüft werden, ob das Lernen durch einen äußeren Impuls (z. B. ein auftretendes Problem) oder durch selbst gesteckte Lernziele induziert wird. Je nachdem, zu welchem Ergebnis die Personalerin oder der Personaler kommt, können geeignete Maßnahmen zur Förderung der jeweiligen Lernform umgesetzt werden.

In der Praxis kommen die drei Lernformen jedoch nicht nur in typischer Ausprägung vor, wie sie in Abbildung 5 dargestellt werden. Es kommt zu Wechselwirkungen (z. B. Richter, Kortsch & Kauffeld, 2020) und oft zeigen sie sich in der Praxis auch als Mischformen („Hybride"). Auch dies soll im Folgenden anhand von Beispielen verdeutlicht werden.

2.2.5.1 Typisches informelles Lernen

Informelles Lernen findet immer dann statt, wenn bei der Arbeit eine Herausforderung oder ein Problem auftritt und gelöst werden muss. Arbeitsbezogene Probleme variieren zwar in Häufigkeit und Komplexität, treten im Arbeitsalltag allerdings in nahezu jedem Beruf auf. Bei Bürotätigkeiten könnte es sich beispielsweise um ein Problem im Umgang mit einem Softwareprogramm handeln. Um die Software weiter korrekt nutzen zu können, probiert die Person einen eigenen Lösungsweg aus, fragt bei erfahrenen Kolleginnen oder Kollegen nach oder reflektiert intensiv vergangene Erfahrungen. Das informelle Lernen findet dabei unabhängig von vorgegebenen Strukturen statt – es gibt keine Festlegung von Lernzeit, Lernort und Lerninhalten. Dementsprechend liegt die Verantwortung für den Lernprozess bei der lernenden Person selbst. Interessanterweise befindet sich der Fokus dieser Person jedoch nicht darauf, etwas zu lernen: Es liegt keine Lernabsicht vor, sondern eine Handlungsabsicht. Die Person möchte primär das aufgetretene Problem mit dem Softwareprogramm lösen und ist sich bewusst, dass sie dabei auch etwas lernen wird. Dieser eher beiläufige Zuwachs von Kompetenzen durch die Problemlösung ist aber keineswegs das Ziel des Prozesses. Die lernende Person reagiert nahezu spontan auf die Herausforderung, dass das Softwareprogramm eine Fehlermeldung ausgibt. Das Ziel der Handlung wird dabei nicht durch die Person selbst festgelegt, sondern ergibt sich external aus den Anforderungen der Aufgabe, d. h. es wird direkt vom Softwareprogramm vorgegeben – im Gegensatz zum selbstregulierten Lernen, bei dem das Ziel internal von der lernenden Person bestimmt wird. Bei der Lernsituation im informellen Lernprozess handelt es sich stets um arbeitsgebundenes Lernen, welches direkt am Arbeitsplatz stattfindet, an dem auch die Herausforderung aufgetreten ist.

2.2.5.2 Typisches selbstreguliertes Lernen

Beim selbstregulierten Lernen verfolgt die lernende Person ein selbst gestecktes Lernziel und überwacht die Zielerreichung. Werden Abweichungen vom eingeschlagenen Pfad sichtbar, steuert die Person gegen, um die Zielerreichung nicht zu gefährden. Somit handelt es sich beim selbstregulierten Lernen um einen autonomen Lernprozess, der unabhängig von vorgegebenen Strukturen bezüglich Lernzeit, Lernort und Lerninhalten stattfindet. Beispielsweise könnte die Person sich vornehmen, die Funktionen einer neuen Software strukturiert zu verinnerlichen. Dieses Lernziel legt die Person aus freien Stücken fest, ohne durch umgebende Strukturen, Herausforderungen oder Probleme dazu „gedrängt" zu werden. Sie sucht nach einem Tutorial zur neuen Software und überlegt sich, bis wann sie welche Kapitel daraus für sich selbst bearbeiten möchte. Das Lernen findet also überlegt bzw. deliberativ statt. Die Lernprozessverantwortung liegt dabei allein bei der lernenden Person. Die Person verfolgt zudem eine klare Lernabsicht und möchte sich weiterentwickeln. Das Lernen kann dabei einerseits arbeitsgebunden, also direkt am Arbeitsplatz, stattfinden. Dies ist zum Beispiel dann der Fall, wenn die lernende Person genügend Lernzeit am Arbeitsplatz aufbringen kann. Stehen diese zeitlichen Ressourcen nicht zur Verfügung, bleibt der Person andererseits lediglich das arbeitsorientierte Lernen außerhalb des Arbeitsplatzes, welches beispielsweise in der Freizeit stattfinden kann.

Selbstreguliertes Lernen weist dabei einige Parallelen zum informellen Lernen auf. So werden beide Lernformen von der lernenden Person bewusst als Lernen wahrgenommen. Außerdem werden die Lernabläufe von der lernenden Person selbst festgelegt – eine externe Lehrperson ist nicht erforderlich. Es gibt jedoch auch wichtige konzeptionelle Unterschiede: Beim selbstregulierten Lernen legt die lernende Person das Lernziel selbst fest, während sich beim informellen Lernen das Lernziel häufig aus der arbeitsbezogenen Problemstellung (teilweise zwangsläufig ohne Zutun der Person) ergibt. Somit ist die Absicht der Person beim selbstregulierten Lernen auf den Wissenszuwachs ausgerichtet; beim informellen Lernen steht die Handlungsabsicht, nämlich die Problemlösung, im Vordergrund – der Wissenszuwachs erfolgt lediglich beiläufig. Eine Person, die selbstreguliert lernt und ihre Lernziele selbst festlegt, plant und steuert darüber hinaus den Zeitpunkt des Lernens. Beim informellen Lernen ergibt sich der Lernzeitpunkt aus der Notwendigkeit der Problemlösung (für Details siehe Decius, Dannowsky & Schaper, 2022).

2.2.5.3 Typisches formales Lernen

Formales Lernen umfasst beispielsweise Schulungen, Trainings und Unterweisungen. Diese sind durch eine hohe Vorgabe an festgelegter Struktur gekennzeichnet. Die Lernsituation ist als arbeitsorientiert anzusehen, da das Lernen außerhalb des Arbeitsplatzes in extra dafür vorgesehenen Lernsettings stattfindet. Beispielsweise wird ein Seminarraum gebucht, eine Zeit festgelegt und ein Curriculum aufgestellt. Begleitet wird formales Lernen in der Regel von einer Lehrperson bzw. Institution, welche die Verantwortung für den Lernprozess übernimmt. Beim formalen Lernen steht die Lernabsicht im Vordergrund. Die Lerninhalte werden häufig unabhängig von aktuellen arbeitsbezogenen Problemen aufgestellt, was eine hohe Planbarkeit, aber auch geringe Flexibilität mit sich bringt. Es wird quasi „auf Vorrat gelernt".

Der Lernzeitpunkt beim formalen Lernen ist somit überlegt und wenig spontan. Die Lernziele werden nach den Bedarfen der Organisation external ausgewählt – die lernende Person hat nur begrenzten Einfluss darauf.

2.2.5.4 Coaching als Hybrid

Abseits der drei klassischen Lernformen des informellen, selbstregulierten und formalen Lernens lassen sich auch Hybridformen aus den Lerndimensionen bilden. Eine dieser Hybridformen ist das Coaching. Es vereint insbesondere selbstregulierte und formale Lernanteile. Beim Coaching lässt sich die lernende Person von einem Coach beraten und anleiten, um anschließend vereinbarte Lernziele selbstgesteuert umzusetzen. Die Strukturvorgabe des Lernens bewegt sich somit zwischen dem autonomen und dem abhängigen Pol. Wie beim informellen Lernen ist das Coaching auf eine Handlungsabsicht ausgerichtet: Üblicherweise soll ein arbeitsbezogenes Problem besprochen und gelöst werden, welches die lernende Person in den Beratungsprozess einbringt. Durch die Unterstützung liegt die Lernprozessverantwortung jedoch mindestens teilweise beim Coach, der als Lehrperson auftritt. Je nach Gestaltung des Coachings verbleibt jedoch – wie beim informellen und selbstregulierten Lernen – ein Teil der Verantwortung bei der lernenden Person. Analog zum selbstregulierten Lernen findet Coaching zu einem überlegten und geplanten Zeitpunkt statt. Außerdem wird das Lernziel üblicherweise internal von der lernenden Person bestimmt. Die Lernsituation ist arbeitsorientiert, auch wenn sich die lernende Person mit dem Coach außerhalb des Arbeitsplatzes trifft. Findet das Treffen mit dem Coach virtuell statt, kann es eine Überschneidung zwischen Coaching-Ort und Arbeitsplatz geben – allerdings ist auch in diesem Fall das Coaching nicht Bestandteil des Arbeitsprozesses und somit eher als „Learning near the job“ zu verorten.

2.2.5.5 Teilnahme an einem Web-Seminar aus dem Homeoffice als Hybrid

Bei einem Web-Seminar – einer Art virtuellem Seminar – handelt es sich grundsätzlich um eine formal organisierte Lernform. Mindestens Lernzeit und Lernort (in einem virtuellen Raum) sind vorgegeben, sodass das Web-Seminar eine externe Strukturvorgabe aufweist. Die Lernprozessverantwortung liegt bei einer Lehrperson, welche auch den Impuls zur Festlegung der Lernziele während des Web-Seminars gibt. Das Lernen findet nicht spontan, sondern überlegt und innerhalb fester zeitlicher Begrenzungen statt. Die lernende Person hat sich bewusst für das Web-Seminar angemeldet und verfolgt somit eine Lernintention. So klar diese Einordnung in den genannten Aspekten ist, so unübersichtlich wird sie in Bezug auf die Lernsituation. Klassischerweise würde man davon ausgehen, dass eine formale Lernveranstaltung unter „Learning off the Job“ fiele. Für eine solche Schulung würde die lernende Person ihr direktes Arbeitsumfeld verlassen. Ist der Lernort allerdings virtuell verortet und die Person befindet sich zusätzlich im Homeoffice, ist keine klare Trennung von externem Lernort und direktem Arbeitsumfeld möglich. Eine Klassifikation als „Learning near the Job“ wäre vertretbar, da die Person an ihrem regulären Arbeitsplatz (Homeoffice) sitzt, ihre reguläre Arbeit allerdings für die Teilnahme an der externen, virtuellen Schulung unterbricht.

2.2.5.6 New Learning als Hybrid

Eine besondere Hybridform des arbeitsbezogenen Lernens stellt das sogenannte New Learning dar. Hierbei können formales, informelles und selbstreguliertes Lernen kombiniert werden. New Learning ist ein in der organisationalen Praxis inzwischen weit verbreiteter Begriff, der sich an das Verständnis von „New Work“ nach Bergmann (2017) anlehnt. Ähnlich wie bei New Work spielt bei New Learning die Selbststeuerung und Autonomie der Beschäftigten eine entscheidende Rolle. Abbildung 6 stellt New Learning als vereinfachten Input-Prozess-Output-Ablauf dar (basierend auf dem wissenschaftlichen Rahmenmodell von Decius, Kortsch, Paulsen & Schmitz, 2022). Erste empirische Erkenntnisse bestätigen diesen Ablauf (vgl. Kortsch, Decius & Paulsen, 2023).

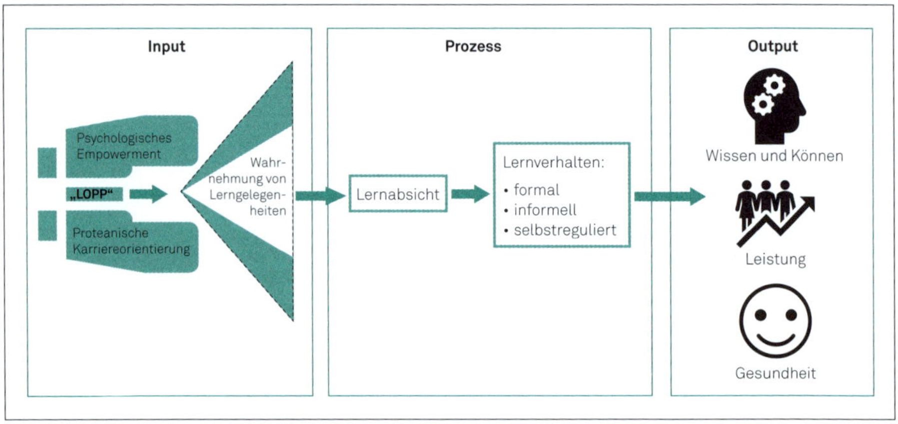

Abbildung 6: Vereinfachtes Rahmenmodell des New Learning (basierend auf Decius, Kortsch Paulsen & Schmitz, 2022)

Zu Beginn des New-Learning-Ablaufs steht eine besondere personale Eigenschaft: Das „Learning Opportunities Perception Potential“ (LOPP, dt. „Wahrnehmungspotenzial für Lerngelegenheiten“). Personen mit einem hohen LOPP sind in der Lage, die in ihrem beruflichen Umfeld vorhandenen Lerngelegenheiten besser zu erkennen als andere – sie haben das stärkere „Fernglas“. Von einem hohen LOPP kann zum einen ausgegangen werden, wenn die Personen ein hohes psychologisches Empowerment haben, d.h. im Sinne eines hohen Kompetenzerlebens von ihren beruflichen Fähigkeiten überzeugt sind und bei ihrer Arbeit Bedeutsamkeit, Selbstbestimmung und Einfluss wahrnehmen (Schermuly, 2019; Spreitzer, 1995). Zum anderen sollte für ein hohes LOPP auch die sogenannte proteanische Karriereorientierung vorhanden sein. Die proteanische Karriereorientierung beschreibt die Neigung, den Karriereweg in die eigene Hand zu nehmen und proaktiv zu gestalten, anstatt sich ausschließlich auf Vorschläge aus der Personalabteilung zu verlassen (Hall, 1976). Es ist davon auszugehen, dass dieses LOPP-„Fernglas" umso besser funktioniert, je mehr Unterstützung durch die soziotechnische Umwelt (z.B. Lernkultur im Unternehmen) vorhanden ist.

Wenn Beschäftigte beim New Learning viele Lerngelegenheiten erkennen, steigert dies ihre Lernabsicht. In Anlehnung an Bergmann (2017) sollte die Lernabsicht dann besonders hoch sein, wenn das Lernthema subjektiv als attraktiv angesehen wird – nach dem Motto: „Lernen, was man wirklich, wirklich will". Eine hohe Lernabsicht führt dazu, dass die Beschäftigten informell, selbstreguliert, aber auch formal Lernen – insbesondere dann, wenn das Unternehmen das Lernen durch die Bereitstellung von Lernmethoden und digitalen Werkzeugen unterstützt.

Beschäftigte, die im Sinne des New Learning viel dazulernen, sollten ihr Wissen und Können steigern, eine höhere Leistung erbringen und im besten Fall auch gesünder und resilienter werden. Von diesen positiven Effekten ist insbesondere dann auszugehen, wenn die Beschäftigten eine positive Einstellung zur Arbeit mitbringen und für den Erfolg durchaus auch einmal ein Risiko eingehen möchten und eine Annäherungsorientierung aufweisen, anstatt Risiken generell lieber zu vermeiden. Um diese Einstellung zu fördern, sollte die Organisation auf eine positive Fehlerkultur achten, in der Fehler als Lernquelle angesehen und nicht bestraft werden.

2.3 Wie lässt sich das Lernen in Unternehmen fördern?

Die Arbeitsbedingungen stellen den Rahmen des arbeitsbezogenen Lernens dar. Deshalb kann über die Gestaltung der Arbeit Einfluss auf das arbeitsbezogene Lernen genommen werden. Dabei gibt es verschiedene relevante Konzepte, auf die hier eingegangen werden soll. Zum einen bietet die Arbeitsgestaltungsforschung allgemeine Hinweise darauf, wie Arbeitsbedingungen aussehen müssen, damit sie u.a. auch lernförderlich sind. Neue Ansätze wie das Job Crafting betonen hier zusätzlich die Möglichkeiten der Individuen in der aktiven Gestaltung ihrer Arbeitsbedingungen (Wrzesniewski & Dutton, 2001). Zum anderen beschäftigen sich Lernklima- und Lernkulturansätze mit der lernförderlichen Gestaltung der Arbeit. Dabei bezieht sich Organisationsklima eher auf die tatsächlichen Erfahrungen am Arbeitsplatz, während sich die Organisationskultur auf die zugrundeliegenden Annahmen und Werte stützt (vgl. Schneider, Ehrhart & Macey, 2013).

2.3.1 Lernförderliche Arbeitsgestaltungsansätze

Unternehmen legen durch die Gestaltung der Arbeit („Work Design") die Rahmenbedingungen für die Arbeitsausführung ihrer Beschäftigten fest – und nehmen damit großen Einfluss auf Outcomes wie die Arbeitsleistung. Da Lernen und Arbeiten kaum trennbare Prozesse sind, wird damit in gewissem Maße auch der Rahmen für das Lernen der Beschäftigten gelegt. Mit Arbeitsgestaltung sind Inhalt und die Organisation der eigenen Arbeitsaufgaben, Tätigkeiten, Beziehungen und Verantwortlichkeiten gemeint (vgl. Parker, 2014). Frühe Studien der Arbeits- und Organisationspsychologie prägten die Idee, durch Arbeitsgestaltung die Arbeitsleistung zu verbessern. Zu nennen sind hier beispielsweise das Zerlegen der Arbeit in Einzelelemente im Konzept des Scientific Management von Taylor (1911) und die aus Zeit- und Bewegungsstudien abgeleiteten Optimierungen der Arbeitsaufgaben (Gilbreth & Kent, 1911). Dies gipfelte in der Reduktion der Montagezeit von Henry Fords Modell T in einem Werk von über 12 Stunden auf ca. 90 Minuten. Allerdings hatte diese Art der Arbeitsgestaltung einen hohen Preis: Es entstand Stress und es fand eine Entfremdung von der Arbeitsaufgabe statt. Eine solche Art der Arbeitsgestaltung ist daher auch für das Lernen ungünstig.

Neuere Theorien der Arbeitsgestaltung basieren zwar auf den frühen Erkenntnissen, verfolgen jedoch humanistischere und ganzheitlichere Ansätze. Bekannte Theorien wie das Modell der Arbeitscharakteristika („Job Characteristics Model", Hackman & Oldham, 1976) und das Anforderungs-Kontroll-Modell („Job Demand-Control Model", Karasek, 1979) sowie deren Nachfolgetheorien beruhen auf einer grundsätzlichen Annahme: Bestimmte Eigenschaften von Arbeitsplätzen (z. B. das Ausmaß an Kontrolle oder Abwechslung) beeinflussen psychologische Zustände (z. B. psychische Belastung oder wahrgenommene Bedeutung der Arbeit), die sich wiederum auf Einstellungen (z. B. Arbeitszufriedenheit) und Verhalten der Beschäftigten (z. B. Leistung) auswirken. Dies kann durch eine Vielzahl an Studien im Wesentlichen als bestätigt gelten (z. B. Knight & Parker, 2021).

Arbeitsgestaltung kann auch wesentlichen Einfluss auf das Lernen und die Entwicklung der Beschäftigten nehmen und beides beschleunigen. Hier finden vor allem drei Prozesse statt (vgl. Parker, 2014), die kurz- und langfristige Wirkungen haben: kognitive, identitätsbezogene und ethisch-moralbezogene Lern- und Entwicklungsprozesse. Die drei Prozesse sowie deren Wirkungen werden im Folgenden beschrieben.

Kognitive Lern- und Entwicklungsprozesse. Im Sinne der Handlungstheorie (Frese & Zapf, 1994) findet Lernen u. a. dadurch statt, dass mit den eigenen Handlungen Erfahrungen gesammelt werden. Beispielsweise kann Feedback zu einer bestimmten Handlung dazu führen, dass Lernende diese Handlung regulieren. Deshalb sind Autonomie und Komplexität wichtige Faktoren der Arbeitsgestaltung für die kognitiven Lernprozesse. Autonomie oder Kontrolle stoßen die Selbstregulation an, um passende Strategien zur Erledigung der Arbeit zu finden und rufen so Lernen hervor. Komplexe Aufgaben müssen zunächst bewusst reguliert werden; kurzfristig entwickeln sich aber Automatismen und Lerneffekte stellen sich ein, kognitive Kapazitäten werden für neue Lernhandlungen frei. Auf lange Sicht stellen sich über die kognitiven Prozesse strukturelle Änderungen z. B. in der Wissensorganisation ein.

Identitätsbezogene Lern- und Entwicklungsprozesse. Die Gestaltung der Arbeit kann auch die Entwicklung der berufsbezogenen Identität beeinflussen, d. h., mit welchen Eigenschaften des Berufs sich Mitarbeitende identifizieren. Der Mechanismus dahinter ist die Selbstbestimmungstheorie (Deci & Ryan, 1993): Der Mensch strebt nach der Befriedigung grundlegender Bedürfnisse (z. B. Autonomieerleben, Kompetenzerleben, soziale Eingebundenheit). Arbeitsmerkmale ermöglichen oder behindern diese Bedürfnisbefriedigung. Kurzfristig können Beschäftigte auch mit proaktiven Verhaltensweisen wie Job Crafting experimentieren und ihr Arbeitsumfeld selbst in ihrem Sinne umgestalten. Beispielsweise können Beschäftigte sich gezielt Führungsaufgaben suchen und so Führungserfahrung sammeln. Langfristig wirken identitätsbezogene Entwicklungsprozesse stabilisierend, eine entwickelte Führungsidentität begünstigt beispielsweise Führungsverhalten. Hierbei fördern Tätigkeiten, die abwechslungsreich und herausfordernd gestaltet sind und Autonomie ermöglichen, die Identitätsentwicklung der Beschäftigten.

Ethisch-moralbezogene Lern- und Entwicklungsprozesse. Beschäftigte kommen bei ihrer Arbeit mit ethisch-moralischen Aspekten von Problemen in Berührung (z. B. „Soll ich mir für diese Aufgabe einen unerlaubten Vorteil verschaffen?“). Diese ethisch-moralischen Aspekte müssen erkannt und analysiert werden, um ein „ideales“ Verhalten zu ermitteln und dieses auszuführen. Für ethisch-moralbezogene Lern- und Entwicklungsprozesse ist ein ganzheitlicher Blick auf ausgeführte Aufgaben förderlich, damit Auswirkungen (un-)ethischer Handlungen auch erkannt werden können. Zu hohe Arbeitsanforderungen können zudem kognitive Kapazitäten erschöpfen, was die in den ethisch-moralischen Lern- und Entwicklungsprozessen wichtigen selbstregulatorischen Prozesse (z. B. Entscheiden *für* eine Variante und *gegen* eine andere) erschwert. Neue und komplexe Anforderungen bieten die Möglichkeit, mit der Zeit auch die Komplexität des moralischen Denkens zu erhöhen und höhere Stufen der Moralentwicklung zu erreichen. In diesem Zusammenhang spielt hohe Autonomie eine zwiespältige Rolle: Autonomie kann hilfreich sein, um Aufgaben moralisch-ethisch zu bewerten, impliziert aber auch die Möglichkeit, sich im Rahmen der eigenen Freiheit unethisch zu verhalten.

Das Arbeitsgestaltung-Wachstumsmodell („Work Design Growth Model“, Parker, 2017; siehe Abbildung 7) entwickelt diese Gedanken weiter. Hier wird unterschieden zwischen den Merkmalen der Arbeitsgestaltung, die lernförderlich sind, und den dadurch angestoßenen Lernprozessen, die wiederum zu kurzfristigen und

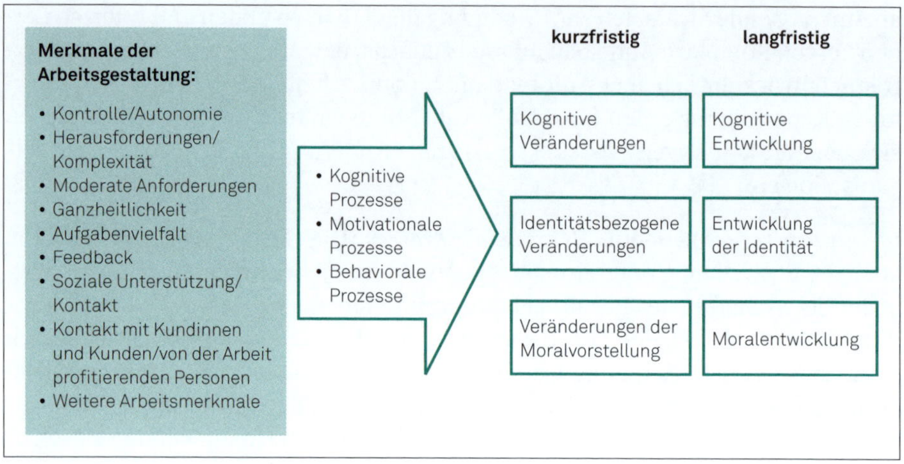

Abbildung 7: Vereinfachte Darstellung des Work-Design-Growth-Modells (in Anlehnung an Parker, 2017)

langfristigen Lernergebnissen führen. Die empirisch gut gestützten, lernförderlichen Merkmale der Arbeitsgestaltung sind demnach:

- Kontrolle/Autonomie
- Herausforderungen/Komplexität
- Moderate Anforderungen
- Ganzheitlichkeit
- Aufgabenvielfalt
- Feedback
- Soziale Unterstützung/Kontakt
- Kontakt mit Kundinnen und Kunden/von der Arbeit profitierenden Personen

So werden kognitive Prozesse (z.B. die Entwicklung eines mentalen Modells), motivationale Prozesse (z.B. das Bedürfnis zu lernen) und behaviorale Prozesse (z.B. Ausprobieren) angestoßen, die dann zu Änderungen auf den Ebenen Kognition, Identität und Moral führen, wie oben bereits ausgeführt. Umgekehrt zeigt neuere Forschung, dass (informelles) Lernen mittelfristig auch zu einer Veränderung der wahrgenommenen Arbeitsbedingungen führen kann, beispielsweise zu mehr Autonomie und Workload (Decius, Schaper, Klug & Seifert, 2023). Dies kann teilweise durch Job Crafting (vgl. Abschnitt 1.3) erklärt werden: Beschäftigte, die infolge des informellen Lernens ihren Job proaktiv verändern, übernehmen oftmals verantwortungsvollere Aufgaben mit mehr Autonomie, aber auch mit mehr Workload.

2.3.2 Lernkultur

Die Lernkultur spiegelt die Bedeutung wider, welche dem Lernen im Unternehmen beigemessen wird. Man kann die Lernkultur auf mehreren Ebenen betrachten: als konkrete Symbole und Verhaltensweisen, als Werte der Organisation bezogen auf das Lernen und als tief in der Organisation verankerte Grundannahmen zum Lernen.

Organisationskultur bezieht sich auf das gemeinsame (implizite) Wertesystem der Organisationsmitglieder, das ihr Verhalten leitet und dazu beiträgt, die Organisation von anderen zu unterscheiden (vgl. Schneider et al., 2013). Nach Schein (2010) hat die Organisationskultur drei Ebenen: Die Artefakte und Verhaltensweisen auf der obersten Ebene sind beobachtbar (z. B. Mitarbeitende zahlen beim Betriebsausflug ihr Mittagessen selbst) und resultieren aus den verkündeten organisatorischen Werten auf der mittleren Ebene (z. B. Sparsamkeit als Unternehmenstugend) und den tief verankerten Grundannahmen auf der untersten Ebene (z. B. leidvolle Erfahrung einer früheren Insolvenz des Vorgänger-Unternehmens).

Die Lernkultur ist ein Teil der Organisationskultur (Kortsch, 2019; Schaper, Friebe, Wilmsmeier & Hochholdinger, 2006; Tracey, Tannenbaum & Kavanagh, 1995) und setzt sich ebenfalls aus Artefakten, Verhaltensweisen, Werten und Annahmen zusammen, die sich jedoch speziell auf Lernen und Weiterbildung beziehen. Lernkultur wird definiert als „ein Muster gemeinsamer Bedeutungen, die mit verschiedenen Methoden des Wissenserwerbs und der Wissensanwendung verbunden sind" (Tracey et al., 1995, S. 242), das auf beobachtbaren Arbeitsmerkmalen, wie Richtlinien, sowie auf Normen und Werten basiert. Daher spiegelt die Lernkultur die Bedeutung des Lernens in einer Organisation wider (Sonntag, 1996). Fünf Werte sind für eine positive Lernkultur wichtig: Kontinuierliches Lernen wird geschätzt, gültige Informationen sind verfügbar, Verantwortlichkeiten sind klar geregelt, Transparenz wird gefördert und Sachorientierung (z. B. bei Wortmeldungen auf den Mehrwert schauen statt auf den Status der beitragenden Person) in den Fokus gerückt (Popper & Lipshitz, 1998). Eine herausgehobene Rolle für die Lernkultur spielen Führungskräfte, die durch ihre Entscheidungen, Erwartungen und ihr Handeln die Lernkultur wesentlich prägen (Hannah & Lester, 2009; Kortsch & Kauffeld, 2019; Kortsch, Bashenkhaeva & Kauffeld, 2023).

Das Lernen im Lernkulturkonzept ist weit gefasst und berücksichtigt sowohl informelle als auch formale Wege des Wissenserwerbs (Tracey et al., 1995). Lernkultur ist also ein mehrdimensionales Konstrukt, das aus Werten und Überzeugungen sowie konkreten Ausprägungen innerhalb der Organisation besteht, die verschiedene individuelle (formale und informelle) Lernaktivitäten unterstützen. Die Dimensionen umfassen beispielsweise Rahmenbedingungen für das Lernen im Unternehmen, Aspekte der Personalentwicklung, Lernunterstützung durch Führungskräfte sowie Kolleginnen und Kollegen, Partizipation und Wissensaustausch des Unternehmens mit seiner Umwelt (Marsick & Watkins, 2003; Schaper et al., 2006). Auch New-Work-Komponenten gelten als förderlich für (informelles) arbeitsbezogenes Lernen, insbesondere (in absteigender Reihenfolge der Wichtigkeit) die wahrgenommene Relevanz der eigenen Arbeit, die Partizipation in Entscheidungsprozessen und die Integration von Arbeit und Privatleben

(Graßmann & Decius, 2023). Lange Zeit fehlten Instrumente, die Lernkultur als Ganzes und nicht nur einzelne lernförderliche Merkmale angemessen operationalisieren (Sonntag, Stegmaier, Schaper & Friebe, 2004). Das *Lernkulturinventar* (LKI) als etabliertes deutschsprachiges Instrument (Schaper et al., 2006; Sonntag, Schaper & Friebe, 2005) und der *Dimensions of the Learning Organization Questionnaire* (DLOQ; Marsick & Watkins, 2003) als das international wohl verbreitetste und am umfassendsten untersuchte Instrument werden in Abschnitt 4.1.1 ausführlicher dargestellt. Beide Instrumente wurden empirisch geprüft und können als valide gelten.

2.3.3 Lernklima

Lernklima bezieht sich auf die Wahrnehmung der organisatorischen Maßnahmen und Praktiken, die zum Ziel haben, das Lernverhalten der Beschäftigten zu fördern, zu belohnen und zu unterstützen (Nikolova, Van Ruysseveldt, De Witte & Van Dam, 2014). Konzeptionell zeigen sich hier Überschneidungen mit der Lernkultur, wobei letztere deutlich tiefer verankert und schwieriger zu beeinflussen ist. Das Lernklima kann vielmehr die grundlegende Lernkultur in einem Unternehmen widerspiegeln. Der Unterschied hinsichtlich der zeitlichen Stabilität von Kultur und Klima sei an folgendem Beispiel verdeutlicht: Ein Unternehmen hat in seinem Leitbild seit Jahrzehnten die Lernförderlichkeit seiner Arbeitsprozesse verankert und somit eine langlebige und stabile Lernkultur geschaffen. Unter einem neuen Vorstand, der ausschließlich auf kurzfristige Produktivität achtet und die Lernförderlichkeit vernachlässigt, nehmen die Beschäftigten jedoch ein negatives Lernklima wahr, das die positive Lernkultur vermeintlich überlagert. Nach einem erneuten Vorstandswechsel zwei Jahre später dreht sich die Wahrnehmung des Lernklimas erneut und die positive Lernkultur wird wieder sichtbar.

Auch wenn das Lernklima kein so klar umrissenes Konstrukt ist wie die Lernkultur, werden in der Literatur verschiedene Komponenten diskutiert, die als wichtig für ein gutes Lernklima angesehen werden (Crans, Gerken, Beausaert & Segers, 2021; Garvin, Edmondson & Gino, 2008):

- *ein förderliches Lernumfeld* (gekennzeichnet durch psychologische Sicherheit, Wertschätzung von Unterschieden, Offenheit für neue Ideen, Zeit für Reflexion und andere Lernaktivitäten),
- *die Wahrnehmung des Einzelnen, sich zum Lernen befähigt zu fühlen* (z. B. Würdigung gegensätzlicher Ansichten, Experimente und Fehler sind erlaubt),
- *konkrete Lernpraktiken* (z. B. Experimentieren, Informationen sammeln, Analysieren, Bildung und Training, Informationstransfer) *und Strukturen* (z. B. Online-Systeme), die das Lernen unterstützen,
- *ein bestärkendes Führungsverhalten* (welches auch als förderlich für informelles Lernen gilt; vgl. Zia et al., 2022).

Da es sich bei diesen Komponenten jedoch nicht um empirisch überprüfte Modelle handelt, ist hier eine gewisse Vorsicht geboten. Nichtsdestotrotz liegen validierte (englischsprachige) Instrumente zur Operationalisierung des Lernklimas vor, wie der *Learning Climate Questionnaire* (LCQ; Bartram, Foster, Lindley, Brown & Nixon, 1993) und die *Learning Climate Scale* (LCS; Nikolova, Van Ruysseveldt, De Witte & Van Dam, 2014).

2.4 Fazit: Individuelles Lernen verstehen und ganzheitlich gestalten

Lernen in Unternehmen ist kein Selbstzweck, sondern dient unterschiedlichen Zielen – vom Aufbau von Kompetenzen über die Weiterentwicklung bis hin zur Konsolidierung. Um das arbeitsbezogene Lernen zu verstehen, muss die Perspektive der Lernenden und der Organisation berücksichtigt werden, denn nicht immer stimmen die individuellen und organisationalen Ziele überein. Lernen kann auf der *individuellen Ebene* stattfinden, hier spielen in der Praxis vor allem informelles, formales und selbstreguliertes Lernen eine wichtige Rolle. Die verschiedenen Lernformen kann man anhand von sieben Dimensionen charakterisieren, in der Praxis kommen die Lernformen oft auch als hybride Formen vor. Da individuelles Lernen fast immer auch eingebettet in einen sozialen und organisationalen Kontext stattfindet, erfolgt Lernen auch auf der *organisationalen Ebene* – hier sind lernförderliche Arbeitsgestaltungsansätze, das Lernklima und die Lernkultur anzuordnen, die zugleich fördernde Bedingung und Ausdruck dessen sind.

Beide Ebenen sind nicht unabhängig voneinander, sondern wechselwirken miteinander. Denn Beschäftigte sind nicht nur Individuen, sondern auch Mitglieder der Organisation. Individuelles Lernen findet immer im sozialen Kontext der Organisation statt, sodass dies auch zu organisationalem Lernen führen kann (vgl. Watkins & Marsick, 1996). So machen z. B. Dokumentationen, Richtlinien und Prozessbeschreibungen das individuelle Wissen für andere zugänglich. Das Teilen von Wissen kann immer auch Diskussionen über die aktuellen organisatorischen Werte und Praktiken anregen und dazu führen, diese zu hinterfragen. So wird nebenbei die Ausprägung einer positiven Lernkultur gefördert. Während es also wichtig ist, Mitarbeitende zum Lernen zu befähigen, ist es auch notwendig, Strukturen (z. B. regelmäßige Austauschformate) und Systeme (wie z. B. Wikis) zu schaffen, in denen Lernerfahrungen gespeichert und anderen zugänglich gemacht werden können.

3 Analyse und Handlungsempfehlungen

Unternehmen und andere Organisationen – im Speziellen HR-Abteilungen – versuchen, Lernprozesse systematisch zu gestalten. Konkret geht es zum Beispiel darum, Lernen so zu fördern, dass relevante Kompetenzen aufgebaut werden und erhalten bleiben, die für die Aufgabenerledigung notwendig sind. Weil Kompetenzen nicht beliebig durch externe Personalgewinnung in ein Unternehmen „eingekauft" werden können und sich Anforderungen verändern, sind Lernprozesse bei den Beschäftigten notwendig. Zwar finden Lernaktivitäten auch ohne explizite Lernangebote statt. Damit sie aber auch im Sinne der Unternehmensziele erfolgen, sollten zentrale Lernprozesse, inklusive des informellen und selbstregulierten Lernens, seitens des Unternehmens unterstützt werden.

Wichtig ist, zu berücksichtigen, dass das Lernen immer zuerst auf der Ebene des Individuums stattfindet, auch wenn am Ende das Wissen auf Team- oder Unternehmensebene vorliegen soll. Alle Maßnahmen, die ein Unternehmen ergreift, um in seiner Gesamtheit zu lernen, ersetzen daher nicht die individuellen Lernprozesse der Beschäftigten (Kauffeld & Paulsen, 2018). Die Gestaltung von Lernprozessen durch das Unternehmen sollte somit den Zweck verfolgen, die Wahrscheinlichkeit des Lernerfolgs bei den Beschäftigten zu erhöhen. Je nach Lernform (z. B. formal, informell, selbstreguliert) ist der Einfluss des Unternehmens auf den Lernprozess dabei geringer oder stärker (vgl. Kapitel 2). Bei formalen Weiterbildungen hat das Unternehmen eine höhere Kontrolle über das Lernangebot. Beim informellen Lernen können hingegen lediglich lernförderliche Rahmenbedingungen geschaffen werden (vgl. Abschnitt 2.3). Für das selbstregulierte Lernen können technische und zeitliche Ressourcen zur Verfügung gestellt werden; die Lernzielsetzung und Nutzung der Ressourcen obliegen jedoch den Lernenden selbst.

Auch wenn Lernprozesse überwiegend auf der individuellen Ebene stattfinden, bedeutet das nicht, dass das Unternehmen nicht auch Lernprozesse auf der Team- oder Organisationsebene anstreben kann. Lerngestaltung kann sogar explizit die Organisationsentwicklung zum Ziel haben. Zu beachten ist dabei, dass verschiedene Stakeholder an den Lernprozessen beteiligt sind und die zu setzenden Rahmenbedingungen die Lernprozesse beeinflussen. Wie eine optimale Gestaltung von Prozessen und Rahmenbedingungen aussehen kann, wird im Folgenden anhand des in der Praxis etablierten Modells des Personalentwicklungszyklus verdeutlicht, der auf die Lernformen des formalen, informellen und selbstregulierten Lernens angewendet wird.

3.1 Der Personalentwicklungszyklus – bei formalem, informellem und selbstreguliertem Lernen

Lernen stellt aus Organisationssicht keinen Selbstzweck dar. Das Lernen zielt darauf ab, Kompetenzen aufzubauen oder zu erhalten, die wiederum die Leistungsfähigkeit erhöhen. Auch geht es darum, Personen für Tätigkeiten, die einen bestimmten Bildungsabschluss benötigen, zu qualifizieren. Im klassischen Ansatz der Personalentwicklung (PE) wird ein zyklischer Prozess (siehe Abbildung 8) beginnend mit einer Bedarfsanalyse beschrieben (vgl. Kauffeld, 2016; Solga et al., 2011). Nach der Bedarfsanalyse folgen die Planung, die Durchführung und die Evaluation der PE-Maßnahmen. Die Evaluation mündet wiederum in eine Bedarfserhebung, sodass sich der Zyklus schließt.

Dieser PE-Zyklus als Managementansatz sieht zunächst eine Top-down-Steuerung vor. Die Prozesse werden also durch die Organisation gestaltet. Deshalb fokussieren sie vor allem formales Lernen, weil beim formalen Lernen Ziele und Prozesse von außen vorgegeben werden. Allerdings fügt sich auch nicht jede Form des formalen Lernens in einen solchen Zyklus ein. So mag manchmal ein Curriculum existieren, welches jedoch wenig anschlussfähig an die tatsächlichen Bedarfe sein könnte. Dies wäre zum Beispiel der Fall, wenn Leistungen externer Anbieter eingekauft werden, die ein standardisiertes Programm durchführen, ohne auf konkrete Bedarfe im Unternehmen einzugehen.

Unabhängig davon sind alle Prozessschritte von der Bedarfsanalyse über die Planung und Durchführung bis hin zur Evaluation sowie die Verzahnung dieser Pro-

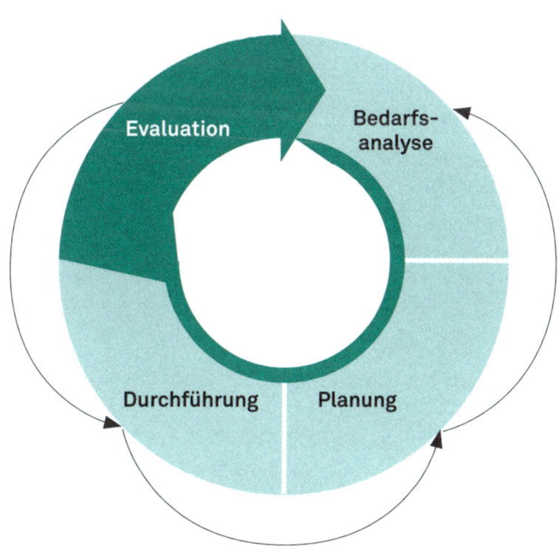

Abbildung 8: Personalentwicklungszyklus

zessschritte mit Herausforderungen für die Personalentwicklung verbunden. Vor allem sollte der Zyklus möglichst effizient gestaltet werden. Vor- und nachgelagerte Prozesse der systematischen Bedarfserhebung und der Evaluation werden von Stakeholdern im Unternehmen oft als Kostenfaktoren empfunden, die keinen direkten Nutzen stiften. Dies führt dazu, dass der Nutzen gegenüber Stakeholdern explizit zu kommunizieren ist und gleichzeitig Kosten und Nutzen abgewogen werden müssen. In schnelllebigen Arbeitswelten besteht die Gefahr, dass Bedarfsanalysen und Evaluationsergebnisse so viel Zeit erfordern, dass die Validität der Ergebnisse für den nachfolgenden Schritt nicht mehr gegeben ist, weil sich in der Zwischenzeit entscheidende Kontextfaktoren verändert haben.

In Tabelle 7 werden die Prozesse – insbesondere diejenigen, die den Lernprozessen vor- und nachgelagert sind – sowie Herausforderungen und mögliche Vorgehensweisen beschrieben (siehe auch die beiliegende Karte „Herausforderungen und Lösungsmöglichkeiten im Personalentwicklungszyklus“).

Tabelle 7: Phasen des PE-Zyklus und Herausforderungen sowie Lösungen

Phase	Herausforderung	Lösungsmöglichkeit
Bedarfsanalyse	Zukünftige Bedarfe sind mit Unsicherheit behaftet und nicht konkret genug definiert	Szenarien entwickeln, um zukünftige Bedarfe zu ermitteln
	Bedarfe können von der Organisation nur grob bestimmt werden	Bedarfserhebung mit den Nutzenden im Fokus
	Einzelne Beschäftigte benennen Bedarfe vor dem Lernprozess unzureichend	Iterative Vorgehensweise implementieren, um Angebote frühzeitig zu erproben und so die Bedarfe zu aktualisieren
	Von Fachabteilungen genannte Bedarfe sind sehr konkret auf bekannte Methoden (insbesondere Seminare) ausgerichtet, nicht jedoch auf die tatsächlichen Bedarfe	Auftragsklärung und Beratung zu Angeboten
	Es gibt Bedarfe, die nicht im „Scheinwerferlicht der Organisation“ stehen, jedoch für den Zweck der jeweiligen Organisationseinheit relevant sind	Systematische, proaktive Bedarfsanalysen in Organisationseinheiten
Planung	Beim formalen Lernen: Die Konkretisierung und Selektion von Lernzielen, Lernmethoden und Erstellung geeigneter Arbeitsmaterialien in angemessener Zeit	Rückgriff auf Lernzieltaxonomien, Methodensammlungen und bestehende Materialien, um diese anzupassen

Tabelle 7: Fortsetzung

Phase	Herausforderung	Lösungsmöglichkeit
	Beim selbstregulierten und informellen Lernen: Nur indirekte Planung durch Schaffen der Voraussetzungen gegeben	Lernförderliche Arbeitsgestaltung und Aufbau von Metakompetenzen; langfristige Veränderung der Lernkultur; Bereitstellung von zeitlichen Ressourcen und Unterstützung
Durchführung	Monitoring der Zielerreichung über die Zeit und Entscheidung, ob und wie Ziele angepasst werden müssen	Einplanen von Rückkopplungsschleifen zur Bewertung der Zielerreichung
	Günstige Rahmenbedingungen für das Lernen schaffen (z. B. administrativ-organisatorische Aufgaben wie Raumorganisation, Bereitstellen von Technik und Arbeitsmaterialien, Teilnehmenden-Management)	Ausreichend Ressourcen einplanen, Rollenklärung insbesondere Verantwortlichkeiten festlegen (z. B. Kümmerinnen und Kümmerer)
Evaluation	Rechtzeitig verwertbare Erkenntnisse gewinnen, die Aufschlüsse über Erfolg und Gelingensbedingungen liefern	Evaluation bereits bei der Bedarfsanalyse mitplanen und Erkenntnisse kontinuierlich reflektieren
	Entscheidung für die richtige Art der Evaluation	Ziele der Maßnahme klar herausarbeiten und Vor- und Nachteile der Evaluationsarten von Anfang an verdeutlichen

3.2 Bedarfsanalyse

Bedarfe können sich auf unterschiedlichem Wege ergeben. Die Personalentwicklung in Unternehmen wird im Alltag mit Bedarfen konfrontiert. Sie kommen z. B. vom Top-Management (top-down) für die Umsetzung einer Unternehmensstrategie. Die Bedarfe können jedoch auch von einzelnen Organisationseinheiten und Interessensvertretungen sowie einzelnen Führungskräften und Beschäftigten herangetragen werden. Schließlich kann auch die Personalentwicklung als zuständige Organisationseinheit Bedarfe definieren. Dabei müssen nicht zwangsläufig Bedarfsanalysen zum Einsatz kommen; die Bedarfsdefinition erfolgt manchmal eher intuitiv und wenig systematisch.

Eine Bedarfsanalyse ist ein zielgerichteter Prozess der Ermittlung sowie Konkretisierung von Lernbedarfen (vgl. Ferreira, da Silva Abbad & Mourão, 2015). Immer dann, wenn Lernen zielgerichtet stattfindet, impliziert dies, dass ein Bedarf bestimmt werden muss: Wer muss was wie lernen? Bedarfe werden als Lücke zwischen Ist und Soll verstanden (Ferreira et al., 2015). Die Lücke kann dabei zwischen tatsächlicher und erwünschter Leistung oder vorhandenen und benötigten Kompetenzen, Fähigkeiten, Fertigkeiten oder Einstellungen bestehen. Dabei kann die Lücke auf eine Gruppe des Personals (z. B. frisch ausgebildete Fachkräfte, Quereinsteigende, Führungskräfte) bezogen sein oder auf einzelne Personen.

Bei der Durchführung einer Bedarfsanalyse gibt es verschiedene Handlungsempfehlungen, die beachtet werden sollten (vgl. Wright & Geroy, 1992; siehe Tabelle 8).

Tabelle 8: Handlungsempfehlungen der Bedarfsanalyse mit Negativ- und Positivbeispielen

Handlungsempfehlung	Negativbeispiel(e)	Positivbeispiel(e)
Eine Bedarfsanalyse erfolgt proaktiv, um zukünftige Bedarfe zu erfassen.	Eine Bedarfsanalyse erfolgt stets erst auf Anfrage durch eine Fachabteilung oder als Reaktion auf Leistungsdefizite. Die Personalentwicklung reagiert als Serviceeinrichtung.	Die Personalentwicklung ermittelt aktiv die Bedarfe. Es wird der Kontakt zu Fachabteilungen gesucht, um Bedarfe zu ermitteln, die sich aus der Unternehmensstrategie sowie den Aufgaben der einzelnen Abteilungen ergeben.
Eine Bedarfsanalyse sollte die Kultur der Organisation und ihrer Organisationseinheiten beachten. Bedarfe umfassen das Was und Wie des Lernens – das mit der Kultur oder einem angestrebten Kulturwandel in Einklang steht.	Es wird der Bedarf ermittelt, Unterweisungen bei allen Beschäftigten durchzuführen. Hierzu werden Online-Videos erstellt. Im gewerblichen Bereich verfügen die Beschäftigten nicht über einen eigenen PC, sondern müssen sich an einem der wenigen stationären Rechner einloggen.	Ein Teil der Kultur in der Vertriebseinheit sind starke extrinsische Anreize. Bei der Einführung von Lernbibliotheken wird daher geprüft, inwieweit durch Belohnungen das Erreichen von Lernzielen gefördert werden kann.
Eine Bedarfsanalyse sollte herausfinden, welche Bedarfe sich durch Training lösen lassen und welche nicht. Nicht alle Bedarfe sind Lernbedarfe.	Eine Bedarfsanalyse fokussiert ausschließlich darauf, welche Lernangebote (z. B. Trainings, Seminare, Schulungen) infrage kommen, um Probleme zu lösen. Bei einem Mangel wird implizit angenommen, dass „Schulungsbedarf" besteht.	Eine Bedarfsanalyse prüft, ob es alternative Lösungsansätze zum Lernen gibt. Diese können beispielsweise darin liegen, Prozesse anders zu gestalten oder schlicht einfache Kommunikationsmaßnahmen sein.
Eine Bedarfsanalyse sollte unterschiedlichen Akteuren die Teilnahme an der Bedarfsanalyse ermöglichen.	Eine Bedarfsanalyse beschränkt sich auf die Perspektive der Führungskraft.	Es werden neben Führungskräften auch Teammitglieder sowie weitere Akteure (z. B. Stabsstellen, Betriebsrat) einbezogen.

Tabelle 8: Fortsetzung

Handlungsempfehlung	Negativbeispiel(e)	Positivbeispiel(e)
Eine Bedarfsanalyse sollte möglichst erfolgskritisches Verhalten erfassen, statt sich lediglich auf die Beschreibung von Konstrukten zu beschränken.	Es werden lediglich Nennungen von Eigenschaften wie „Kommunikationsfähigkeit" erfasst.	Es wird ermittelt, welche Verhaltensweisen für die Zielgruppe für eine hohe Kommunikationsfähigkeit sprechen und welche nicht. Ein Verhaltensanker könnte beispielsweise lauten: „Stellt offene Fragen."
Eine Bedarfsanalyse sollte mehrere Methoden der Datenerhebung und -auswertung nutzen, um einseitige Sichtweisen zu vermeiden und verschiedene Perspektiven zu integrieren.	Es wird lediglich eine Umfrage gemacht.	Verschiedene Methoden wie Dokumentenanalysen, Umfragen und Workshops werden integriert, um ein umfassenderes Bild zu erhalten.
Eine Bedarfsanalyse sollte eine Kosten-Nutzen-Analyse beinhalten.	Es wird ein Bedarf für ein dreijähriges Führungskräfteentwicklungsprogramm bestimmt, der einen Umfang von 80 Trainingstagen pro Jahr hat; aufbauend darauf wird ein Programm entwickelt. Kostenfragen werden erst nach Vorstellung des Konzeptes thematisiert.	Es wird bereits in der Trainingsbedarfsanalyse festgelegt, in welchen Bereichen zusätzliche Trainings keinen zusätzlichen Nutzen mehr aufweisen.

Ein klassisches Modell der Bedarfsanalyse sieht drei Ebenen vor, die es zu analysieren gilt: Organisation, Aufgabe und Personen (McGehee & Thayer, 1961). Entsprechend werden die Organisationsanalyse, die Aufgabenanalyse und die Personenanalyse unterschieden (für detaillierte Erläuterungen zum Vorgehen siehe Abschnitt 4.1).

Zu den Anforderungen der Organisation, die durch die *Organisationsanalyse* ermittelt werden, zählen die Unternehmensstrategie, Personalstand und -bewegungen, die Organisationskultur sowie weitere Rahmenbedingungen, die das Lernen in Unternehmen beeinflussen. Empfohlen wird zunächst eine Analyse der Lernbedarfe, die sich aus der Strategie ableiten lassen. Bei größeren Unternehmen ist eine Betrachtung einzelner Unternehmenseinheiten und deren Strategien erforderlich. Prognosen zu Personalbewegungen geben Hinweise darüber, wie viele Personen in unterschiedlichen Unternehmensbereichen das Unternehmen verlassen. Ein Fokus kann dabei auf Schlüsselpositionen gelegt werden, die es künftig zu ersetzen gilt. Daraus ergeben sich dann quantitative und qualitative

Bedarfe. Von großer Bedeutung sind dabei Bereiche, in denen unternehmensspezifisches Wissen und Kompetenzen über längere Zeit aufgebaut werden müssen. Die Analyse der Lernkultur als Facette der Organisationskultur gibt Aufschluss darüber, welche Lernformen und Lernmethoden akzeptiert werden und welche weniger. Gleichzeitig können Maßnahmen auch auf eine Gestaltung der Lernkultur abzielen.

Bei den Anforderungen des Jobs, die durch die *Aufgabenanalyse* ermittelt werden, geht es um konkrete Anforderungen, die sich aus einer Tätigkeit und den damit verbundenen Aufgaben ergeben. Die Aufgabenanalyse bestimmt im Wesentlichen das Set an Inhalten und zu trainierenden Kompetenzen bei formalen Lernangeboten.

Die *Personenanalyse* dient dazu, den Personenkreis festzulegen, der ein Training erhalten soll und entscheidet somit über Zielgruppen und Teilnehmendenkreis.

Von großer Bedeutung ist, nicht nur die Inhalte des Bedarfes zu erfassen, sondern auch Rahmenbedingungen zu analysieren. Derartige Informationen werden für die nachfolgende Planung benötigt.

3.3 Planung

Die Bedarfsanalyse führt im Ergebnis dazu, dass Lernbedarfe benannt und spezifiziert werden. Die Ergebnisse können dabei in unterschiedlicher Detailtiefe beschrieben sein. Im einfachsten Fall können beispielsweise nur Schlagworte wie „Finanzcontrolling" oder „Digitalisierung" benannt werden. Die Planung dient einer Konkretisierung, wobei didaktische Fragestellungen im Fokus stehen: Welche Inhalte sollen von welchen Personen aus welchen Gründen wann und wie gelernt werden?

Diese Frage kann durch die Bedarfsanalyse mehr oder weniger ausführlich beantwortet worden sein. In der Planung wird vor allem die Umsetzung, also das „Wie" und „Wann", vorbereitet. Zu beachten ist, dass dabei die drei Lernformen formales Lernen, selbstreguliertes Lernen und informelles Lernen Berücksichtigung finden können. Während formales Lernen eine direkte, detaillierte Planung mit einer Festlegung von Lernzielen erfordert, werden beim selbstregulierten Lernen und informellen Lernen eher Rahmenbedingungen in der Planung fokussiert: In der Planungsphase lassen sich Lerndesigns anhand der Dimensionen in Abschnitt 2.2.4 gestalten. Neben inhaltlichen Aspekten des Lernens spielen auch administrativ-organisatorische Aspekte wie Bereitstellung von Lernzeiten, Zugriff auf digitale Lernmedien oder die Organisation von Veranstaltungen in der Praxis eine Rolle.

Handlungsempfehlungen

- Konkretisieren Sie die Ziele von Maßnahmen. Bei formalen Lernangeboten sind Lernziele festzulegen und das Erreichen der Lernziele durch geeignete Methoden im Lernsetting zu planen.
- Planen Sie bei umfangreichen Programmen nicht nur formale Lernangebote ein, sondern nutzen Sie das Potenzial von selbstreguliertem und informellem Lernen.
- Gestalten Sie die Rahmenbedingungen wie Lernzeit, Lernort, Einbindung von Führungskräften.
- Planen Sie Ressourcen für die Umsetzung ein: Organisation, Koordination, Teilnehmenden-Management.

3.4 Durchführung

Die Durchführung erfolgt entsprechend dem Plan aus der vorhergehenden Phase. Dieser Plan beinhaltet bei neuen Lernangeboten zunächst eine Implementierung (z. B. in Form eines Pilotprojektes). Regelmäßige Ist-Soll-Abgleiche helfen bei der Durchführung, Abweichungen von der geplanten Vorgehensweise zu erkennen und eventuelle Anpassungen vorzunehmen. Unter Umständen müssen auch die ursprünglichen Planungsziele hinterfragt werden. Dies betrifft beispielsweise beim formalen Lernen das Überprüfen der Lernzielerreichung und möglicherweise eine Korrektur der Vorgehensweise oder der Lernziele.

Weil Lernen zumeist als ein sozialer Prozess stattfindet, spielt die Interaktionsgestaltung eine zentrale Rolle. In klassischen Trainings mit mehreren Personen ist es Aufgabe der Lehrenden, Lernen als sozialen Prozess im Training zu begleiten und zu beeinflussen. Da Lernen jedoch nicht auf formale Settings beschränkt ist, müssen auch weitere Interaktionen mitgedacht werden. Bei Methoden, denen eher selbstreguliertes oder informelles Lernen zugrunde liegt, kann eine Begleitung durch Coaches oder andere Lernbegleitungen förderlich oder gar erforderlich sein, damit geplante Lerngelegenheiten geschaffen und genutzt werden können.

3.5 Evaluation

Eine Evaluation umfasst verschiedene Arten. Es lassen sich eine ergebnisbezogene, eine prozessbezogene, eine entwicklungsorientierte und eine integrative Evaluation unterscheiden (für eine detaillierte Beschreibung des Vorgehens siehe

Abschnitt 4.4). Bei einer *ergebnisbezogenen Evaluation* wird der Frage nachgegangen, ob eine Maßnahme gewirkt hat. Bei einer *prozessbezogenen Evaluation* geht es darum, Wirkfaktoren einer Maßnahme genauer zu analysieren. Bei einer *entwicklungsorientierten Evaluation* helfen eine kontinuierliche Evaluation und Rückmeldung an Teilnehmende, den Erfolg einer Maßnahme zu erhöhen. Eine *integrative Evaluation* dient dazu, die Interessen und Sichtweisen von Stakeholdern in einer Evaluation zu ergänzen.

Im PE-Zyklus ist vorgesehen, dass eine Maßnahme nach der Durchführung evaluiert wird, um zu überprüfen, ob das Ziel erreicht wurde oder ob weiterhin ein Lernbedarf besteht. Dies geschieht insbesondere auf der Ebene einzelner Maßnahmen (z.B. einzelner Trainings), aber auch umfangreiche Programme können betrachtet werden. Eine Evaluation beginnt allerdings nicht erst nach der Durchführung – bereits begleitend zur Bedarfsanalyse sollte die Zielsetzung, Planung und Datenerhebung mitgedacht werden. Insbesondere muss eine Evaluation selbst auch vorbereitet und geplant werden.

Eine zentrale Fragestellung bei Trainings und anderen PE-Maßnahmen lautet: Inwieweit ist die Maßnahme erfolgreich und lohnenswert? Diese Frage wird durch die *ergebnisbezogene Evaluation* beantwortet. Für die ergebnisbezogene Evaluation, die den Erfolg von Trainings umfasst, werden im klassischen Modell von Kirkpatrick (1967, 1994) vier Stufen unterschieden:

1. *Reaktion:* Der Grad, in dem die Teilnehmenden ein Training positiv bewerten. Erfasst wird vor allem die Zufriedenheit mit dem Training, den Trainierenden und anderen Aspekten. Die Reaktion umfasst auch Einschätzungen zur Nützlichkeit des Trainings.
2. *Lernen:* Der Grad des angestrebten Wissenserwerbs, Erwerbs neuer Verhaltensweisen oder von Einstellungsänderungen im Training.
3. *Verhalten:* Der Grad der Anwendung des Gelernten im Job. Dies beschränkt sich dabei nicht nur auf gelernte Verhaltensweisen, sondern auch auf die Anwendung von Wissensstrategien oder die durch Einstellungsänderungen hervorgerufenen Verhaltensänderungen.
4. *Ergebnisse:* Der Grad, in dem Leistungsergebnisse auf die Anwendung des Gelernten zurückzuführen sind. Besonders wertvoll sind objektiv messbare Leistungsmaße auf organisationaler Ebene und deren Veränderung über die Zeit. Dies können auch die Leistungen eines Teams sein (z.B. Abschlüsse, Stückzahlen, Umsatz).

Das sogenannte Kirkpatrick-Modell wurde durch Phillips und Phillips (2007) um eine Ebene erweitert, nämlich den *Return on Investment:* Hier werden Aufwand und Nutzen gegenübergestellt. Investitionen in Trainingsprogramme und Lerndesigns einschließlich der Absicherungs- und Transfermaßnahmen werden als Investitionen betrachtet, die einen erwarteten Nutzen nach sich ziehen. Während die Kosten schnell kalkuliert sind, bestehen bei der Nutzenkalkulation Unsicherheiten. Es bedarf hier Einblicke und Wissen in Abläufe innerhalb der Organisation, um zu adäquaten Investitionsrechnungen zu kommen bzw. im Nachgang eine Kosten-Nutzen-Analyse vornehmen zu können.

Bei Trainings erfolgen oft Befragungen unmittelbar nach dem Training, wobei zumeist nur Teilnehmende befragt werden. Die Evaluation beschränkt sich dann auf Ebene 1 (Reaktionen) sowie auf eine subjektive Einschätzung von Ebene 2 (Lernen) und steht unter dem Schlagwort der sogenannten „Happy Sheets" in der Kritik (vgl. Kauffeld, 2016). Trotz Barrieren in der Praxis können Evaluationsdesigns eingesetzt werden, die auch weitere Ebenen erfassen. Hierzu zählen beispielsweise eine Prä-Post-Messung – auch mittels Zeitreihen – auf den Ebenen 3 (Verhalten) und 4 (Ergebnisse; vgl. Phillips & Phillips, 2007). Ein Beispiel wäre eine Befragung der Beschäftigten zum Führungsverhalten (Ebene 3) sowie Betrachtung der Veränderungen des Krankenstandes (Ebene 4) vor und nach der Einführung eines Trainingsprogramms zur gesunden Führung für Führungskräfte.

Bei der *prozessbezogenen Evaluation* wird nicht das Ergebnis, sondern Einflussfaktoren analysiert. Hierzu kann bei formalem Lernen auf die Wirkfaktoren des Lerntransfersystems zurückgegriffen werden (vgl. Abschnitt 2.2.1). Einflussfaktoren auf Ebene der Teilnehmenden, des Trainings und des Arbeitsumfeldes lassen sich zu diesem Zweck erheben. Eine Kombination mit einer ergebnisbezogenen Evaluation und Analyse von Zusammenhängen erlaubt es, das Lerntransfersystem innerhalb eines Unternehmens zu konkretisieren und transferunterstützende Aktivitäten zu fokussieren.

Eine *entwicklungsorientierte Evaluation* ist auf ein Feedback an Teilnehmende ausgerichtet. Die Entwicklung während oder nach einer Maßnahme wird erfasst und zurückgemeldet, damit die Teilnehmenden dies als Ausgangspunkt für Verhaltensänderungen nutzen können (vgl. Kauffeld & Paulsen, 2018). Neuere Transfermodelle schreiben den Teilnehmenden formaler Trainings eine aktive Rolle bei dem Prozess zu, das Gelernte in die Praxis umzusetzen (Blume et al., 2019). Zudem gibt es empirische Evidenz dafür, dass Evaluationsmessungen selbst als Intervention den Transfererfolg erhöhen, wenn Verhalten und Ergebnisse in gewisser Häufigkeit erfasst werden (Saks & Burke, 2012). Digitale Technologien ermöglichen es, schneller Daten zu erheben und die Ergebnisse an die Teilnehmenden zurückzuspielen. Evaluationen lassen sich mit Selbstreflexionen kombinieren und Erhebung sowie Intervention gehen in einer kombinierten Methode auf (z. B. digitale Lerntagebücher als App, siehe beispielsweise die Melius-App in Abschnitt 5.3). Der Fokus liegt dabei auf der Förderung der individuellen Entwicklung und nicht auf einer Bewertung des Erfolgs.

Evaluationen stellen Informationen für Entscheidungen bereit, die für unterschiedliche Stakeholder von Interesse sind. Eine *integrative Evaluation* zielt darauf ab, verschiedene Stakeholderperspektiven zu beachten und Informationen zusammenzuführen (Kauffeld & Paulsen, 2018). In Tabelle 9 sind Beispiele für Informationsbedarfe verschiedener Stakeholder wiedergegeben.

Tabelle 9: Stakeholder und Informationsbedarfe zu Evaluationen

Stakeholder	Exemplarischer Informationsbedarf, dem durch Evaluation begegnet werden kann
Top-Management	• Ist ein Programm die Aufwände wert? • Wird seitens des Top-Managements weitere Unterstützung benötigt (z. B. für eine Digitalisierungsoffensive)?
Personalentwicklung	• Welche Bausteine waren wirksam? • Welche Rahmenbedingungen müssen geschaffen werden? • Welche weiteren Bedarfe bestehen?
Führungskräfte	• Inwieweit und wo besteht Unterstützungsbedarf bei den Beschäftigten? • Welche Lernformen wirken im Team und sollten gefördert werden?
Beschäftigte	• Welche vorbereitenden und nachbereitenden Aktivitäten sind individuell lernförderlich?
Interne und externe Trainierende und Beratende	• Welche Erwartungen haben Teilnehmende und Auftraggebende? • Was bewerten Teilnehmende als nützlich? • Was benötigen Teilnehmende als Unterstützungsmaßnahmen?
Personalvertretung	• Inwieweit werden den Beschäftigten hinreichend viele Ressourcen zum Lernen bereitgestellt?
Schwerbehindertenvertretung	• Inwieweit sind Maßnahmen und eingesetzte Verfahren barrierearm oder barrierefrei?
Gleichstellungsbeauftragte	• Inwieweit gibt es Maßnahmen, die die Gleichstellung von Männern und Frauen fördern?
Interne und externe Kommunikation	• Welche Angebote sollten verstärkt kommuniziert werden? • Welche Maßnahmen erhöhen die Arbeitgeberattraktivität?
IT-Abteilung	• Inwieweit besteht ein Bedarf bei eingesetzter Hard- und Software? • Welcher Unterstützungs- und Änderungsbedarf besteht?
Datenschutz	• Inwieweit werden personenbezogene Daten verarbeitet?

4 Vorgehen und Methoden

In diesem Kapitel werden verschiedene Methoden vorgestellt, die zur Umsetzung der Schritte im Personalentwicklungszyklus genutzt werden können. Die drei in Abschnitt 3.2 bereits skizzierten und hier hinsichtlich des konkreten Vorgehens ausführlich beschriebenen Ebenen Organisations-, Aufgaben- und Personenanalyse wirken integrativ zusammen. Die Organisationsanalyse betont, was in einem Unternehmen oder einem Teil des Unternehmens von Relevanz ist. Diese Bedarfe werden durch Methoden der Aufgabenanalyse konkretisiert. Bedarfe sind dann als erforderliches Wissen, benötigte Kompetenzen oder erfolgskritische Verhaltensweisen beschrieben. Aufbauend auf dieser Konkretisierung erfolgt in der Personenanalyse ein Abgleich, bei welchen Personen überhaupt ein Lernbedarf besteht.

Bei den beschriebenen Methoden handelt es sich nicht immer um explizite Lernmethoden (z. B. Barcamp), allerdings können diese eine lernförderliche Wirkung entfalten. Außerdem muss beachtet werden, dass die Methoden das arbeitsbezogene Lernen der Anwendenden und damit Lernen auf der individuellen Ebene fördern, was sich allerdings indirekt zum Teil auch in Lernen auf organisationaler Ebene niederschlägt. Insofern zeigt die Methodenauswahl auch, dass beim individuellen Lernen in Unternehmen stets auch organisationales Lernen mitgedacht werden sollte (siehe auch Abschnitt 2.4). Es sei an dieser Stelle nochmals darauf hingewiesen, dass informelles Lernen nicht direkt gefördert werden kann, weshalb auch die hier beschriebenen Methoden lediglich die Auftretenswahrscheinlichkeit erhöhen, die Effektivität dieser Lernform steigern sowie die nachhaltige Nutzung informeller Lerngelegenheiten durch die Gestaltung lernförderlicher Rahmenbedingungen verbessern können.

4.1 Bedarfserhebung

Das Vorgehen bei der Bedarfserhebung lässt sich anhand der in Kapitel 3 beschriebenen klassischen Analyseebenen Organisationsanalyse, Aufgabenanalyse und Personenanalyse (McGehee & Thayer, 1961) differenzieren. Diese werden im Folgenden nacheinander dargestellt.

4.1.1 Organisationsanalyse

Erster Schritt einer Organisationsanalyse ist die Betrachtung der Strategien. Strategiepapiere und andere Dokumente bieten oft Hinweise darauf, welche Ziele angestrebt und welches Wissen und welche Fähigkeiten in einem Unternehmen aufgebaut und erhalten werden sollen. Da Strategien in regelmäßigen Abständen weiterentwickelt werden, empfiehlt es sich auch, diesen Aspekt der Organisationsanalyse mit einem Strategieentwicklungsprozess zu verzahnen. In Strategieworkshops lässt sich dann die Frage stellen: Welche Auswirkungen hat die Strategie auf die Lernbedarfe von Mitarbeitenden im Unternehmen? Hilfreich ist dabei auch, zu erfassen, was *keine* strategisch relevanten Lernbedarfe sind. Dies empfiehlt sich, wenn die Gefahr besteht, dass ansonsten eine zu umfangreiche Liste an zu entwickelnden Kompetenzen entsteht. Die Analyse der Strategien sollte sich – insbesondere in großen Unternehmen – nicht auf eine Gesamtstrategie beschränken. Unternehmen arbeiten als Organisationen arbeitsteilig und unterschiedliche Organisationseinheiten verfolgen unterschiedliche Zwecke. Eine Betrachtung der Unternehmensstrategie als Ganzes würde dann fachspezifische Aspekte zugunsten von überfachlichen Themen vernachlässigen.

Im zweiten Schritt bietet eine Betrachtung der Personalbewegungen Aufschluss darüber, mit welchen Abgängen in welchen Unternehmensbereichen zu rechnen ist (siehe hierzu auch Häfner & Truschel, 2022). Oft gehen damit Fachkräfte verloren und es ergibt sich ein Bedarf an zukünftigen Fachkräften. Dabei ist einzubeziehen, dass sich Aufgaben ändern und nicht alle Abgänge zu kompensieren sind. Besonders relevant sind Schlüsselpositionen, bei denen der Aufbau von unternehmensspezifischen Kompetenzen von Bedeutung ist. Derartige Positionen lassen sich nicht beliebig nachbesetzen und müssen in der Regel aus dem Unternehmen heraus entwickelt werden. Sie erfordern eine Nachfolgeplanung.

In einem dritten Schritt sind ferner konkrete Außenanforderungen wie gesetzliche Veränderungen zu betrachten. Oft bleiben Strategien abstrakt und beziehen sich nicht auf konkrete Veränderungen. Gesetzliche Änderungen können dabei unterschiedlich starke Auswirkungen haben. Sie können zu neuen Arbeitsabläufen führen (z.B. weil Prozesse vorgeschrieben werden) und somit eine Organisationsentwicklung zur Folge haben. Unabhängig davon können sie einen Lernbedarf darstellen, weil sich Mitarbeitende neues Wissen aneignen müssen.

Zusammenfassend lassen sich Lernbedarfe durch die folgenden Fragestellungen (siehe Tabelle 10) ermitteln.

Tabelle 10: Fragestellungen der Organisationsanalyse

Fragestellung	Methoden
Inwieweit liefert die Strategie Erkenntnisse über Lernbedarfe?	• Dokumentenanalyse (z.B. von Strategiepapieren) • Einbindung von Fragestellungen zu Lernbedarfen in Workshops zu Strategieprozessen
Inwieweit ergeben sich Lernbedarfe aus Personalbewegungen?	• Analyse altersbedingter Abgänge • Identifikation von Schlüsselpositionen
Inwieweit ergeben sich Lernbedarfe aus gesetzlichen Anforderungen?	• Dokumentenanalyse durch Personen mit Fachexpertise • Interviews, Workshops

Hinweise, wie diesen Lernbedarfen begegnet werden kann, bietet eine Betrachtung der Lernkultur (vgl. Abschnitt 2.3.2). Die Lernkultur stellt eine wesentliche Rahmenbedingung dar.

Zur Analyse der Lernkultur eignet sich der *Dimensions of the Learning Organization Questionnaire* (DLOQ; Marsick & Watkins, 2003). Hierbei handelt es sich um ein international verbreitetes und gut untersuchtes Instrument zur Erfassung der Lernkultur (Watkins & Dirani, 2013; Watkins & Kim, 2018). Der DLOQ unterscheidet sieben Dimensionen der Lernkultur, die beinhalten, wie das Lernen von Individuen, Teams und der gesamten Organisation umgesetzt und unterstützt wird: Kontinuierliches Lernen (Continuous Learning), Nachfragen und Austausch (Inquiry and Dialogue), Zusammenarbeit und Lernen im Team (Collaboration and Team Learning), Erfassen und Sichtbarmachen des Lernens (Systems to Capture Learning), Befähigung der Beschäftigten (Empower People), Lernförderliche Führung (Provide Strategic Leadership for Learning) und Vernetzung des Unternehmens (Connect the Organization). Die Dimensionen sind mit Beispielitems in Tabelle 11 aufgeführt.

Der DLOQ wurde in mehr als 15 Sprachen übersetzt; auch eine deutschsprachige Version liegt vor (Kortsch & Kauffeld, 2019; Kortsch, Paulsen & Kauffeld, 2019). Zusätzlich zu Einzelstudien existieren bereits Überblicksarbeiten und Metaanalysen, die die Validität des Instrumentes bestätigen (Ju, Lee, Park & Yoon, 2021; Song, Chermack & Kim, 2013; Watkins & Dirani, 2013; Watkins & Kim, 2018). So fanden Watkins und Dirani (2013), dass die sieben Dimensionen über alle untersuchten Sprachen, Kulturen, Hierarchieebenen und Organisationsformen hinweg stabil sind. Insofern kann der DLOQ als gut bestätigtes Instrument zur Erfassung von Lernkultur gelten.

In größeren Unternehmen empfiehlt es sich, die Items auf den jeweiligen Unternehmensbereich zu beziehen und die Aussagen anzupassen. Hohe Ausprägungen in den Dimensionen „Kontinuierliches Lernen", „Nachfragen und Austausch" sowie „Zusammenarbeit und Lernen im Team" sprechen für den Einsatz von Lernmethoden, die informelles und selbstreguliertes Lernen erfordern. Sehr geringe Werte in diesen Dimensionen sprechen eher für klassische, auf formalem Lernen beruhende Methoden. Hohe Ausprägungen in der Dimension „Vernetzung des Unternehmens" sprechen dafür, dass abteilungsübergreifende Formate angenommen werden. Sehr geringe Werte können hingegen auf fehlende Akzeptanz hinweisen. Durch die Analyse der Lernkultur können sich ferner Bedarfe ergeben, die Lernkultur selbst zu entwickeln. Beispielsweise indiziert ein geringer Wert bei der Dimension „Lernförderliche Führung" einen Bedarf für die Führungskräfteentwicklung.

Ergänzend – oder ggf. alternativ – zu einer Befragung mit dem DLOQ besteht die Möglichkeit, die Lernkultur durch Interviews zu analysieren. Die Dimensionen des DLOQ dienen dabei als Ausgangspunkt für Leitfragen in den Interviews. Auf diese Weise kann vertieftes Wissen über die Lernkultur gewonnen und es können z. B. bereits erfolgreiche Lernformate identifiziert werden.

Tabelle 11: Die sieben Dimensionen des DLOQ (aus Kortsch et al., 2019, S. 28)

Dimension	Beschreibung
Kontinuierliches Lernen	Lernen ist integraler Bestandteil der Arbeit, sodass Beschäftigte während der Arbeit lernen können. Es gibt Angebote und Möglichkeiten zum Lernen und Weiterentwickeln. *Beispielitem:* „In meiner Organisation wird das Lernen unterstützt, indem Zeit zur Verfügung gestellt wird."
Nachfragen und Austausch	Beschäftigte können ihren Standpunkt darlegen, es gibt Möglichkeiten zum Austausch von Standpunkten. Fragen, Feedback und Ausprobieren sind Bestandteil der Kultur. *Beispielitem:* „In meiner Organisation wird einander offenes und ehrliches Feedback gegeben."
Zusammenarbeit und Lernen im Team	Die Arbeit ist so gestaltet, dass man in Gruppen/Teams arbeitet und so andere Denkweisen kennenlernt. Es wird gemeinsam gearbeitet und gelernt, Zusammenarbeit wird belohnt. *Beispielitem:* „In meiner Organisation überdenken Teams/Gruppen ihre Position als Folge von Diskussionen oder neuer Informationen."
Erfassen und Sichtbarmachen des Lernens	Es gibt Systeme, die Lernfortschritte erfassen und sichtbar machen. Sie sind Bestandteil der Arbeit, sind leicht zugänglich und werden gepflegt. *Beispielitem:* „Meine Organisation macht gewonnene Erkenntnisse für alle Mitarbeiter verfügbar."
Befähigung der Beschäftigten	Beschäftigte werden in die Entwicklung einer gemeinsamen Vision eingebunden. Verantwortlichkeiten werden verteilt; alle werden ermutigt und motiviert, gemäß eigener Lernziele zu lernen. *Beispielitem:* „Meine Organisation würdigt Eigeninitiative."
Lernförderliche Führung	Führungskräfte gehen als Rollenvorbilder voran, unterstützen das Lernen und setzen Lernen strategisch für bessere Unternehmensergebnisse ein. *Beispielitem:* „In meiner Organisation suchen Führungskräfte kontinuierlich nach Lerngelegenheiten."
Vernetzung des Unternehmens	Beschäftigte werden unterstützt, den Nutzen ihrer Arbeit zu sehen; die Umgebung wird als Informationsquelle zur Verbesserung der eigenen Arbeit genutzt und das Unternehmen steht mit der „Außenwelt" im Austausch. *Beispielitem:* „Meine Organisation arbeitet mit Außenstehenden zusammen, um gemeinsame Bedürfnisse zu erfüllen."

Eine Alternative zum DLOQ stellt das deutschsprachige *Lernkulturinventar* (LKI) dar (Sonntag et al., 2005). Das LKI umfasst in der Mitarbeitendenversion zur Selbsteinschätzung neun Dimensionen (z.B. „Lernen als Teil der Unternehmensphilosophie", „Lernorientierte Führungsaufgaben"), liegt aber auch in einer Version für Expertinnen und Experten (acht Dimensionen) zur Einschätzung ganzer Unternehmen aus der Außenperspektive vor (Schaper et al., 2006). Zur Anwendung des LKI wurden einige empirische Ergebnisse publiziert (z. B. Friebe, 2005; Schaper et al., 2006; Sonntag & Stegmaier, 2008). Die Validierungsstudie einer weiterentwickelten LKI-Kurzversion ist in Vorbereitung, die sechs Dimensionen und einen übergeordneten Lernkulturfaktor unterscheidet (Hilkenmeier, Goller & Schaper, 2021).

4.1.2 Aufgabenanalyse

Die Organisationsanalyse gibt Aufschlüsse darüber, was trainiert oder gelernt werden muss, bleibt jedoch oft noch sehr abstrakt. Eine Konkretisierung ermöglicht die Aufgabenanalyse. Hierbei werden Anforderungen für die Bewältigung von Jobs aufgenommen. Dies erfordert im ersten Schritt zunächst eine Festlegung der relevanten, zu analysierenden Jobs und „Jobfamilien".

Im nächsten Schritt werden dann Kompetenzen ermittelt, die für die Jobs und damit verbundenen Aufgaben von Relevanz sind. Eine verbreitete Methode ist die Erfassung *kritischer Ereignisse* (Flanagan, 1954). Sie zielt darauf ab, Situationen zu beschreiben, die für die Zielposition erfolgskritisch sind, um daraus das erfolgskritische Verhalten abzuleiten. Die Grundannahme ist, dass sich in erfolgskritischen Situationen, in denen sich leistungsstarke von leistungsschwachen Stelleninhabenden unterscheiden – und dem hier gezeigten Verhalten der jeweiligen Personen – die „Spreu vom Weizen" trennen lässt. Zunächst werden die Aufgaben und die damit verbundenen Ziele einer Position erfragt. Dann werden Situationen ermittelt, die für die Erreichung dieser Ziele entscheidend bzw. kritisch sind. Dabei werden Situationen erfragt, die die interviewte Person erlebt oder beobachtet hat. Diese erfolgskritischen Situationen sollen anschließend detailliert beschrieben werden. Sie umfassen die Rahmenbedingungen der Situation sowie spezifische Verhaltensweisen, die zum Erfolg oder Misserfolg des Ereignisses beigetragen haben. Leitfragen lauten:

- Wie kam es zu dieser Situation?
- Wie lief diese Situation ab? – Schildern Sie die Situation so detailliert, als wäre sie eine Filmszene!
- Was haben Sie/hat die Person in dieser Situation konkret getan?
- Zu welchem Ergebnis führte dieses Verhalten?
- Welche Folgen hatte das Ergebnis für die Beteiligten?

Ein Vorteil der Erfassung kritischer Ereignisse ist, dass sich Anforderungen verhaltensnah beschreiben lassen und erfolgskritische Situationen auch direkt für Trainings (z. B. als Basis für simulationsbasierte Verfahren) genutzt werden können. Damit geht das Verfahren über eine Erfassung von Schlagwörtern (z. B. Kommunikationsfähigkeit) hinaus. Gleichzeitig können die Verhaltensweisen in übergeordnete Kompetenzen geclustert werden.

Die *Task-Analysis-Tools* (TAToo; Koch & Westhoff, 2012) beinhalten ebenfalls die Erfassung kritischer Ereignisse, gehen jedoch darüber hinaus. Sie beinhalten eine Sammlung von empirisch erprobten und detailliert beschriebenen Instrumenten zur Erstellung eines Anforderungsprofils. Der zeitliche Aufwand, aber auch der Erkenntnisgewinn ist daher höher als bei der Methode der kritischen Ereignisse. Die TAToo-Methode besteht aus drei aufeinander aufbauenden Tools:

- Tool 1 *Erheben:* Hier werden erforderliche Kenntnisse, Fertigkeiten und Fähigkeiten ermittelt. Dabei werden gegenwärtige und zukünftige Anforderungen mithilfe erfolgskritischer Ereignisse verhaltensbezogen erfasst. Die Tools umfassen eine detaillierte Vorgehensbeschreibung für die Umsetzung in Interviews, Workshops und mittels Fragebögen.
- Tool 2 *Gruppieren:* Hier werden die Anforderungen geordnet und systematisiert. Dazu existiert ein Workshopkonzept, dessen Umsetzungsschritte ausführlich beschrieben sind.
- Tool 3 *Bewerten:* Anhand eines Fragebogens werden die systematisierten Anforderungen nach Wichtigkeit eingeschätzt. Zudem wird beurteilt, ob die erforderlichen Merkmale trainierbar sind, und ob sie zwingend vorliegen müssen oder durch andere Merkmale kompensiert werden können. Beispielsweise kann fehlendes Wissen mittelfristig durch eine hohe Lernfähigkeit kompensiert werden.

Ergebnisse der TAToo-Anwendungen unterscheiden Anforderungen in nicht trainierbare und trainierbare Anforderungen. Erstere sind im Zuge von Auswahlprozessen von Relevanz, letztere im Zuge von Lernangeboten.

Interviews und Workshops können viel Zeit in Anspruch nehmen. Der Rückgriff auf Datenbanken, in denen für Jobs relevante Kompetenzen erfasst sind (z. B. die O*Net-Datenbank[2]), generische Kompetenzmodelle (z. B. Great Eight; Bartram, 2005) und Referenzrahmen (z. B. The European e-Competence Framework für IT-Berufe[3]) kann sich als zeitsparend erweisen. Der Nachteil ist hier allerdings, dass zu viele Anforderungen als relevant erachtet werden und organisationsspezifische Besonderheiten zu wenig Beachtung finden.

4.1.3 Personenanalyse

Neben der Organisationsanalyse und der Aufgabenanalyse komplementiert die Personenanalyse die Bedarfsanalyse. Die Frage ist, welche Personen überhaupt lernen sollen. Die Personenanalyse ermittelt die Lernbedarfe. Zu beachten ist, dass es andere Gründe als Lernbedarfe geben kann, die dazu führen, dass Lernangebote pauschal für eine Personengruppe gelten. Dazu zählen:

---

2 Siehe https://www.onetonline.org/

3 Siehe https://ecfexplorer.itprofessionalism.org/

- *Gesetzliche und vergleichbare Nachweispflichten,* die z.B. dazu führen, dass alle Personen, die einen Job ausführen, ein Lernangebot in Anspruch nehmen müssen.
- *Erhöhung der wahrgenommenen Gerechtigkeit:* Durch eine Entscheidung, dass alle Personen einer bestimmten Zielgruppe an einem Lernangebot teilnehmen müssen, entstehen keine Debatten, warum nur einzelne Beschäftigte das Angebot nutzen dürfen oder müssen.
- *Bewertung von Lernen als etwas Gewünschtes und Positives:* Die Organisation sieht Lernen als etwas Erforderliches. So wird verhindert, dass die Lernenden als Verlierende gelten.

Findet allerdings keine Personenanalyse statt, besteht die Gefahr, unreflektiert mit der „Gießkanne" ein Angebot an alle Personen einer Zielgruppe auszuschütten. Dies verursacht Kosten und kann auch die Akzeptanz von Maßnahmen gefährden.

Im Rahmen der Personenanalyse ist – sofern keine anderen Sachgründe wie oben genannt vorliegen – zunächst festzustellen, ob ein solcher Bedarf besteht. Zum einen kann ein *struktureller Bedarf* vorliegen. Dies ist der Fall, wenn der Großteil einer Personengruppe Lernbedarfe hat. Dann können systematische, verbindliche Angebote für alle Personen einer Gruppe (z.B. Auszubildende, neue Beschäftigte, Führungskräfte) als sinnvoll erachtet werden.

Die Herausforderung besteht darin, dass Einschätzungen über vorhandenes Wissen und Kompetenzen oft nicht systematisch für alle Personen vorliegen, sondern mit angemessenem Aufwand erfasst werden müssen. Ein einfaches Vorgehen gestaltet sich derart, Selbsteinschätzungen bei der Zielgruppe mithilfe einer Abfrage zu erheben (siehe Tabelle 12).

Tabelle 12: Beispielhafte Struktur zur Erfassung der Selbsteinschätzungen

Wie ausgeprägt sind Ihre Lernbedarfe hinsichtlich der nachfolgenden Kompetenzen?					
Kompetenzen	**sehr gering**	**gering**	**mittel**	**hoch**	**sehr hoch**
Kompetenz 1: Verhaltensanker 1 Verhaltensanker 2 Verhaltensanker 3					
Kompetenz 2: Verhaltensanker 1 Verhaltensanker 2 Verhaltensanker 3					

Im nächsten Schritt können Entscheidungsregeln wie beispielsweise „mehr als 80 % der Antworten liegen in den oberen beiden Kategorien (hoch, sehr hoch)" herangezogen werden, um Hinweise für einen strukturellen Bedarf festzustellen.

Ein Beispiel für ein Instrument der Personenanalyse in mittelständischen Industriebetrieben (anpassbar für weitere Branchen) stellt die *Kompetenzmanagementtabelle* (KMT) dar (Decius & Schaper, 2017, 2021b). In der KMT werden fünf Kompetenzarten (fachlich, interpersonell, methodisch, kenntnisbezogen und sprachlich) unterschieden. Die Mitarbeitenden und die Führungskraft können den aktuellen Kompetenzstand für jede Teilkompetenz (z. B. Qualitätskontrolle aus dem Bereich „fachlich") anhand von Kompetenzankern (z. B. Sichtkontrollen, Messgeräteeinsatz) mithilfe vierstufiger Einstufungsschlüssel (d. h. von „keine Kenntnisse vorhanden" bis „sehr detaillierte Kenntnisse vorhanden") einschätzen. Ein Vergleich mit einem vorab festgelegten, im besten Fall aus der Managementstrategie abgeleiteten Sollwert sorgt dafür, dass die prozentuale Erfüllung der gewünschten Kompetenzen sichtbar wird. Dabei kann die Häufigkeit, mit der eine spezifische Kompetenz im Arbeitsprozess benötigt wird, zur Gewichtung des Sollwerts berücksichtigt werden (z. B. „Teilaufgabe kommt nur in Ausnahmefällen vor" vs. „regelmäßig zu verrichtende Teilaufgabe").

Von Selbsteinschätzungen abzusehen ist, wenn die Zielgruppe selbst nicht in der Lage ist, den eigenen Bedarf zu benennen und ein Interesse daran hat, sich besonders (in)kompetent darzustellen. Daher empfiehlt es sich, wie bei der KMT ergänzend die Einschätzung von Führungskräften heranzuziehen. Alternativ können grundsätzlich auch Rückschlüsse aus vorhandenen Leistungsdaten (z. B. Umsatz, Fehlerquote), Leistungsbeurteilungen (z. B. Kundenzufriedenheit), Verhaltenseinschätzungen (z. B. Führungsverhalten) oder Ergebnisse von Mitarbeitendenbefragungen gezogen werden. Liegen hier über mehrere Organisationseinheiten oder Personen Abweichungen vom Soll vor, spricht dies für ein strukturelles Problem.

Allerdings sind Abweichungen nur ein möglicher Hinweis auf fehlendes Wissen und Kompetenzen und somit Lernbedarfe. Sie können jedoch ebenso gut auf ineffiziente Strukturen oder Prozesse hinweisen. Ergibt beispielsweise eine Mitarbeitendenbefragung, dass die Beschäftigten wenig Wertschätzung durch ihre Führungskraft erleben, wird daraus vorschnell ein Trainingsbedarf in wertschätzender Kommunikation bei den unmittelbaren Führungskräften geschlossen, obgleich möglicherweise zu hoher Arbeitsumfang, zu große Führungsspannen oder fehlende informelle Kontakte durch verstärkt mobiles Arbeiten ursächlich sein können. Hier empfiehlt es sich, stets auch nach Alterativverklärungen zu suchen.

Unabhängig von strukturellen Bedarfen können sich durch Selbst- oder Fremdeinschätzungen *individuelle Bedarfe* aufzeigen. Individuelle Bedarfe lassen sich auch durch andere Instrumente des Personalmanagements ermitteln. So können Führungskräfte und Beschäftigte in jährlichen Mitarbeitendengesprächen einen individuellen Bedarf ermitteln (Hossiep, Berndt & Zens, 2024). Diese beschränken sich dabei nicht nur darauf, Bedarfe als Lücken zu verstehen, sondern auch vorhandene Potenziale zu fördern. Ebenso können sich Lernbedarfe aus Coachings oder Beratungskontexten ergeben.

Eine Methode zur systematischen Erfassung individueller Bedarfe stellen simulationsorientierte Verfahren der Personaldiagnostik dar, die als Orientierungs-Center oder Development Center bezeichnet werden – hier erfolgt in Übungen eine systematische Verhaltensdiagnostik, aus der sich Stärken und Entwicklungsfelder ableiten lassen (siehe hierzu das Fallbeispiel in Abschnitt 5.5).

4.2 Vorgehen bei der Planung des arbeitsbezogenen Lernens

Die Bedarfsanalyse führt zu Informationen, die im Wesentlichen Aufschluss über Inhalte und Kompetenzen sowie Rahmenbedingungen einschließlich der Zielgruppe geben. In der sich daran anschließenden Planungsphase ist die Vorgehensweise zur Förderung des arbeitsbezogenen Lernens auszugestalten.

4.2.1 Orientierung an Lerndimensionen

Um unterschiedliche Lernformen zu berücksichtigen, können Lerndimensionen reflektiert werden. In Tabelle 13 sind die Lerndimensionen aus Abschnitt 2.2.4 und typische Fragestellungen, die es im Prozess der Planung zu beachten gilt, dargestellt (siehe auch die beiliegende Karte „Planung des Lernens anhand von sieben Lerndimensionen").

Tabelle 13: Lerndimensionen, Fragestellungen und Beispiele

Dimension	Fragestellung	Beispiel
Bewusstheit	Inwieweit ist es förderlich, dass bewusst Lernziele verfolgt werden? Inwieweit ist es förderlich, dass Inhalte implizit im Handlungsprozess erworben werden?	Es ist wichtig, dass neue Mitarbeitende bewusst den Aufbau des Unternehmens kennenlernen und nicht nur nebenbei in vielen einzelnen Gesprächen etwas über die Strukturen erfahren.
Struktur-vorgabe	Inwieweit ist eine Strukturvorgabe förderlich? Inwieweit können, wollen und dürfen Lernende sich selbst die Struktur vorgeben?	Im Onboarding benötigen Beschäftigte eine Orientierung durch eine Strukturvorgabe, die insbesondere auf eine zeitliche Sequenzierung von Inhalten abzielen kann. Gleichzeitig kann es nachhaltig sein, wenn die Teilnehmenden selbst den Lernprozess planen. Pflichtinhalte – insbe-

Tabelle 13: Fortsetzung

Dimension	Fragestellung	Beispiel
		sondere zum Arbeits- und Gesundheitsschutz – sollten jedoch strukturiert vermittelt werden.
Intentionale Ausrichtung	Steht das Lernen oder die Problemlösung im Vordergrund der Aktion?	Die Organisation kann eine bewusste Unterscheidung treffen, welche auftretenden Probleme einfach nur so schnell wie möglich gelöst werden sollen, und welche Probleme bewusst als explizite Lerngelegenheiten für die Beschäftigten deklariert werden. Diese können dann im Rahmen von (Team-)Reflexionen besprochen werden, um zukünftige Probleme besser lösen zu können – auch, wenn dies zunächst im Reflexionsprozess mehr Zeit beansprucht.
Lernprozessverantwortung	Inwieweit bedarf es einer Steuerung des Lernprozesses? Wer steuert den Lernprozess, und bei welchen Inhalten ist die konkrete Lernvorgabe förderlich, bei welchen weniger förderlich?	Bei einer Softwareschulung entscheidet man sich, dass die Unterstützung und damit Lernprozessverantwortung der Lehrpersonen mit zunehmender Kompetenzentwicklung der Lernenden reduziert wird.
Lernzeitpunkt	Inwieweit kann das Lernen überhaupt geplant werden, oder inwieweit können nur Situationen geschaffen werden, die das Auftreten und Ergreifen einer Lerngelegenheit wahrscheinlicher machen?	Der Umgang mit Emotionen anderer Menschen in Gesprächen kann nur bedingt in Simulationen gelernt werden – auch beim Führen von Gesprächen besteht keine Garantie, dass diese emotional verlaufen. Durch die Auswahl des Kontextes und der Frequenz wird jedoch die Wahrscheinlichkeit des informellen Lernens als Reaktion auf die Situation erhöht. Daraus könnte sich ergeben, dass nach entsprechender Vorbereitung in einem formalen Lernkontext ein Einsatz in einem Bereich erfolgt, in dem Lernende viele emotionale Gespräche führen müssen.
Stimulus der Zielfestlegung	Inwieweit können, sollen und dürfen die Ziele durch die lernende Person selbst oder von außen vorgegeben sein?	In einem Training können bei der Simulation von Gesprächen durch Rollenspiele beispielsweise bestimmte Ziele vorgegeben werden; im späteren Verlauf können die Teilnehmenden die Ziele dann selbst festlegen.
Lernsetting	Inwieweit ist es förderlich oder erforderlich, dass der Lernort mit dem Arbeitsplatz zusammenfällt? Inwieweit ist welche Distanz förderlich?	Es kann sein, dass die Bedienung komplexer Maschinen nur am Arbeitsort möglich ist. Ebenso kann es jedoch sein, dass aufgrund der Rahmenbedingungen wie Lärm oder Sicherheitsrisiken bewusst bestimmte Lerninhalte in einer anderen Form außerhalb des Arbeitsplatzes bzw. mittels Dummys gelernt werden sollen.

4.2.2 Orientierung an Lernzieltaxonomien

Wenn das Lernen zielgerichtet erfolgt, weil z.B. formales Lernen eine dominierende Rolle spielt, empfiehlt sich der Rückgriff auf Lernzieltaxonomien, um angestrebte Ergebnisse festzulegen und überprüfbar zu machen. Eine Taxonomie, die neben kognitiven Lernzielen auch metakognitive Ziele beinhaltet, stammt von Marzano und Kendall (2006) und ist in Tabelle 14 dargestellt. Die Taxonomie eignet sich auch für Lerndesigns, die Metakompetenzen explizit fördern sollen.

Tabelle 14: Taxonomie nach Marzano und Kendall (2006) mit Beispielen

Kategorie	Zugeordnete Verben	Beispiel
Erinnern (kognitives System)	• Wiedererkennen • Benennen	Die Teilnehmenden einer Datenschutzschulung benennen gesetzliche Grundlagen des Datenschutzes (DSVGO, BDSG etc.).
Verstehen (kognitives System)	• Integrieren • Symbolisieren	Die Teilnehmenden veranschaulichen sich die Schutzbedürftigkeitskategorien anhand von Beispielen.
Analysieren (kognitives System)	• Zuordnen • Klassifizieren • Fehler analysieren • Generalisieren • Spezifizieren	Die Teilnehmenden klassifizieren Datentypen nach ihrer Schutzbedürftigkeit.
Wissensanwendung (kognitives System)	• Entscheiden • Problem lösen • Experimentieren • Untersuchen	Die Teilnehmenden untersuchen eine bestehende Risikoanalyse auf ihre Angemessenheit.
Metakognitives System	• Ziele setzen • Prozesse überwachen • Klarheit und Genauigkeit des Prozessmonitorings sicherstellen	Die Teilnehmenden setzen sich Ziele, welche Kompetenzen sie sich während der Datenschutzschulung aneignen wollen.
Selbstsystem	• Relevanz bewerten • Wirksamkeit bewerten • Emotionale Reaktion bewerten • Gesamtmotivation bewerten	Die Teilnehmenden bewerten die Relevanz des Datenschutzes für ihren Arbeitsalltag.

Im nächsten Schritt wird – wenn auch die Lernprozessverantwortung bei Lehrpersonen liegen soll – die angestrebte Zielerreichung in einem Verlaufsplan durch methodisches Vorgehen konkretisiert. Wenn die Lernprozessverantwortung wie prototypisch bei selbstreguliertem Lernen bei den Lernenden liegt, lassen sich abstraktere Ziele auf Ebene des metakognitiven Systems und des Selbstsystems beschreiben. Die Wahl der Vorgehensweise obliegt den Lernenden. Die Planung bezieht sich dann – wie auch bei typischem informellem Lernen (vgl. Abschnitt 2.2.5.1) – eher auf die Gestaltung lernförderlicher Rahmenbedingungen. Dazu gehört z. B. die Bereitstellung von Lernmaterialien und zeitlichen Ressourcen oder der Aufbau von Netzwerken für Austausch und Feedback.

4.3 Methoden zur Förderung des Lernens

Bei der methodischen Gestaltung sind der Kreativität keine Grenzen gesetzt. Es gibt eine Reihe von etablierten und neueren, in letzter Zeit entstandenen Methoden. Oft handelt es sich dabei auch um Kombinationen und Mischformen. Bei manchen Methoden handelt es sich zudem nicht explizit um Lernmethoden, sondern um Arbeitsmethoden, die aber als Lernmethoden eingesetzt werden können. In diesem Kapitel werden einige relevante Methoden detaillierter beschrieben, die die Bandbreite von Lern- und Arbeitsmethoden widerspiegeln – von eher klassischen Methoden wie Simulationen bis zu modernen Methoden wie Mobile Learning, von weniger aufwendigen Methoden wie After Action Review bis zu komplexen Großgruppenmethoden wie Barcamps (siehe hierzu auch die Übersicht auf der beiliegenden Karte „Methoden und Lernformen" mit den Vor- und Nachteilen der einzelnen Methoden und ihren Anteilen formalen, informellen und selbstregulierten Lernens). Anschließend werden ergänzend weitere Methoden kurz dargestellt, die auf unterschiedliche Weise das Lernen fördern können.

4.3.1 Simulationsbasiertes Training

Im Fokus *simulationsbasierter Trainings* steht die Übung in einer realitätsnahen Arbeitsumgebung, um Einstellungen zu verändern (z. B. agiles Mindset bei Scrum-Simulationen), Wissen zu vermitteln (z. B. Wissen über den Aufbau von Maschinen oder organisationale Strukturen und Prozesse) sowie Fertigkeiten und Fähigkeiten aufzubauen oder zu erhalten. Dies können manuelle Fertigkeiten (z. B. Routinen bei einer OP, Bedienung einer Maschine) oder komplexere Verhaltensweisen (z. B. Kommunikationsverhalten, Koordination in Gruppen) sein. Simulationen fokussieren somit sowohl die einzelne Person als auch Gruppen und Teams. Bei Letzteren ist dann nicht nur das Verhalten des Individuums entscheidend, sondern auch die Interaktion und Koordination.

Der Lernprozess wird bei Simulationen im Wesentlichen durch die synthetische Arbeitsumgebung und Aufträge gestaltet. Lehrende haben hier einen großen Einfluss auf den Lernerfolg, wobei dieser eher indirekt über Auswahl und Gestaltung der Simulationsumgebung sowie Instruktionen erfolgt. Darüber hinaus tragen Lehrende Prozessverantwortung für den Ablauf: von der Vorbereitung, über die Instruktion während der Simulation bis zur Auswertung, die z. B. in Form von After Action Reviews (siehe Abschnitt 4.3.4) erfolgen kann. Die Lernprozessverantwortung wird jedoch nicht vollständig von den Lehrenden getragen. Die lernende Person muss sich auf die Simulation einlassen und hat gewisse Freiheitsgrade, den Lernprozess innerhalb der Simulation zu gestalten. Hier besteht eine Herausforderung in der Praxis: Beispielsweise muss bei Rollenspielen die Bereitschaft der Teilnehmenden vorhanden sein, diese durchzuführen. Die Simulationen finden *in der Regel außerhalb des Arbeitsplatzes* statt (z. B. in einem Flugsimulator). Ausnahmen bilden Simulationen, die eine hohe Arbeitsplatzübereinstimmung erfordern. Die Simulation findet dann am Arbeitsplatz statt, die Situation bleibt jedoch synthetisch (z. B. Simulation eines medizinischen Notfalls im OP-Saal).

Zu beachten ist, dass auf der einen Seite Anforderungen und Prozesse aus dem Arbeitsumfeld möglichst konkret simuliert werden, auf der anderen Seite aber auch bewusste Vereinfachungen stattfinden. In der Gestaltung sind somit Entscheidungen zu treffen, was wie simuliert werden soll und was weggelassen wird. Simulationen können so zwar realitätsnah sein, bleiben jedoch im Kern immer „künstlich". Die Künstlichkeit ist auch ein Kritikpunkt, der von Teilnehmenden z. B. bei Rollenspielen oder Teamsimulationen geäußert wird. Die Teilnehmenden benötigen daher eine Gelegenheit, die gemachten Erfahrungen auf das Anwendungsfeld zu übertragen.

Gleichzeitig bietet die Künstlichkeit Vorteile: Gerade dadurch, dass Simulationen ohne Konsequenzen im Realleben bleiben, stellen sie einen besonderen Nutzen dar. Simulationen eignen sich daher besonders in Bereichen, in denen fehlerhaftes Verhalten mit hohen Risiken einhergeht. Die Nutzung dieses Vorteils bedarf einer zielgerichteten Variation der Realitätstreue. Bezüglich der *Realitätstreue* lassen sich drei Dimensionen unterscheiden (Marlow, Lacerenza, Reyes & Salas, 2017):

1. Realitätstreue bezogen auf das Equipment,
2. Realitätstreue in Bezug auf die Umgebung und
3. psychologische Realitätstreue.

Der erste Aspekt bezieht sich auf die Verwendung von Arbeitsmaterialien und -geräten, der zweite auf die Räumlichkeiten und der dritte beinhaltet die Imitation von psychologischen Zuständen (Marlow et al., 2017). Zeitdruck sowie komplexe, widersprüchliche Anforderungen können beispielsweise Stress auslösen, der auch in Simulationen erzeugt werden kann. Je nach Zielstellung variieren die Ausprägungen der Dimensionen. Zum Erwerb neuer Verhaltensweisen kann es zielführend sein, Zeitdruck auszuschalten. Geht es hingegen darum, den Abruf von Kompetenzen auch unter hoher Belastung zu trainieren, ist es zielführend, Zeitdruck und andere Stressoren zu simulieren.

- Durchführung

Simulationsbasierte Trainings bedürfen einer guten Vorbereitung. Ausgangspunkt der Entwicklung einer Simulation ist eine Bedarfsanalyse, die aufzeigt, bei welchen Personengruppen hinsichtlich welcher Kompetenzen ein Trainingsbedarf besteht. In einem nächsten Schritt bedarf es dann einer Auswahl von Aufgaben, bei denen die Kompetenzen notwendig sind und simuliert werden können. Schließlich müssen die Ziele eines simulationsbasierten Trainings konkretisiert werden. Beispielsweise können in einem Rollenspiel Kompetenzen der Gesprächsführung schrittweise anhand der Gesprächsphasen aufgebaut werden. Bei der Gestaltung der Aufgabe und des Materials sind Entscheidungen darüber zu treffen, welche Merkmale wie simuliert und welche ignoriert werden. Bestandteil der Entwicklung sollte dabei ein Messverfahren sein, das die Leistung innerhalb der Simulation erfasst. Dies kann eine Schulung von Beobachtenden implizieren, wenn die Leistung auf Grundlage von Verhaltensbeobachtungen beurteilt werden soll. In IT-gestützten Simulationen können jedoch auch objektive Daten herangezogen werden. Schließlich erfolgt die Gestaltung des Trainings, insbesondere der Aufgaben. Bei der Durchführung werden dann Leistungsbeurteilungen sowie Rückmeldungen integriert (vgl. Marlow et al., 2017). Neben der Bereitstellung von Feedback erfolgt oft auch ein Debriefing im Anschluss an die Simulation, z. B. in Form von After Action Reviews (siehe Abschnitt 4.3.4).

- Varianten

Grundlegend lassen sich drei Prototypen von simulationsbasierten Trainingsmethoden unterscheiden (Salas, Wildman & Piccolo, 2009):

1. *Rollenspiele:* Dies ist die einfachste Form von simulationsbasierten Verfahren, die außer Rollenspielinstruktionen kein weiteres Arbeitsmaterial benötigen.
2. *Physikalische Simulationen:* Hierzu zählen beispielsweise Planspiele, die als Karten- und Brettspiele funktionieren, oder Nachbauten von Fabriken sowie die Simulation einer Operation.
3. *Computerbasierte Simulationen:* Hierzu zählen softwaregestützte Simulatoren sowie VR-Anwendungen.

Die drei Formen können auch in Kombination auftreten. Ein Flugsimulator simuliert beispielsweise Gegenstände im Cockpit und greift auf eine Software zurück. Auch lassen sich bei einer Simulation eines Fluges Rollenspiele integrieren, um Notfälle nachzustellen. Die Prototypen zeigen, dass simulationsbasiertes Training sowohl analog als auch digital stattfinden kann. Ferner kann sich die Simulation auf eine Mensch-Maschine-Interaktion beschränken oder aber auch soziale Interaktion erfordern. Gerade im Bereich des Teamtrainings werden Simulationen eingesetzt, um die Koordination zwischen den einzelnen Teammitgliedern zu trainieren (Salas et al., 2009).

• Wirkungsweise der Methode und Befunde

Eine zentrale Annahme von simulationsbasierten Trainings ist, dass eine bessere Trainings-Arbeitsplatz-Übereinstimmung den Transfer gerade bei dynamischen und komplexen Anforderungen verbessert. Lern- und Arbeitsumfeld sind bei einer Simulation – gegenüber einer klassischen Unterrichtsmethode bestehend aus Vortrag und Lehrgesprächen – näher beieinander. Daher wird Verhalten trainiert, das in der Praxis relevant ist. Gleichzeitig wird angenommen, dass Verhalten in kritischen Situationen sogar ausschließlich in Simulationen trainiert werden kann – wobei das Prinzip der Wiederholung hier vor allem Handlungssicherheit (z. B. im Umgang mit Notfällen) geben soll. Zu beachten ist jedoch, dass simulationsbasierte Trainings per Definition künstlich sind und nur selektiv Merkmale simulieren, während andere nicht beachtet werden. Werden irrelevante Merkmale simuliert und relevante Merkmale vernachlässigt, könnte es sogar dysfunktionales Lernen zur Folge haben. Die Teilnehmenden lernen dann ein Verhalten, das in der Simulation – dem Prüfstand – erfolgreich ist, jedoch nicht in der Arbeitswelt (vgl. Stokoe, 2014).

Systematische Reviews weisen darauf hin, dass simulationsbasierte Trainings im Bereich Chirurgie den Transfer fördern und ebenso wirksam sind wie arbeitsintegrierte Lernmethoden (Dawe et al., 2014). Eine weitere systematische Überblicksarbeit zeigt, dass simulationsbasierte Trainings in der Krankenpflege anderen Lernstrategien hinsichtlich des Lernerfolgs überlegen sind (Hegland, Aarlie, Strømme & Jamtvedt, 2017). Allerdings existiert eine große Heterogenität bei den Studienergebnissen. In der Praxis kommt somit der passgenauen Gestaltung von Simulationen sowie der anschließenden Evaluation (siehe Ritzmann, Hagemann & Kluge, 2014, für ein Evaluationsinstrument im Teamkontext) eine zentrale Rolle zu.

Ein zentrales Gestaltungsmerkmal von Simulationen ist der Zeitpunkt von Feedback, das Teilnehmende in Simulationen in der Regel erhalten. Das Feedback kann dabei im Prozess und am Ende der Simulation durch eine automatisierte Rückmeldung erfolgen oder durch Lehrende oder andere Lernende erfolgen. Ebenso werden Debriefings eingesetzt, um den Transfer in den Arbeitsalltag zu fördern (vgl. Marlow et al., 2017). Eine Metaanalyse zum Feedback in simulationsbasierten Trainings zeigt, dass die Darbietung von bewertendem Feedback nach dem Training zu höherer Selbstwirksamkeit und stärkerem Lerntransfer führt, als wenn zwischenzeitliche Rückmeldungen während der Simulation gegeben werden (Hatala, Cook, Zendejas, Hamstra & Brydges, 2014). Bei digitalen Simulationen ist es ferner lern- und transferförderlich, wenn Nutzende den Schwierigkeitsgrad variieren können (Gegenfurtner, Quesada-Pallarès & Knogler, 2014).

• Einordnung in die Theorie

Das Lernen ist bei allen Simulationen ein *bewusstes Ziel.* Lernen findet hier durch die Auseinandersetzung mit simulierten Problemen statt. Das Lernen ist auf einer höheren Ebene der Handlungsregulation *geplant*. Es sollen bestimmte Kompetenzen erworben werden. Damit sind Simulationen in erster Linie dem formalen Lernen zuzuordnen. Auf einer unteren Ebene der Handlungsregulation können jedoch spontane Lernprozesse ausgelöst werden, die nur bedingt geplant werden können (z. B. Verbesserung der motorischen Koordination in einem Fahrsimulator). Dies ist insbesondere der Fall, wenn komplexere Aufgaben simuliert werden, in denen zufällige Lernprozesse angestoßen werden. Hinzu kommt, dass Lernende in der Regel Freiheitsgrade haben und Schwerpunkte setzen können. Beispielsweise kann in einem Rollenspiel der Einsatz spezifischer Strategien erprobt werden. Daher nehmen auch selbstregulierte Lernprozesse einen großen Raum ein.

Simulationen bieten den Vorteil, in kurzer Zeit viele derartige Lernerfahrungen zu sammeln. Simulationen erlauben wiederholtes Probehandeln, welches im Arbeitsalltag oft Monate oder Jahre dauern würde. Dieser Vorteil gegenüber informellen Lernprozessen greift insbesondere dann, wenn kritische, relevante Verhaltensweisen für in der Praxis selten vorkommende Ereignisse trainiert werden sollen. Simulationen können ferner in der Vor- oder Nachbereitung von Arbeitseinsätzen zur Anwendung kommen, um indirekt auch informelle Lernerfahrungen wahrscheinlicher bzw. nutzbar zu machen.

4.3.2 Microlearning

Microlearning hat sich in den letzten Jahren aufgrund neuer digitaler Informations- und Kommunikationstechnologien, insbesondere durch die Entwicklung von Smartphones, stark verbreitet. Die Digitalisierung ermöglicht dabei nicht nur den Einsatz von Microlearning durch Bereitstellung von Hard- und Software. Es wird auch ein Bedarf für das Microlearning aus der Digitalisierung abgeleitet. Ein reichhaltiges Informationsangebot führe dazu, dass Inhalte um Aufmerksamkeit konkurrieren und Lerninhalte daher nicht zu viel Aufmerksamkeit (im Sinne von Länge und Komplexität) erfordern dürften (vgl. Leong, Sung, Au & Blanchard, 2020).

Beim *Microlearning* werden Inhalte stark verkürzt und auf sogenannte Mikroinhalte heruntergebrochen. Mikroinhalte beschränken sich auf eine konkrete Idee oder ein konkretes Thema. Im Zuge eines Microlearnings für Führungskräfte könnte dies zum Beispiel das Thema „Funktionen von Feedback" sein. Damit könnte folgendes Feinziel verfolgt werden: Die Teilnehmenden erkennen anhand von Quizaufgaben Funktionen von Feedback wieder, wobei die Quizaufgaben verschiedene Antwortoptionen bereithalten. Ein anderer, daran anschließender Mikroinhalt zum Thema „Feedback" könnte dann lauten „Hürden beim Feedbackgeben". Die Lernzeit für eine Sequenz des Microlearnings ist auf wenige Minuten begrenzt. Zu beachten ist, dass in einem didaktischen Konzept verschiedene Sequenzen auf ein übergeordnetes Lernziel einzahlen. In dem skizzierten Beispiel könnte dies die Wissensvermittlung zu „Feedback geben" sein.

Das Lernen erfolgt oft softwaregestützt, wobei das Lernen auf eine Software oder ein Gerät limitiert ist, um Medienbrüche zu vermeiden und die Lerndauer gering zu halten (Job & Ogalo, 2012). Damit ist Microlearning oft auch Mobile Learning (vgl. Abschnitt 4.3.3). Prototypisch sind beispielsweise kurze Informationen zu einem Produkt mit anschließendem Quiz in einer App. Oft geht es darum, dass Teilnehmende Inhalte erinnern und reproduzieren können, sodass die Wissensvermittlung im Vordergrund steht. Ein Ziel kann jedoch auch sein, dass Teilnehmende die Inhalte anwenden oder auf verwandte Problemstellungen übertragen. Beispielsweise können Teilnehmende im Rahmen des Microlearnings gebeten werden, ein Feedback nach der WWW-Methode (Wahrnehmung, Wirkung, Wunsch) in einer E-Mail an Beschäftigte zu versenden. Microlearning muss dabei nicht über eine Software erfolgen, sondern kann ebenfalls in eine Besprechung eingebettet werden – zum Beispiel, wenn eine Person aus dem Team fünf Minuten über eine neue gesetzliche Regelung referiert und im Anschluss Auswirkungen für den Alltag erarbeitet werden. Kombiniert werden können die Mikroinhalte mit Gamification-Ansätzen, d.h. spielerischen Elementen, mit dem Ziel, die intrinsische Motivation, das Engagement und die Identifikation der Beschäftigung mit den Inhalten zu erhöhen (Göschlberger & Bruck, 2017). Dies wäre beispielsweise dann der Fall, wenn Lernende bei sehr guten Leistungen im Microlearning Auszeichnungen erhalten.

Ein weiterer Ansatz beim Microlearning ist, dass das Wissen „just in time“ und „on demand“ zur Verfügung steht (Zhang & West, 2020). Mikroinhalte werden erstellt und sind dann abrufbar, wenn sie gebraucht werden. Beispielsweise können Microlearnings für die Nutzung von Software bereitgestellt werden (z.B. Videos dazu, was die Funktion SVERWEIS in Excel bedeutet oder wie man in Excel Profildiagramme erzeugt).

Eine weitere Umsetzung von Microlearning besteht in einem Frage- und Antwortspiel (z.B. über WhatsApp und andere Dienste). Da die Umsetzung dieser Funktion zumeist mit mobilen Endgeräten erfolgt, handelt es sich hier ebenfalls um den Spezialfall „Mobile Learning“.

Zu beachten ist, dass Microlearning nicht vorliegt, wenn ziellos Videos oder Webinhalte bereitgestellt oder konsumiert werden. Ausgangspunkt beim Microlearning sollte ein didaktisches Konzept sein. Dabei werden zu Inhalten Lernziele formuliert, die dann auf Mikroinhalte heruntergebrochen werden. Dabei können klassische didaktische Prinzipien Anwendung finden:
1. Es erfolgt zunächst eine Aktivierung des Vorwissens. Dies kann zum Beispiel eine Reflexionsfrage sein.
2. Es erfolgt eine Inhaltsdarbietung. Dies können ein Text, eine Audio- oder Videodatei oder ein Impulsvortrag sein.
3. Es erfolgt dann wiederum eine Aufgabe, bei der die Teilnehmenden aktiv werden. Dies können Quizaufgaben oder andere Aufgaben sein, bei denen z.B. Angaben gemacht oder Lücken ausgefüllt werden müssen.

4. Es erfolgt anschließend eine Möglichkeit zur Überprüfung der Zielerreichung. Dies kann eine direkte Auswertung sein (z.B. bei Quizaufgaben), der Abgleich mit einer Musterlösung, oder – sofern die organisatorisch-technischen Rahmenbedingungen es zulassen – ein Peer-Feedback.

Die Umsetzung kann für die einzelne Mitarbeiterin bzw. den einzelnen Mitarbeiter erfolgen. Dann bearbeitet die lernende Person zumeist einen Mikroinhalt am PC, Smartphone oder Tablet. Microlearning kann jedoch auch sozial eingebettet in einem Arbeitsprozess erfolgen, sodass eine Interaktion zwischen den Lernenden ermöglicht wird. Dies wäre der Fall, wenn ein Microlearning-Element in einer Besprechung eingebunden wird.

Wenn im Unternehmen Personen mit didaktischer Expertise und entsprechenden Kompetenzen vorhanden sind, können diese Microlearning-Sequenzen auch in Teamsettings abgehalten werden. Insbesondere bei Videokonferenzen ist es gut möglich, Personen mit Expertise aus der eigenen Organisation einzubinden. Liegt die Expertise im Team, können auch Teammitglieder Microlearning anleiten. Es handelt sich dann um sogenannten *User-Generated Content* (vgl. Taylor & Hung, 2022). Dann ist es förderlich, wenn Personen aus den Teams als Vorbereitung entsprechende Methodenkompetenz vermittelt bekommen. Ansonsten besteht die Gefahr, dass unter dem Begriff „Microlearning“ ausschließlich kurze Fachvorträge von bis zu 15 Minuten subsummiert werden, ohne den beabsichtigten Lernerfolg erzielen zu können. Dies wäre ein Etikettenschwindel.

• Wirkungsweise der Methode und Befunde

Microlearning wird in erster Linie mit einer größeren Behaltensleistung von Wissenskonzepten, einem erhöhten Engagement der Beschäftigten, einer gesteigerten Lernmotivation, dem Engagement in kollaborativem Lernen sowie verbesserten Fähigkeiten und Leistungen in Verbindung gebracht (Leong et al., 2020). Ein dahinterliegender Wirkmechanismus besteht in der didaktischen Reduktion und Fokussierung auf konkrete Inhalte (Taylor & Hung, 2022).

Eine Überblicksarbeit von Einzelstudien – überwiegend aus dem Gesundheitsbereich – zeigt, dass Microlearning positive Effekte auf die Wissensaneignung, die Entwicklung von Fähigkeiten und Fertigkeiten sowie das Selbstvertrauen von Lernenden haben und mit einem hohen Lernengagement einhergehen kann (Taylor & Hung, 2022). Zu beachten ist, dass die dort untersuchten Microlearning-Anwendungen oft nicht isoliert betrachtet werden konnten, sondern in größere Programme eingebunden waren und oftmals bestehende Programme ergänzten. Daher ist nicht zu erwarten, dass isolierte Microlearning-Angebote ähnlich große Effekte aufweisen.

- Einordnung in die Theorie

Beim Microlearning handelt es sich um Lerninhalte, die von Unternehmen vorbereitet werden. Somit spielen Prinzipien des formalen Lernens eine entscheidende Rolle. Lerninhalte werden von Lehrenden heruntergebrochen und aufbereitet, Ziele definiert und die Mikrolerninhalte sinnvoll strukturiert und in knapper Form bereitgestellt. Da der Abruf jedoch auf Bedarf erfolgen kann, spielen auch selbstregulierte Prozesse, die mit der selbstbestimmten Lernzielsetzung einhergehen, eine Rolle. Wenn Microlearning-Elemente *ausschließlich* selbstgesteuert und bedarfsgerecht abgerufen werden, verlagert sich die Lernprozessverantwortung stark auf die lernende Person. Microlearnings ermöglichen spontanes und schnelles Lernen, da wegen der geringen Dauer der Einheiten oftmals unterbrechungslos am Stück gelernt werden kann. Dabei kann Microlearning probleminduziertes, informelles Lernen begünstigen. Dies ist zum Beispiel der Fall, wenn für typische Probleme bei der Arbeit mit einer Maschine Tutorials bereitstehen. Die lernende Person geht dann die Tutorials so weit durch, bis sie das Problem im Arbeitsprozess lösen kann. Microlearnings können ferner den Übergang vom informellen Lernen zum selbstregulierten Lernen erleichtern. Dies wäre beispielsweise der Fall, wenn eine Führungskraft eine konkrete Frage zum Arbeitsrecht hat und daraufhin auf ein Microlearning-Angebot des Unternehmens zugreift, über die Problemlösung hinaus aus eigenem Interesse jedoch zusätzliches Wissen im Arbeitsrecht erwirbt, das nicht nur die konkrete Frage beantwortet, sondern auch auf Vorrat weitere potenziell relevante Fragen adressiert.

4.3.3 Mobile Learning

Mobile Learning beschreibt das zeit- und ortsflexible Lernen mit mobilen Endgeräten, wobei Funktionen wie die standortbezogene Bereitstellung von Inhalten gezielt genutzt werden. Mobile Learning ist stets E-Learning, da Inhalte elektronisch bereitgestellt werden. Wird ein gewöhnliches E-Learning auf einem mobilen Endgerät genutzt, handelt es sich jedoch nicht automatisch um Mobile Learning. Erst wenn die Funktionen des zeit- und ortsflexiblen Lernens didaktisch genutzt werden, wird von Mobile Learning gesprochen.

Mobile Learning erfolgt über Smartphones und Tablets. So sind Lerninhalte einerseits zu jeder Zeit und an jedem Ort abrufbar, andererseits können gezielt an bestimmten Orten und zu bestimmten Zeiten Lerninhalte bereitgestellt werden (De Witt & Gloerfeld, 2018; Wasserman & Fisher, 2017; siehe Beispiel zum Onboarding unten). Ebenso erleichtern mobile Endgeräte die Interaktion zwischen Lernenden.

Auch wenn es sich bei Mobile Learning oft um Microlearning handelt, sind beide Lernkonzepte zu unterscheiden. Zum einen ist Microlearning nicht an mobile

Endgeräte gebunden. Zum anderen kann Mobile Learning auch mehrere Lernsequenzen beinhalten und sich beispielsweise aus mehreren ortsbezogenen Microlearning-Einheiten und umfangreicheren, über 15 Minuten hinausgehenden Lernsequenzen zusammensetzen.

Hervorzuheben ist, dass unter Mobile Learning lediglich Aktivitäten fallen, die pädagogisch motiviert sind und nicht bloß auf die Informationsweitergabe per mobilem Endgerät beschränkt sind (Frohberg, 2008). Mobile Learning ist ein bewusster Lernprozess, dem eine explizite Lernabsicht zugrunde liegt, wobei der Lernzeitpunkt flexibler gestaltet werden kann und Lernende mehr Lernprozessverantwortung haben im Vergleich zu ausschließlich formalen Lernangeboten. Die Lernsituation ist ebenfalls flexibel und kann unmittelbar an Arbeitsorten oder bewusst außerhalb dieser erfolgen. Mobile Learning kann dabei in andere Konzepte und Prozesse eingebunden werden oder unabhängig davon erfolgen. So kann Mobile Learning beim Onboarding eingebunden werden, indem typische Rundgänge durch die Räumlichkeiten mit Video-Content erweitert werden. Die neuen Mitarbeitenden bekommen dann beispielsweise die Aufgabe, durch den Betrieb zu gehen und erhalten via Standort-Lokalisierung an bestimmten Orten Zugriff auf Interviews, die etwas über die verschiedenen Abteilungen etc. erklären – ein Konzept, das beispielsweise auch von Museen und Ausstellungen genutzt wird. Push-Nachrichten sorgen dann dafür, dass Wissen abgefragt wird. Andere Anwendungsmöglichkeiten bestehen, wenn eine Technikerin vor Ort ein Produkt scannen kann, um Leitfäden für die Reparatur typischer Fehler abzurufen oder Videos zur Demontage von Bauteilen zu erhalten.

Abzugrenzen ist „Mobile Learning“ von der Nutzung von mobilen Endgeräten für informelle Lernprozesse. Dies wäre zum Beispiel der Fall, wenn ein Techniker ein Gerät bei einem Kunden reparieren soll, er dazu Fotos mit einer Kollegin austauscht und sich Tipps einholt. Dies findet in der Praxis zwar ebenfalls statt und dient dem Lernen, stellt jedoch keine Lernmethode im engeren Sinne dar, sondern ist gemäß dem Oktagon-Modell (Decius et al., 2019; siehe Abschnitt 2.2.2.4) der Komponente „Direktes Feedback“ des informellen Lernens zuzuschreiben.

Beim Mobile Learning wird konkret durch aufbereitetes Lernmaterial wie Texte, Bilder, Animationen, Hörbücher oder Videos gelernt (Frohberg, 2008). Auch werden Quizaufgaben und interaktive Formate eingebunden. Bei der Entwicklung von Mobile-Learning-Inhalten wird ein modularisierter Aufbau empfohlen, der Lernenden hinreichend Kontrolle zur eigenverantwortlichen Bearbeitung lässt und gleichzeitig die Nutzbarmachung der Vorteile von standortbezogenen Instruktionen ermöglicht (Wasserman & Fisher, 2017). Bei der Umsetzung ist auf eine Optimierung für unterschiedlich kleine Bildschirmgrößen zu achten (Responsive Design). Zu entscheiden ist auch, inwieweit kollaboratives Lernen mit anderen gefördert werden soll (z. B. durch Anregung des zielgerichteten Austauschs mit anderen Teilnehmenden oder die Erarbeitung gemeinsamer Aufgaben).

Vorausgehend ist eine Bedarfserhebung, die auch Fragen zur IT-Ausstattung, IT-Sicherheit und zum Datenschutz beantworten muss. Zu beachten ist ebenfalls, dass bei der Nutzung von Mobile Learning keine Sicherheitsgefährdung entsteht (z. B. Risiko der Ablenkung durch Push-Nachrichten). Auch gilt es, den Mehrwert gegenüber anderen, eventuell weniger aufwendig zu konzipierenden Lernformaten kritisch zu prüfen. Die Gefahr besteht, dass Inhalte bereitgestellt werden, die nicht abgerufen oder unzureichend rezipiert werden. Hier gilt es, Informationen zum antizipierten Nutzungsverhalten der Lernenden einzuholen.

- Wirkungsweise der Methode und Befunde

Durch die zeitliche sowie örtliche Flexibilität des Lernens, die Mobile Learning auszeichnet, können Lern- und Verarbeitungsprozesse sowie Gedächtnisprozesse unterstützt und problemorientiertes Handeln auch in komplex erscheinenden Situationen begünstigt werden (De Witt & Gloerfeld, 2018). Eine Metaanalyse, die den Einsatz von Smartphone-gestütztem Mobile Learning bei Pflegekräften untersuchte, zeigt positive Effekte von Mobile Learning auf Lerneinstellungen, Wissen, Fähigkeiten/Fertigkeiten und Vertrauen in die eigene Leistung (Kim & Park, 2019).

- Einordnung in die Theorie

Beim Mobile Learning findet Lernen bewusst und intentional statt. Durch didaktische Elemente der Überprüfung, zum Beispiel durch Tests, können zwar Lehrende den Lernerfolg überprüfen. Die Umsetzung des Lernprozesses erfolgt jedoch allein durch die lernende Person, zu der sich auch die Lernprozessverantwortung verschiebt. Allerdings zeigt sich die Flexibilität des Mobile Learning in unterschiedlichen Ausgestaltungen: So kann die lernende Person Zeit und Ort selbst wählen – oder die physische Präsenz an einem bestimmten Lernort zu einer bestimmten Lernzeit löst die Bereitstellung der Lerninhalte aus, sodass die Autonomie eingeschränkt ist. Ebenso kann eine lernende Person von sich aus durch die Wahl von Lernelementen den Lernprozess auslösen, oder ein Problem im Arbeitsprozess (z. B. Bedienfehler bei einer Software) dient als automatisierter Lerntrigger. Wenn sich die lernende Person selbst zur Nutzung von Mobile Learning entscheidet und dabei eigene Lernziele verfolgt, wird spontanes Lernen ermöglicht – insbesondere dann, wenn Mobile Learning als Kombination mit Microlearning eingesetzt wird. Mobile Learning unterstützt dann die selbstregulierten Lernprozesse der Person.

4.3.4 After Action Review

After Action Reviews werden auch als *Debriefings* bezeichnet und stellen eine explizite Lernmethode dar, die im Arbeitsprozess oder im Training eingesetzt werden kann. Im Nachgang von Trainings dienen sie der Sicherung des Trainingstransfers (vgl. Baldwin, Ford & Blume, 2017). Insbesondere bei simulationsbasierten Trainings sind Debriefings eine Ergänzung (z. B. Kolbe et al., 2013). Ferner lassen sich After Action Reviews auch in agilen Arbeitsmethoden wie Scrum einsetzen (z. B. Tavakoli, Gandomani & Ghasemi, 2017), sodass sie eine hohe Kombinierbarkeit mit anderen Methoden aufweisen.

• Durchführung

Ein *After Action Review* kann in folgenden Schritten entlang entsprechender Leitfragen durchlaufen werden (vgl. Villado & Arthur, 2013):

- Was war das intendierte Ziel?
- Was war das tatsächliche Ergebnis?
- Welche Verhaltensweisen trugen zum beabsichtigten Ergebnis bei?
- Welche Verhaltensweisen sorgten für eine Abweichung vom beabsichtigten Ergebnis?
- Was ist das künftige Ziel?
- Welche Handlungen werden die Wahrscheinlichkeit der Zielerreichung erhöhen?

Alternative Modelle kommen aus dem Health-Care-Bereich und fokussieren dort das arbeitsbezogene Lernen in Crisis-Resource-Management-Teams (Kolbe et al., 2013).

After Action Reviews eignen sich sowohl für die gemeinsame Reflexion im Team als auch für die individuelle Reflexion, wobei die Methode allerdings grundsätzlich im Hinblick auf das Zusammenspiel von Personen im Team eingesetzt wird. Grundlegend ist die Strukturiertheit anhand der genannten Fragen. Dabei gibt es Variationsmöglichkeiten: Das Review kann auf Grundlage von Videoaufzeichnungen, anderen Protokollen oder anhand einer Diskussion durchgeführt werden; es kann selbstorganisiert ablaufen oder extern moderiert werden. Ferner kann sich der Strukturiertheitsgrad unterscheiden.

• Wirkungsweise der Methode und Befunde

After Action Reviews sollen die systematische Reflexion des eigenen Handelns anregen und so zu neuen Einsichten führen. Metaanalysen bestätigen die Wirksamkeit von After Action Reviews sowohl in Trainings als auch im Arbeitsprozess (Keiser & Arthur, 2021; Tannenbaum & Cerasoli, 2013). Neuere Erkenntnisse zeigen dabei, dass verschiedene Varianten je nach Anwendungsbereich unterschiedlich effektiv sind: Hochstrukturierte After Action Reviews sind im militärischen

Kontext weniger strukturierten After Action Reviews überlegen, während sich im Health-Care-Bereich kein Unterschied ergibt (Keiser & Arthur, 2021).

- Einordnung in die Theorie

Das Lernen beim After Action Review erfolgt bewusst und zielgerichtet durch Fragen. Die Inhalte sind jedoch nicht direkt vorgegeben. Die Lernprozessverantwortung obliegt je nach Ausprägung der Methode einer moderierenden Person oder den Lernenden selbst. Das Lernen findet geplant und terminiert, möglichst zeitnah nach einem Arbeitsprozess oder simulationsbasierten Training, jedoch nicht unmittelbar am Arbeitsort oder zumindest mit einer klaren Trennung zum vorherigen Arbeitsprozess statt. After Action Reviews beinhalten Feedback-Elemente und Reflexionen – daher weisen sie eine Nähe zu Bestandteilen des informellen Lernverhaltens auf, da sowohl Reflexion im Nachhinein als auch direktes Feedback Bestandteile des Oktagon-Modells des informellen Lernens am Arbeitsplatz sind (Decius et al., 2019; siehe Abschnitt 2.2.2.4). Obwohl After Action Reviews wegen der hohen Strukturiertheit eher dem formalen Lernen zuzuschreiben sind, stellen sie eine Methode dar, um informelles Lernen in nachfolgenden Arbeitsprozessen wahrscheinlicher zu machen.

4.3.5 Blended Learning

Blended Learning ist eine Digital-Analog-Kombination, d.h. Teile des Lernens finden innerhalb, andere Teile (mit technischer Unterstützung) außerhalb eines typischen „Klassenraum-Settings“ statt. Blended Learning setzt sich aus unterschiedlichen Tools und Methoden zusammen und wird daher häufig auch als Hybrid- oder Mixed-Learning bezeichnet. Da sich die für die Unterstützung des digitalen Anteils notwendigen Technologien weiter rasant entwickeln, wird die Methode in der Zukunft vermutlich stärkere Verbreitung finden.

Die Kombination aus Präsenzlehre und digitalen Elementen wurde unter anderem aufgrund der fehlenden sozialen Interaktion innerhalb des in der Regel asynchronen E-Learnings entwickelt. Insbesondere durch die Corona-Pandemie hat Blended Learning an Bedeutung gewonnen (Müller & Mildenberger, 2021). Generell ist Blended Learning eine flexible Lernmethode, welche Präsenzanteile durch digital dargebotene Inhalte ersetzt. Die digitalen Anteile variieren je nach Autor von 50 % (Bernard, Borokhovski, Schmid, Tamim & Abrami, 2014) bis 79 % (Müller & Mildenberger, 2021). Im Gegensatz zu reinen E-Learning-Formaten geht beim Blended Learning die soziale Interaktion nicht verloren. Da Präsenzveranstaltungen häufig kosten- und zeitintensiv sind, kann Blended Learning als eine Kombination von E-Learning und Präsenzlehre diesen Nachteil reduzieren.

Manche Lernziele (z. B. Aufbau von Beratungskompetenzen) sind wegen des erforderlichen verhaltensorientierten Anteils mit einem reinen E-Learning-Format nicht kompatibel. Hier kann Blended Learning ebenfalls eine Alternative bieten.

Allerdings weist Blended Learning auch Nachteile auf. Unter anderem kann es zu Komplikationen bei der Kommunikation zwischen Lernenden und Lehrenden kommen, z. B. wenn von den Lehrenden Interaktionsforen außer Acht gelassen werden. Insbesondere durch die geringere Kommunikation im Vergleich zu typischen Klassenraum-Settings kann es bei den Lernenden zu einem Gefühl des „Allein-Gelassen-Werdens“ kommen. Durch die damit zusammenhängende, oftmals als geringer empfundene Identifikation mit der Lerngruppe kann es zu einer höheren Drop-out-Rate im Vergleich zu reinen Präsenzformaten kommen. Im Vergleich zu reiner Präsenzlehre gibt es weniger Möglichkeiten für Face-to-Face-Kommunikation, wobei durch Videotelefonie-Tools zumindest Ersatzsituationen geschaffen werden können. Wie beim E-Learning stellt eine instabile Internetverbindung ein großes Problem dar. Außerdem zeigen empirische Befunde aus dem Hochschulkontext, dass die Ausprägung des formalen und informellen Lernverhaltens in virtuellen Kontexten von Personenfaktoren (d. h. Selbstwirksamkeit, Persönlichkeit, akademisches Selbstkonzept) geprägt ist (Decius, Dannowsky & Schaper, 2021). Bei der Einführung von Blended Learning sollten daher auch im arbeitsbezogenen Lernkontext personale Unterschiede und Präferenzen der Beschäftigten berücksichtigt werden. Insgesamt haben sich deshalb verschiedene Gestaltungsbedingungen für Blended Learning als günstig erwiesen (Nortvig, Petersen & Balle, 2018): Demnach sind Präsenz der Lehrkräfte in Online-Umgebungen, Interaktionen zwischen Lernenden, Lehrkräften und Inhalten, gezielte Verbindungen zwischen Online- und Offline-Aktivitäten sowie zwischen campusbezogenen und praxisbezogenen Aktivitäten wichtig.

• Durchführung

Blended Learning ist eine komplexe Methode, die viel Vorbereitung benötigt, da sowohl Präsenz- als auch E-Learning-Elemente sowie deren Interaktion geplant werden müssen (vgl. Boelens et al., 2017). Deshalb ist es essenziell, sich im Vorhinein mit bestimmten Faktoren auseinanderzusetzen. Insbesondere geht es um das „Was?“ (d. h. die Inhalte), das „Wie? (d. h. die Methoden), das „Wieso?“ (d. h. die Ziele) und das „Wo?“ (d. h. die Orte). Die Antworten auf diese vier Fragen helfen dabei, das eigene Blended-Learning-Programm zu entwickeln (Graham, Henrie & Gibbons, 2013). Wichtig ist zum Beispiel die Überlegung, welche Inhalte in Präsenz und welche über E-Learning dargeboten werden. Manche Inhalte können besser in Face-to-Face-Formaten vermittelt werden, andere Inhalte bieten sich als asynchrone E-Learning-Elemente an. Eine systematische Vorbereitung des Blended-Learning-Programms berücksichtigt neben den vier Leitfragen eine Planung auf acht Dimensionen (Singh, 2021):

1. Die *institutionelle Dimension* betrifft Fragen der Organisation, der Verwaltung, der Technik, der akademischen Angelegenheiten und der Dienstleistungen für Lernende.
2. Die *pädagogische Dimension* adressiert die passenden Methoden für die zu vermittelnden Inhalte, die Bedürfnisse der Lernenden und die Lehrziele.
3. Die *technologische Dimension* beinhaltet die technischen Möglichkeiten, um die pädagogischen Ziele bestmöglich zu erreichen. Sowohl in Präsenzphasen als auch in E-Learning-Phasen werden verschiedene technische Möglichkeiten benötigt.
4. Die *Schnittstellendesign-Dimension* bezieht sich auf die Kombination und gelingende Interaktion zwischen dem Online- und dem Präsenzteil des Blended-Learning-Programms.
5. Die *Bewertungsdimension* umfasst den Aspekt der Evaluation des Programms hinsichtlich verschiedener Bewertungsdimensionen (z. B. Benutzendenfreundlichkeit).
6. Unter die *Management-Dimension* fallen Aspekte der Bereitstellung von Lerninhalten, was auch Fragen der Registrierung, der Benachrichtigung sowie der Zeitplanung umfasst.
7. Die *Unterstützungsressourcen-Dimension* beantwortet die Frage, welche unterstützenden Ressourcen für den Online- und den Präsenzteil benötigt werden, z. B. in Form von Tutorinnen und Tutoren, die für Lernende sowie für Lehrende jederzeit persönlich, per E-Mail und/oder via eines Chat-Systems erreichbar sind.
8. Die *ethische Dimension* berücksichtigt zum Beispiel Fragen von Zugänglichkeit und Chancengleichheit sowie kultureller Vielfalt.

• Wirkungsweise der Methode und Befunde

Forschung wurde vor allem im Kontext Schule und Universität durchgeführt. Mehrere Metaanalysen aus dem Hochschulkontext zeigten, dass Blended Learning der Präsenzlehre überlegen ist (Bernard et al., 2014; Means, Toyama, Murphy & Baki, 2013) oder mindestens zu gleichwertigen Lernergebnissen führt, obwohl die Präsenzzeit zwischen 30 und 79 % reduziert wurde (Müller & Mildenberger, 2021). Aus dem Bereich der Gesundheitsberufe weisen Metaanalysen auch eher auf eine Überlegenheit von Blended Learning hin (Liu, Peng, Zhang, Hu, Li & Yan, 2016; Vallée, Blacher, Cariou & Sorbets, 2020). Allerdings gilt für alle Metaanalysen, dass eine große Heterogenität der Studien herrscht.

Ähnliche Effekte sind auch für das arbeitsbezogene Lernen zu erwarten, auch wenn die empirische Evidenz mit rigorosen Forschungsdesigns noch gering ist (siehe Mubayrik, 2018, für einen Überblick).

- Einordnung in die Theorie

Blended-Learning-Programmen liegt im Normalfall eine Art Curriculum zugrunde; der Rahmen ist überwiegend strukturiert, die Inhalte, Methoden und Lernziele sind vorab definiert. Diese Merkmale sprechen dafür, dass vor allem in den Präsenzphasen formales Lernen stattfindet. Durch die E-Learning-Anteile unterscheidet sich Blended Learning allerdings z.B. von reinen Präsenztrainings, da in den meist asynchronen E-Learning-Phasen eine höhere Selbststeuerung aufseiten der Lernenden erforderlich ist. Zwar können auch hier Inhalte und Ziele vorgegeben sein, die Lernenden können aber je nach Design deutlich mehr Freiheiten in der Bearbeitung haben (z.B. Reihenfolge der Inhalte – ggf. sind auch die Inhalte selbst nicht vorgegeben, sondern nur die zu verwendenden Methoden). Dadurch kann auch selbstreguliertes Lernen angestoßen werden. Insgesamt ist es eine Frage der Ausgestaltung und Strukturierung der Lerneinheiten, wie stark formales Lernen beim Blended Learning im Vordergrund steht.

4.3.6 Scrum

Scrum ist ein weit verbreitetes agiles Rahmenmodell, das ursprünglich für die Entwicklung von Software genutzt und inzwischen auch auf andere Arbeitsfelder übertragen wurde. Als Arbeitsmethode fokussiert es die Problemlösung. Daneben gibt es auch formalisierte Prozesse, in denen Feedback und Reflexion Gegenstand der Arbeit sind.

Wesentliche Aspekte von Scrum sind im Scrum-Guide (Schwaber & Sutherland, 2020) festgehalten:

- Es gibt Scrum-Werte, ein Scrum-Team, Rollen innerhalb und außerhalb des Teams sowie Scrum-Events. Zu den Werten zählen Commitment, Fokus, Offenheit, Respekt und Mut.
- Scrum-Teams sind funktionsübergreifend zusammengesetzte, selbstorganisierte Teams von maximal 10 Personen. Die Teammitglieder sind für die Arbeitsplanung einschließlich der Steuerung des Arbeitsprozesses und der Ergebnisqualität verantwortlich.
- Es gibt einen Product Owner, der für die Kommunikation des Produktziels sowie der Arbeitsanforderungen verantwortlich ist.
- Es gibt einen Scrum-Master, der für die Teameffektivität verantwortlich ist. Er coacht das Team, unterstützt es bei der Selbstorganisation und stellt zudem sicher, dass die Scrum-Events eingehalten werden. Er unterstützt ferner den Product Owner bei seinen Aufgaben.
- Der Arbeitsprozess wird durch Scrum-Events strukturiert: Es gibt Sprints, in denen Ideen umgesetzt werden. Innerhalb des Sprints werden grundsätzlich

keine Änderungen am Sprintziel vorgenommen. Sprints sind dabei auf maximal einen Monat begrenzt, oft jedoch auch nur eine oder zwei Wochen lang.
- Der Sprint wird durch das Team geplant.
- Ein tägliches Scrum-Meeting mit einer Dauer von 15 Minuten zu einer fixen Zeit hilft, Fortschritte während des Sprints zu überwachen und schnell Entscheidungen zu treffen, um die Erreichung des Sprintziels zu erleichtern.
- Im Sprint-Review werden die Arbeitsergebnisse zusammen mit Stakeholdern reflektiert, neue Anforderungen formuliert oder Anforderungen angepasst.
- Die Sprint-Retroperspektive dient der Reflexion des Arbeitsprozesses. Sie beinhaltet eine aufgabenbezogene Reflexion sowie eine Reflexion der Zusammenarbeit. Auch wird das gemeinsame Verständnis grundlegender Elemente besprochen (z. B. Qualitätsmerkmale).

Ferner gibt es Sprint-Artefakte: Dazu gehören der Backlog, der Sprint-Backlog und das Inkrement. Der Backlog ist eine sich im Arbeitsprozess ergebende Liste von Verbesserungsvorschlägen am Produkt, deren Bestandteile als Items bezeichnet werden. Der Sprint-Backlog klärt das *Wozu, Was* und *Wie* eines Sprints, indem ein Sprintziel, die dafür zu bearbeitenden Items aus dem Backlog sowie ein Handlungsplan zur Umsetzung des Sprints festgelegt werden. Das Inkrement ist ein nutzbares (Zwischen-)Produkt, welches einen Mehrwert gegenüber dem vorherigen Inkrement liefert und spätestens im Sprint-Review präsentiert wird.

• Wirkungsweise der Methode und Befunde

Scrum ist eine Arbeitsmethode, die es durch selbstorganisierte Teams erlaubt, schnell auf neue Anforderungen zu reagieren und durch die Events Lernprozesse ermöglicht. Empirische Studien zur Umsetzung von Scrum in Software-Projekten weisen jedoch darauf hin, dass es für die Effektivität von Scrum relevante Unterschiede bei den Rahmenbedingungen für die Umsetzung in Teams gibt (Verwijs & Russo, 2023), die folgende Aspekte betreffen:
- Qualität der Sprint-Retrospektive,
- Qualitätsanspruch des Teams,
- das Teilen von Lernerfahrungen,
- psychologische Sicherheit (vgl. Edmondson 1999),
- zugeschriebene Wertigkeit des Lernens.

• Einordnung in die Theorie

Scrum dient der Entwicklung von Produkten und stellt somit eine Entwicklungsmethode dar. Diese formal strukturierte Methode zielt jedoch ebenfalls darauf ab, informelles Lernen im Prozess der Arbeit zu erleichtern. Dies geschieht durch den Sprint-Review, in dem Feedback zu den Arbeitsergebnissen gegeben wird, sowie in der Sprint-Retrospektive, die Feedback der Teammitglieder untereinander und Reflexionen fördern soll. Hier zeigen sich insbesondere zwei übergeordnete Komponenten des Oktagon-Modells des informellen Lernens (Reflexion und Feedback; Decius et al, 2019; siehe Abschnitt 2.2.2.4), die jedoch im Gegensatz zum informellen Lernen geplant sind und nicht spontan im Arbeitsprozess auftreten. Erfolgreiches arbeitsbezogenes Lernen im Rahmen von Scrum wird schließlich durch eine kontinuierliche Verbesserung der Prozesse sichtbar.

4.3.7 Working Out Loud

Die Ursprünge des WOL-Ansatzes lassen sich u. a. auf Bryce Williams zurückführen, der 2010 in einem Blog-Post (Williams, 2010) den Begriff definierte:

> „Working Out Loud = Observable Work + Narrating Your Work". Damit geht es im Kern darum, die eigene Arbeit (mithilfe von digitalen Tools) sichtbar für andere zu machen und darüber zu berichten.

Aus diesem Ansatz entwickelte John Stepper die *Working Out Loud Circle Guides* als sozial eingebettetes Selbstlernprogramm (Stepper, 2015). Es handelt sich um einen strukturierten individuellen Lernprozess, der in kleinen Gruppen, sogenannten Circles, von 4 bis 5 Personen über 12 Wochen erfolgt. Die Gruppe, die als wesentliche Lernressource gesehen wird, trifft sich einmal die Woche für etwa eine Stunde. Die Teilnehmenden tauschen sich aus, geben sich untereinander Feedback, beantworten Fragen und stellen den anderen Gruppenmitgliedern ihr Netzwerk zur Verfügung. Die Lernziele können – müssen jedoch nicht – arbeitsbezogen sein.

Es gibt Guides, die Aufgaben für die 12 Wochen festlegen (siehe Tabelle 15). Jede definierte Aufgabe wird mit Arbeitsmethoden und einer Zeitstruktur versehen.

WOL wird auch als agile Lernmethode verstanden. Es finden sich typische Aspekte agiler Arbeitsweisen wieder (siehe die Erläuterungen zu Scrum in Abschnitt 4.3.6). Das Lernen ist auf individuelle Bedürfnisse ausgerichtet. Lernziele können frei gewählt werden. Oft sind es vor allem laufbahnbezogene Ziele der Teilnehmenden. Der Prozess ist deutlich strukturiert, erlaubt aber auch Freiräume. Vertrauensvolle Beziehungen der Teammitglieder sowie ein agiles Mindset sind wichtige Bedingungen für das Gelingen der Methode. Die Vernetzung mit und frühzeitige Rückmeldungen aus dem eigenen Netzwerk dienen dazu, neue – bislang unbekannte Handlungsoptionen – aufzuzeigen. Dabei wird in kleinen Schritten vorgegangen; es geht darum, Dinge auszuprobieren. Für Stepper (2015) ist der Austausch mit anderen Personen, die Ähnliches gemacht haben, der erste und einfachste Weg des Ausprobierens (Prototypings).

Tabelle 15: Working Out Loud als 12-Wochen-Programm (eigene Darstellung in Anlehnung an Stepper, 2015)

Woche	Aufgabe
1	*Fokussiere dich auf dein Ziel:* Es wird ein Ziel formuliert und eine „Beziehungsliste" von bereits bekannten und unbekannten Personen angelegt, die bei der Zielerreichung hilfreich sein könnten.
2	*Biete die ersten Beiträge an:* Über kleine Beiträge wird schrittweise eine Beziehung zu den Menschen auf der Beziehungsliste aufgebaut.
3	*Mache drei kleine Schritte:* Hier geht es um das Priorisieren und Einplanen von Zeiten für die eigene Zielerreichung.
4	*Mache auf dich aufmerksam:* Die Art und Weise der Kommunikation mit anderen wird reflektiert und angepasst.
5	*Werde persönlich:* Es wird reflektiert, welche Fähigkeiten bei der Person selbst vorliegen, die auch andere nutzen können.
6	*Verbessere deine Sichtbarkeit:* Es werden Schritte zur Verbesserung der Online-Präsenz vorgenommen.
7	*Fokussiere dein Ziel:* Es wird eine Zukunftsvorstellung des eigenen Ziels erarbeitet.
8	*Mache WOL zur Gewohnheit:* Es geht darum, die Nutzung der Methode zu habitualisieren.
9	*Veröffentliche mehr eigene Beiträge:* Es geht darum, einfache, jedoch nützliche Inhalte für andere bereitzustellen.
10	*Werde systematischer:* Es geht darum, zielgerichteter vorzugehen und eine Bitte an andere zu formulieren.
11	*Stell dir all die Optionen vor:* Es geht darum, eigene Führungskompetenzen zu reflektieren.
12	*Reflektiere und feiere:* Es geht darum, die eigenen Lernerfolge zu würdigen und anderen davon zu berichten.

Der Begriff „Working Out Loud" ist eine geschützte Marke. Bei der Nutzung im Unternehmen sind daher Lizenzbedingungen zu beachten. Die Lizenzbedingungen für die WOL Circle Guides haben sich mit der Zeit verändert und wurden restriktiver[4]. WOL ist daher zu unterscheiden von anderen, zum Beispiel als *Lear-*

4 Zwei gegensätzliche Standpunkte dazu finden sich z. B. hier https://twitter.com/katha_krentz/status/1494239219258122244?s=20&t=OJI2pah7RiFWC6bWyRMfrQ und hier https://cogneon.de/2022/02/17/working-out-loud-wol-tm-rolle-rueckwaerts/. Kostenfreie und offene Ressourcen, die an die WOL Circle Guides angelehnt sind, finden sich ebenfalls online, z. B. hier: https://cogneon.github.io/lernos-for-you/de/2-3-0-Lernpfad-OV/

ning Out Loud bezeichneten Methoden. Der Begriff „Learning Out Loud" ist nicht geschützt, sodass verschiedene methodische Ausprägungen unter diesem Begriff existieren.

Herausforderungen bestehen bei der Methode darin, dass die Teilnehmenden die nötige Eigenmotivation mitbringen und die Circles sich als lernunterstützend erweisen müssen. Gerade im Unternehmenskontext kann es sein, dass die zugrundeliegenden Prinzipien durch Vorgaben und falsche Signale konterkariert werden, indem beispielsweise normativer Druck hinsichtlich der Teilnahme und des erwarteten Lernerfolgs ausgeübt wird.

• Wirkungsweise der Methode und Befunde

Der Methode WOL liegen fünf Prinzipien zugrunde, die auch als Wirkmechanismen gelten können.

- *Purposeful Discovery:* Die Teilnehmenden setzen sich ein Lernziel. Dies dient einem zielgerichteten Entdecken, insbesondere von neuen Handlungsoptionen (z. B. Karrierewege, Kompetenzentwicklung).
- *Relationships:* Soziale Beziehungen werden als zentral für das Lernen angesehen. Dieses findet bei WOL in Circles von 4 bis 5 Personen statt; Lernen nach der WOL-Methode ist daher stets soziales Lernen. Andere Teilnehmende helfen auf dem Weg der Zielerreichung und stellen Ressourcen bereit. Es geht ferner darum, zielgerichtete Kontakte über den Circle hinaus zu knüpfen, die bei der Exploration der angestrebten Zielerreichung behilflich sein können.
- *Generosity:* Unter Großzügigkeit wird das Bereitstellen von Ressourcen für den Lernerfolg anderer gesehen, insbesondere das Aktivieren des eigenen Netzwerkes für die Bedarfe der Teammitglieder. Basis dieses Prinzipes ist eine Reziprozitätsnorm: Im ersten Schritt sollen die Teilnehmenden den anderen „etwas geben". Dies erfordert das wahrgenommene Selbstverständnis, dass jede Person etwas zu bieten hat, das für andere nützlich sein kann. Dem Reziprozitätsgedanken folgend ist zu erwarten, dass gleichfalls Unterstützung zurückgegeben wird.
- *Visibility:* Der Prozess und Ergebnisse der eigenen Arbeit bzw. der Lernprozess sollen insbesondere mithilfe sozialer Medien (in Unternehmen z. B. auch das Intranet) sichtbar gemacht werden. Dabei geht es nicht darum, Impression Management zu betreiben, sondern frühzeitig Rückmeldungen und Impulse zu erhalten, die für die Zielerreichung förderlich sind.
- *Growth Mindset:* Es geht darum, Fähigkeiten als entwickelbar wahrzunehmen. Dabei liegt der Fokus auf dem persönlichen Lernzuwachs und nicht darauf, Fähigkeiten unter Beweis zu stellen (vgl. implizite Lern- und Fähigkeitstheorien, gemäß derer entscheidend ist, ob die Person die Überzeugung hat, den eigenen Kompetenzstand als veränderbar und nicht statisch wahrzunehmen; Dweck & Leggett, 1988).

Die empirische Befundlage zu WOL ist vergleichsweise gering ausgeprägt. Deskriptive Befunde einer Befragung von Teilnehmenden der WOL-Initiative *#FrauenStärken* zeigen, dass 89 % von vergrößerten Netzwerken berichten und 46 % angaben, berufliche Probleme und Herausforderungen besser für die eigene Weiterentwicklung nutzen zu können (Jungmann, 2021). In einer weiteren, auf den Daten der WOL-Initiative #FrauenStärken beruhenden Studie berichten Augner et al. (2023), dass sich bei Teilnehmenden an WOL-Circles das WOL-Verhalten (z. B. das Teilen eigener Gedanken und Ideen auf sozialen Plattformen mit anderen als dem unmittelbaren Kollegium) und das psychologische Empowerment in der Messung direkt nach der Intervention und 6 Monate später im Vergleich zum Vor-Interventions-Level signifikant erhöhte.

- Einordnung in die Theorie

Bei WOL steht die Selbstorganisation des arbeitsbezogenen Lernens im Vordergrund. Ziele werden durch die Teilnehmenden selbst festgelegt und der Prozess durch das Team selbst gesteuert. WOL bedient sich somit einiger Elemente des selbstregulierten Lernens. Aber auch informelle Lernerfahrungen aus dem Arbeitsalltag, die als Ausgangspunkt für Reflexionen und Feedback dienen können, spielen eine Rolle. Zukünftiges informelles Lernen wird zudem durch das Sichtbarmachen der eigenen Arbeit und das Einholen von Feedback wahrscheinlicher. Die Circles beinhalten ferner Übungen, die einem bestimmten Lernziel (z. B. Feedback geben) dienen und somit Lernen stärker formalisieren – dies ist insbesondere der Fall, wenn zusätzlich eine Anleitung durch einen Coach oder eine Coachin erfolgt. Trotz des formal strukturierten Ablaufs bei WOL ist der Anteil formalen Lernens insgesamt jedoch weniger ausgeprägt.

4.3.8 Barcamp

Unter dem Begriff „Barcamp" – manchmal auch als Un- oder Nichtkonferenzen bezeichnet – ist eine neue Form von Konferenzen mit unkonventionellen Regeln zu verstehen (Hellmann, 2007; Klemmt, 2018). Als unkonventionell gilt zum Beispiel das zentrale Kriterium eines Barcamps: Die Themen, die dort besprochen werden, werden von den Teilnehmenden selbst vor Ort eingebracht bzw. vorgeschlagen. Es gibt daher keine vorab geplante Agenda oder Vortragsliste.

Das erste Barcamp in seiner heutigen Form fand 2005 in Palo Alto, Kalifornien statt (Marquardt & Gerhard, 2019). Die Bezeichnung *Barcamp* hat ihren Ursprung in der Informationstechnologie. „Bar" bedeutet dort Platzhalter. Lediglich Ort und Zeit eines Barcamps werden vorab von dem Organisationsteam festgelegt, aber der hauptsächliche Teil entsteht bei der Veranstaltung selbst.

Bei *Barcamps* handelt es sich klassischerweise um eine ein- bis zweitägige, sich jährlich wiederholende Konferenz (Klemmt, 2018), an der jede Person inklusive reichhaltiger Verpflegung, Nutzung des WLAN-Netzes sowie sonstiger Technik kostenlos teilnehmen darf (Hellmann, 2007; Klemmt, 2018). Ursprünglich waren Barcamps komplett themenoffen. Mittlerweile werden Barcamps aber teilweise zu bestimmten Themen, wie zum Beispiel Bildung, Geschichte und Wissenstransfer angeboten (Klemmt, 2017).

Zum Gelingen eines Barcamps ist die Mitwirkung aller Teilnehmenden von zentraler Bedeutung. Weil die Teilnehmenden das Barcamp sozusagen selbst organisieren, nennt man sie auch *Teilgebende* (Dückert, n. d.). Das Maß an Engagement ist jedoch allen Teilgebenden selbst überlassen: Die einen bieten selbst eine Session an, während andere eine Session mit eigenen Beiträgen mitgestalten oder sich „nur" neue Impulse aus einer Session einholen. Durch unterschiedliche Möglichkeiten der Partizipation wird das Ziel, einen Wissensaustausch mit thematischem Fokus unter Einbezug des Wissens, der Erfahrungen und der Expertise aller Beteiligten herzustellen, erreicht. Eine möglichst große Vielfalt der Teilnehmenden, bezogen auf Disziplin, Expertise, Praxiskontext und Position, erweist sich hierfür als äußerst nützlich (Marquardt & Gerhard, 2019).

Wichtig bei der Umsetzung ist die Sicherstellung eines gleichberechtigten Austauschs der eingebrachten Expertisen auf Augenhöhe, einer aktiven Partizipation der Teilnehmenden sowie der Offenheit der Teilnehmenden gegenüber den dargebotenen Inhalten. Deshalb wird unter den Teilnehmenden in der Regel beispielsweise auf eine Nennung des eigenen Berufs verzichtet.

Oft werden die Methoden Barcamp und Open Space verwechselt. Die Methode *Open Space* ist allerdings älter und verfolgt einen anderen konzeptionellen Ansatz im Vergleich zum Barcamp. Die Open-Space-Methode wurde um 1985 in den USA von Harrison Owen entwickelt (Dückert, 2021). Die Idee zur sogenannten Open Space Technology entstand, nachdem Owen 1983 einen Kongress mit 250 Teilnehmenden durchgeführt hatte und das Feedback bekam, dass die Teilnehmenden vor allem von den in den Kaffeepausen entstandenen (zufälligen) Gesprächen stark profitiert hatten. Es gibt einige Unterschiede zwischen den Methoden Open Space und Barcamp (Dückert, 2021), die in Tabelle 16 gegenübergestellt werden.

- Durchführung

Barcamps folgen im Wesentlichen einem strukturierten Ablauf (ein Leitfaden ist bei Dückert, n. d., zu finden; siehe auch Dückert, 2021; Hellmann, 2007; Klemmt, 2018).

Das Organisationsteam plant sowohl den Ort als auch die Zeit für die Veranstaltung und lädt öffentlich dazu ein. Die Veranstaltenden stellen also lediglich die

Tabelle 16: Unterschiede zwischen den Methoden Barcamp und Open Space

	Barcamp	Open Space
Thema	Kein Thema bzw. nur ein sehr grobes übergeordnetes Thema vorgegeben	Klares Thema, zu lösendes Problem oder zu beantwortende Fragestellung
Dauer	Die Sessions eines Barcamps sind auf eine Dauer von 45 Minuten beschränkt.	Thema wird so lange bearbeitet, bis das Problem zufriedenstellend gelöst bzw. die Frage geklärt ist; keine Zeitvorgabe
Dokumentation	Keine (oder nur freiwillige, unstrukturierte) Dokumentation der einzelnen Themen und der Ergebnisse der Sessions	Gebündelte Zusammenfassung der Ergebnisse und zukünftigen Schritte

Session-Räume zur Verfügung, geben einen zeitlichen Rahmen vor und sorgen für eine angemessene Einstimmung auf das Barcamp. Zu Beginn des Barcamps begrüßen sie die erschienenen Teilnehmenden und offerieren Informationen zur Örtlichkeit und Zeitplanung. Anschließend geben sie das Wort direkt an die Teilnehmenden weiter.

Alle Teilnehmenden, die möchten, dürfen anschließend nach vorne gehen und nacheinander – neben einer minimalen Vorstellung der eigenen Person mit drei Schlagworten – kurz das eigene Thema erläutern, über welches sie referieren möchten. Direkt im Anschluss nach jedem Beitrag wird basisdemokratisch per Handzeichen abgestimmt, ob dieses Thema unter den Teilnehmenden Zustimmung findet oder nicht. Grundsätzlich dürfen alle Personen eine Session leiten und jedes Thema darf in einer sogenannten Session angeboten werden, wenn es genügend Interessierte gibt.

Daraufhin schreibt jede Person, die eine Session anbietet, ihr Thema auf ein Blatt Papier. Diese Blätter werden an eine Wand geheftet, wo sie Zeitslots und Räumen zugeordnet werden. So umfasst der Zeitplan, auch Session-Plan genannt, schließlich mehrere Spalten (die mit den Räumen korrespondieren können) sowie mehrere Zeilen, nämlich eine Zeile pro Zeitslot. Meist laufen 5 bis 10 Sessions in verschiedenen Räumen parallel; 4 bis 5 Sessions, die jeweils 45 Minuten dauern, finden hintereinander statt.

Im Anschluss an diese Planungsprozedur beginnen die verschiedenen Sessions. Die Gestaltung einer Session ist der Session-Leitung, dem sogenannten Session Owner, in Abstimmung mit den Teilgebenden überlassen. Bezüglich des Formats kann von einer einfachen Gesprächsrunde über einen Vortrag bis hin zu einem Spaziergang oder einer Weinprobe alles angeboten werden.

Die Sessions laufen in der Regel parallel ab – die Tür der Räume der einzelnen Sessions bleibt jedoch geöffnet, um einen Raumwechsel auch während der Sessions für die Teilnehmenden zu ermöglichen. Damit alle Teilnehmenden die Inhalte jeder Session nachvollziehen und von diesen profitieren können, dokumentieren Freiwillige die thematischen Inhalte währenddessen in einem Online-Dokument, das als *Etherpad* bezeichnet wird. Alternativ kann der Session Owner selbst die Erkenntnisse seiner Session dokumentieren.

• Wirkmechanismen der Methode und Befunde

Die Art und Weise, eine Konferenz als Barcamp durchzuführen, soll die gewöhnlichen Interaktionsstrukturen und Rollen bei Kongressen und Tagungen lockern bzw. aufbrechen und so die Intensität des Wissensaustauschs und die Produktivität der Teilnehmenden insgesamt erhöhen. Dadurch, dass alle Personen Sessions anbieten können, wird ein Austausch auf Augenhöhe gefördert; die Bedeutung von Hierarchien nimmt ab. Da Sessions nach eigenem Interesse angeboten und besucht werden können, entsteht oft eine unterhaltsame, interessierte oder sogar enthusiastische Atmosphäre, die einen sehr intensiven Wissensaustausch zur Folge hat.

Zu Barcamps liegen bislang keine systematischen Evaluationsstudien vor, allerdings existieren zahlreiche Berichte und Best-Practice-Beschreibungen zur Methode (z. B. Dückert, n. d.; Dückert, 2021; Klemmt, 2017, 2018; Hellmann, 2007).

• Einordnung in die Theorie

Das Barcamp ist als Konferenzformat keine klassische Lernmethode. Allerdings ist die Methode dafür konzipiert, den interessierten Austausch unter allen Teilnehmenden anzuregen, indem alle Personen einen aktiven Teil zu der Konferenz beitragen können. Durch die Offenheit, sowohl was die Themen als auch die Darbietungsweise anbelangt, kann hier informelles Lernen durch Erfahrungsaustausch, direktes und stellvertretendes Feedback sowie Modelllernen angeregt werden (vgl. Komponenten des Oktagon-Modells des informellen Lernens, Decius et al., 2019; siehe Abschnitt 2.2.2.4). Auch selbstreguliertes Lernen kann im Rahmen von Barcamps stattfinden, wenn die Teilnehmenden sich selbst Lernziele setzen und diese selbstgesteuert verfolgen. Da die Gestaltung der Sessions vollständig dem Session Owner überlassen ist, können Barcamps je nach konzeptueller Umsetzung teilweise auch dem formalen Lernen zugeordnet werden, wenn eine Session beispielsweise als strukturierter Vortrag oder Workshop mit vorgegebenen oder zumindest vorgeschlagenen Lernzielen gestaltet wird. Eine Besonderheit der Barcamp-Methode ist auch, dass diese zum einen durch die Merkmale der Offenheit und Gleichheit lernförderliche Werte (im Sinne einer Lernkultur) transportiert und zum anderen, wenn unternehmensintern durchgeführt, als Ausgangspunkt für organisationales Lernen dienen kann.

4.3.9 Weitere Methoden

Neben den oben detailliert dargestellten Methoden gibt es noch eine Fülle weiterer Methoden. An dieser Stelle folgt eine nicht erschöpfende Zahl verschiedener Methoden, die als Anregung dienen und bei Interesse unter Heranziehung der zum Teil ergänzend angegebenen Quellen vertieft werden können. In Tabelle 17 werden zunächst klassische Lern- und Arbeitsmethoden dargestellt. Es existiert eine Reihe von Methoden, die bereits seit Jahrzehnten in Unternehmen im Einsatz sind und ihren Ursprung in der Arbeitsgestaltungsforschung (vgl. Abschnitt 2.3.1) haben (z.B. Job Rotation, Job Enlargement, Job Enrichment). Manche der dargestellten Methoden sind in einigen Branchen üblicher (z.B. kollegiale Beratung im Sozialwesen), können sich aber prinzipiell auch in anderen Branchen als sehr fruchtbar erweisen (z.B. Mitarbeitende im Vertrieb).

In Tabelle 18 werden anschließend Methoden dargestellt, die agile Prinzipien aufgreifen und digitale Möglichkeiten nutzen. Zu den agilen Methoden gehören bekannte Methoden wie Design Thinking, aber auch weniger bekannte Methoden wie Personal Kanban, Lean Coffee oder Lean Startup. Die digitalen Methoden ermöglichen unter Hinzunahme virtueller Möglichkeiten teilweise gänzlich neue Zugänge (z.B. Augmented Reality und Virtual Reality); teilweise werden auch klassische Methoden digital neu umgesetzt (z.B. webbasierte Trainings mit oder ohne Interaktionsmöglichkeit).

Tabelle 17: Überblick über klassische Lern- und Arbeitsmethoden

Methode	Kurzbeschreibung
Kollegiale Beratung	Eine Form der strukturierten Beratung innerhalb von Gruppen, bei denen Lösungen für Fragestellungen bzw. arbeitsbezogene Probleme gefunden werden. Die methodische Umsetzung wird in der Ratgeberliteratur ausführlich beschrieben (z.B. Tietze, 2010).
Job Rotation	Durch den Aufgabenwechsel erfolgt eine Auseinandersetzung mit neuen Aufgaben. Lernförderlich ist dies allerdings nur dann, wenn die neue Aufgabe einen Lernwert hat bzw. eine Herausforderung darstellt.
Job Enlargement	Das Tätigkeitsspektrum wird um Aufgaben erweitert, die sich auf dem gleichen Schwierigkeitsniveau befinden (Knight & Parker, 2021). Lernförderlich ist dies aber nur dann, wenn die Aufgaben nicht zu monoton sind.
Job Enrichment	Die Aufgabe wird um komplexere Entscheidungsprozesse angereichert (Knight & Parker, 2021). Dies ist grundsätzlich als lernförderlich zu betrachten, da vermehrt Herausforderungen auftreten, die es zu bewältigen gilt. Eine Gefahr besteht jedoch darin, dass es zu einer Überforderung kommt.
Learning Job Assignments	Es werden gezielt Aufgaben übertragen, die für die Person einen Lernwert darstellen. Neben der Aufgabenerfüllung stehen auch das Lernen und die persönliche Weiterentwicklung im Fokus.

Tabelle 17: Fortsetzung

Methode	Kurzbeschreibung
Projektlernen	Es werden Lernprojekte geschaffen, bei denen die Mitarbeitenden etwas lernen sollen und deren Projektergebnisse für die Organisation nützlich sind. Dabei handelt es sich um zeitlich begrenzte Aufgaben (vgl. z. B. Poell & van der Krogt, 2003).
Hospitation	Mitarbeitende beobachten Arbeitsabläufe im Team, anderen Organisationseinheiten oder Organisationen und stellen dazu Fragen.
Mentoring	Förderung der eigenen Entwicklung durch eine als Mentorin oder Mentor bezeichnete Person, die über mehr Erfahrung innerhalb der Organisation oder Branche verfügt – durch Informationen, Ratschläge und Feedback sowie das Schaffen von Lerngelegenheiten und Möglichkeiten, Erfolge zu feiern, wird die Entwicklung unterstützt (vgl. z. B. Wihler, 2019).
Reverse Mentoring	Bei Reverse Mentoring kommt es zum Rollentausch. Die Person mit hoher Seniorität wird zur Lernerin bzw. zum Lerner. Neue Beschäftigte geben so ihr Wissen (z. B. neues Fachwissen aus der Hochschule, Expertise in digitalen Technologien, Kenntnisse über Zielgruppen) weiter (vgl. Garg & Singh, 2020; siehe auch Hilkenmeier, Fechtelpeter & Decius, 2021, für ein Beispiel des organisierten Technologietransfers von – jungen – Hochschulmitarbeitenden in mittelständische Unternehmen).
Patenmodelle	Patenmodelle werden klassischerweise beim Onboarding eingesetzt (vgl. Moser, Souček, Galais & Roth, 2024). Die als Patin oder Pate agierenden Personen stehen für Fragen zur Verfügung und erklären mehr oder weniger strukturiert z. B. die internen Abläufe.
Coaching	Beim Coaching handelt es sich um eine Prozessbegleitung, die die Selbstreflexion der gecoachten Person unterstützt. Damit verbunden sind in der Regel Lernprozesse, die zu kognitiven, affektiven und fähigkeitsbezogen Ergebnissen führen (Rauen, 2014; vgl. Graßmann, Schölmerich & Schermuly, 2020).
Behavioral Modeling	Beim Behavioral Modeling wird der Lernprozess – unterstützt durch Feedback – durch die schrittweise erfolgende Steigerung der Stufen „Vormachen", Demonstration positiver und negativer Beispiele und Gelegenheit zum sich selbst Ausprobieren strukturiert (vgl. Taylor et al., 2005).
Fehlermanagement	Beim Fehlermanagement werden Fehler antizipiert; die Fehlerprävention und der Umgang ebenso wie das Lernen aus Fehlern wird explizit zum Gegenstand des Trainings erklärt (vgl. Frese & Keith, 2015).
Aktives Lernen	Die Aktivität der Teilnehmenden, die sich Lerninhalte durch Exploration erschließen müssen, steht im Fokus. Informationen werden zu Beginn nicht vollständig dargeboten. Teilnehmende müssen durch Recherche und Experimentieren Erkenntnisse sammeln. Dazu bedarf es des Zugangs zu Ressourcen wie Informationen.

Tabelle 17: Fortsetzung

Methode	Kurzbeschreibung
Präsentation	Inhalte werden durch Vorträge dargeboten, oft audio-visuell unterstützt. Bei einer Präsentation als alleinige Methode bleibt allerdings unklar, ob Teilnehmende überhaupt etwas lernen bzw. das Gehörte/Gesehene kognitiv verarbeiten.
Gespräche, Diskussionen	Lerninhalte werden durch Kommunikationsformen (in Tandems oder in Gruppen) erarbeitet und vertieft. Der Prozess kann durch Lehrende mittels zielgerichteter Fragetechniken unterstützt werden.
Workshops	In Workshops steht die aktive Erarbeitung von Inhalten durch die Teilnehmenden im Vordergrund.
Lernbibliotheken	Bei Lernbibliotheken werden Inhalte (z. B. Artikel, Zusammenfassungen von Büchern, Videos) online dargeboten. Nutzende können darauf zugreifen. Dabei können vordefinierte thematische Zusammenstellungen präsentiert oder algorithmenbasierte Empfehlungen ausgesprochen werden.
Community of Practice	Eine Community of Practice ist eine sich selbstständig koordinierende Gruppe von Menschen, die ein gemeinsames Anliegen, ein Problem oder eine Leidenschaft für ein bestimmtes Thema haben und durch regelmäßige Interaktionen ihre Expertise in diesem Gebiet verbessern möchten. Der von Jean Lave und Etienne Wenger (1991) geprägte Ansatz berücksichtigt, dass arbeitsbezogenes Lernen implizit im Kontext sozialer Beziehungen geschieht – man spricht auch von „sozial situiertem Lernen". Neue Mitglieder der Gruppe übernehmen einfachere, aber dennoch bedeutsame Aufgaben innerhalb der Gemeinschaft. Durch periphere Beteiligung und Aktivitäten abseits der eigentlichen Arbeitsaufgaben werden neue Gruppenmitglieder schrittweise in die praxisbezogene Gemeinschaft integriert. Im Zeitverlauf entwickeln sich die „Newcomer" zu „Oldtimern", übernehmen verantwortungsvollere Aufgaben und dienen als Personen mit Expertise und zugleich nachrückenden Gruppenmitgliedern als Ansprechpersonen.

Tabelle 18: Überblick über agile und digitale Lern- und Arbeitsmethoden

Methode	Kurzbeschreibung
Design Thinking	Beim Design Thinking erfolgt die Bearbeitung einer Fragestellung in einem iterativen Prozess, der durch verschiedene Phasen der Inspiration, Ideengenerierung und Implementierung (Brown, 2008) gekennzeichnet ist. Es steht die Entwicklung neuartiger Produkte und Prozesse in zumeist interdisziplinären Teams im Vordergrund. Handlungsleitend sind „Wie könnten wir …"-Fragestellungen.

Tabelle 18: Fortsetzung

Methode	Kurzbeschreibung
Agiles Sprintlernen	Die Idee hinter dem agilen Lernen ist, die Projektmanagementmethodik Scrum (siehe Abschnitt 4.3.6) nicht nur für die Entwicklung von Arbeitsergebnissen, sondern auch explizit für die Erzielung von Lernergebnissen einzusetzen. Analog zu Scrum werden Rollen unterschieden (Auftraggebende, Lernmaster/Coach und Lernteam)[a]. Das Lernen wird zudem in Sprints organisiert (vgl. Jungclaus & Schaper, 2021).
Personal Kanban	Personal Kanban ist eine Arbeitsmethode für Einzelpersonen und Gruppen, die dazu dient, Aufgaben zu konkretisieren und zu visualisieren. Die Visualisierung der Aufgaben und ihres Fortschrittes erfolgt typischerweise über ein Kanban Board, in das Aufgaben auf Karten in Spalten sortiert werden (z. B. die drei Spalten „In Vorbereitung", „In Arbeit", „Erledigt"). Die Methode sieht dabei vor, die Anzahl der Aufgaben, die sich in Arbeit befinden, zu begrenzen. Neue Aufgaben werden dann nach einem „Pull"-Prinzip in die Umsetzung gezogen, damit nicht immer wieder neue Aufgaben nach dem „Push"-Prinzip zu einer Überlastung führen. Der Lernwert wird durch eine regelmäßige Reflexion erhöht (vgl. Benson & Barry, 2011).
Lean Coffee	Lean Coffee ist eine strukturierte Form, Meetings ohne zuvor festgelegte Agenda durchzuführen. Zu Beginn werden die zu behandelnden Themen gesammelt und priorisiert. Danach wird ein Zeitfenster für die Besprechung festgelegt. Visualisiert wird der Fortschritt anhand eines Kanban Boards (z. B. mit den drei Spalten „Bereit", „In Arbeit", „Erledigt").
Lean Startup	Lean Startup ist eine Methode zur Entwicklung von Geschäftsmodellen, Produkten und Dienstleistungen. Sie basiert auf der Idee, dass Prototypen schnell getestet werden und Rückmeldungen dazu systematisch erhoben und verarbeitet werden. Lernen durch Ausprobieren und das Einholen von Feedback ist integraler Bestandteil dieser Methode (Ries, 2011).
Augmented Reality (AR)	Zusätzliche Assistenzsysteme stellen Informationen bereit (z. B. eine Brille, die Handlungsschritte anzeigt). Die Assistenzsysteme erweitern die „Realität", können Lernprozesse auslösen und vorgeben.
Virtual Reality (VR)	Eine künstliche Umgebung wird erzeugt (z. B. die Simulation eines Maschinenraums, in dem Wartungsarbeiten vorgenommen werden). VR-Umgebungen bieten die Möglichkeit, Verhalten zu simulieren.
Massive Open Online Courses (MOOCs)	MOOCs sind offene Online-Veranstaltungen, die für sehr große Teilnehmendengruppen („Massen") konzipiert wurden. Diese werden oft von internationalen Hochschulen angeboten.
Asynchrone E-Learnings/ webbasierte Trainings ohne Interaktion	Durch die zielgerichtete sequenzielle Anordnung von Texten, Audio-, Bild- und Videodateien sowie interaktive Elemente wie Übungsaufgaben wird ein für die Erreichung von definierten Lernzielen angedachter Lernprozess vorgegeben. Die Teilnehmenden erarbeiten die Inhalte für sich. Eine Interaktion zwischen Trainierenden und Teilnehmenden sowie Teilnehmenden untereinander findet nicht unmittelbar statt.

Tabelle 18: Fortsetzung

Methode	Kurzbeschreibung
Synchrone webbasierte Trainings mit Interaktion (Online-Seminare)	Bei webbasierten Trainings werden Präsentationen, Gespräche und Diskussionen, Rollenspiele und andere Methoden mit entsprechenden Softwarelösungen digital durchgeführt. Dabei ist die Interaktion gegeben (mittels Audio und/oder Video).

Anmerkung: [a] Der Einsatz des agilen Sprintlernens wird von Longmuß, Grantz und Höhne (2018) am Beispiel eines Pilotprojekts bei der Bayer Pharma AG Berlin verdeutlicht (siehe auch die Zusammenfassung bei Kortsch, Decius & Paulsen, 2021).

4.4 Vorgehen bei der Evaluation des arbeitsbezogenen Lernens

Vor der Evaluation ist zunächst festzustellen, welches Ziel mit der Evaluation angestrebt wird. Man kann drei verschiedene Ansätze unterscheiden (vgl. Abschnitt 3.5):

- *Ergebnisbezogene Evaluation:* Es soll der Erfolg einer Maßnahme überprüft werden.
- *Prozessbezogene Evaluation:* Es sollen typische Erfolgsfaktoren analysiert werden.
- *Entwicklungsorientierte Evaluation:* Den Teilnehmenden soll eine Rückmeldung gegeben werden, damit diese sich weiterentwickeln können.

Außerdem kann man zusätzlich einen integrativen Ansatz verfolgen *(integrative Evaluation),* wenn unterschiedliche Perspektiven verschiedener Stakeholder berücksichtigt werden sollen. Die genannten Arten der Evaluation schließen sich nicht aus, sondern können ergänzend zueinander eingesetzt werden.

4.4.1 Vorgehen bei der ergebnisbezogenen Evaluation

Bei der ergebnisbezogenen Evaluation dient das in Abschnitt 3.5 geschilderte Modell von Kirkpatrick (1967, 1994) als Orientierungshilfe. Eine vollständige ergebnisbezogene Evaluation umfasst die vier Ebenen Reaktion, Lernen, Verhalten und Ergebnisse.

Festzulegen ist zunächst, bis zu welcher Ebene eine Evaluation erfolgen soll und kann. Dabei sollte eine ergebnisbezogene Evaluation über die Stufe 1 *Reaktion* (z.B. Zufriedenheit der Teilnehmenden) in jedem Fall hinausgehen. Unmittelbar nach dem Training lässt sich die Ebene 2 *Lernen* erfassen. Die Erfassung der Ebenen *Verhalten* und *Ergebnisse* erfordert einen zeitlichen Abstand. Empfohlen werden kann hier – je nach Art des Lerninhalts – beispielsweise ein Abstand von drei bis sechs Monaten, damit auch entsprechende Transfereffekte eintreten können.

Sofern Ziele von Maßnahmen festgelegt werden, lassen sich die Ebenen der ergebnisbezogenen Evaluation für einzelne Maßnahmen spezifisch definieren. Bei formalen Lernangeboten wie Schulungen, in denen vor allem Wissen vermittelt wird, lässt sich beispielsweise Ebene 2 *Lernen* anhand von Tests und Quizaufgaben überprüfen.

Ein Fragebogen, der sich für Trainings unterschiedlicher Inhalte eignet, ist der *Questionnaire for Professional Training Evaluation* (Q4TE; Grohmann & Kauffeld, 2013). Dieser besteht aus 12 zu bewertenden Aussagen (siehe Tabelle 19), die den vier Kirkpatrick-Ebenen und sechs Subskalen zugeordnet werden können. Durch eine leichte Adaptation der Items beschränkt sich der Einsatz nicht nur auf formale Lernangebote.

Tabelle 19: Ebenen und Skalen des Questionnaire for Professional Training Evaluation (Grohmann & Kauffeld, 2013)

Ebene	Skala	Beispielaussage
Reaktion	Zufriedenheit	„Ich werde das Training in guter Erinnerung behalten."
	Nützlichkeit	„Das Training bringt mir für meine Arbeit sehr viel."
Lernen	Wissensanwendung	„In dem Training habe ich sehr viel Neues gelernt."
Verhalten	Anwendung in der Praxis	„Die im Training erworbenen Kenntnisse nutze ich häufig in meiner täglichen Arbeit."
Ergebnisse	Individuell	„Durch die Anwendung der Trainingsinhalte hat sich meine Arbeitsleistung verbessert."
	Global	„Durch die Anwendung der Trainingsinhalte konnten Arbeitsabläufe im Unternehmen vereinfacht werden."

Eine Alternative besteht darin, auf Basis des Modells von Kirkpatrick durch Interviews oder Fokusgruppen Rückmeldungen einzuholen. In diesem Fall bilden die vier Ebenen den Ausgangspunkt für Leitfragen.

4.4.2 Vorgehen bei der prozessbezogenen Evaluation

Bei der prozessbezogenen Evaluation werden typische Wirkfaktoren für den Erfolg von Lernangeboten analysiert. Hierzu kann auf die Wirkfaktoren des Lerntransfersystems zurückgegriffen werden, um die in Abschnitt 2.2.1.2 beschriebenen Einflussfaktoren zu erheben. Mit dem *Lerntransfer-System-Inventar* (LTSI; Holton,

Bates & Ruona, 2000) existiert ein Fragebogen, der auch in mehreren Sprachen in validierter Form vorliegt (z.B. auf Deutsch von Kauffeld, Bates, Holton & Müller, 2008). Die Faktoren der deutschen Version des LTSI („GLTSI“) sind in Tabelle 20 dargestellt.

Tabelle 20: Faktoren des Lerntransfer-System-Inventars (Kauffeld et al., 2008)

LTSI-Skalen	Beschreibung
Spezifische Teilnehmendenmerkmale	
Motivation zum Lerntransfer	Richtung, Intensität und Dauer der Anstrengung, um im Training gelernte Fertigkeiten und Wissen im Arbeitsumfeld nutzbar zu machen.
Generelle Teilnehmendenmerkmale	
Generelle Selbstwirksamkeitsüberzeugung	Die Überzeugung, dass man generell in der Lage ist, seine Leistung zu ändern, wenn man es will.
Leistungsverbesserung durch Anstrengung	Die Erwartung, dass Anstrengungen im Lern- und Transferprozess zu positiven Änderungen in der Arbeitsleistung führen.
Ergebniserwartung	Die Erwartung, dass Änderungen in der Arbeitsleistung zu erstrebenswerten Ergebnissen für die teilnehmende Person führen.
Trainingsmerkmale	
Transferdesign	Das Ausmaß, in dem das Trainingsdesign Möglichkeiten zum Transfer bietet und in dem die Übungen des Trainings auf die tatsächlichen Arbeitsanforderungen vorbereiten.
Trainings-Arbeits-Übereinstimmung	Das Ausmaß, in dem die Trainingsinhalte mit den Anforderungen im Job übereinstimmen.
Spezifische Arbeitsumfeldmerkmale	
Erwartungsklarheit	Das Ausmaß, in dem die teilnehmende Person weiß, was auf sie zukommt.
Persönliche Transferkapazität	Das Ausmaß, in dem die teilnehmende Person zeitliche und Belastungskapazitäten zur Verfügung hat, um neu Gelerntes anzuwenden.
Möglichkeit der Wissensanwendung	Grad, in dem Materialien, Werkzeuge, Budgets etc. bereitstehen, um das Gelernte anwenden zu können.
Positive Folgen bei Anwendung	Der Grad, in dem die Anwendung der Trainingsinhalte in der Arbeit zu positiven Auswirkungen führt.
Negative Folgen bei Nichtanwendung	Der Grad, in dem die Nichtanwendung der Trainingsinhalte in der Arbeit zu negativen Auswirkungen führt.
Sanktionen durch Führungskräfte	Das Ausmaß, in dem die teilnehmende Person negative Reaktionen von ihrer Führungskraft wahrnimmt, wenn sie Gelerntes anwendet.

Tabelle 20: Fortsetzung

LTSI-Skalen	Beschreibung
Unterstützung durch Führungskräfte	Das Ausmaß, in dem Führungskräfte die Anwendung des Gelernten und das weitergehende Lernen „on the job" unterstützen und verstärken.
Unterstützung durch das Kollegium	Das Ausmaß, in dem das Kollegium die Anwendung des Gelernten und das weitergehende Lernen „on the job" unterstützt und verstärkt.
Generelle Arbeitsumfeldmerkmale	
Offenheit für Änderungen in der Arbeitsgruppe	Das Ausmaß, in dem vorherrschende Normen in der Gruppe zur Anwendung von neu erworbenen Fertigkeiten und Wissen ermutigen.
Feedback	Formelle und informelle Rückmeldung über die individuelle Arbeitsleistung.

Das LTSI ermöglicht eine umfangreiche Analyse des gesamten Lerntransfersystems. Dies soll nicht darüber hinwegtäuschen, dass im Einzelfall manche Faktoren weniger Relevanz besitzen als andere. Als Alternative zu einer Analyse mittels eines standardisierten Fragebogens kommt auch eine Analyse mit Interviews oder Fokusgruppen in Betracht, bei der die Faktoren des LTSI den Ausgangspunkt für die Fragestellungen darstellen.

Bei formalen Trainingsangeboten ist oft eine detaillierte Erfassung von Faktoren des Trainingsdesign von Bedeutung. In solchen Fällen eignet sich der Einsatz des *Training Evaluation Inventory* (TEI; Ritzmann et al., 2014). Dieses Instrument besteht aus 45 Items und umfasst neben fünf Trainingsergebnis-Dimensionen, die der ergebnisbezogenen Evaluation zuzurechnen sind, folgende fünf Trainingsdesign-Dimensionen: Problembasiertes Lernen, Aktivierung, Demonstration, Anwendung, Integration (siehe Tabelle 21).

Tabelle 21: Trainingsdesign-Dimensionen des Training Evaluation Inventory (Ritzmann et al., 2014)

Trainingsdesign-Dimension	Beispielaussage
Problembasiertes Lernen	„Ich konnte echte Probleme bearbeiten und darin die zuvor gelernten Inhalte vertiefen."
Aktivierung	„Ich konnte meine bisherigen beruflichen Erlebnisse einbringen."
Demonstration	„Inhalte wurden mit konkreten Beispielen erläutert."
Anwendung	„Ich konnte das Gelernte im Training üben."
Integration	„Inhalte wurden in Diskussionen vertieft."

4.4.3 Vorgehen bei der entwicklungsorientierten Evaluation

Bei der entwicklungsorientierten Evaluation liegt der Fokus eher darauf, durch eine Rückmeldung über Lern- und Transferstände Entwicklungen und weitere Lernprozesse anzuregen. Für den Einsatz in unterschiedlichen Lernangeboten eignet sich ein semistrukturiertes Verfahren zur Messung der Transferquantität und -qualität (Kauffeld, Brennecke & Strack, 2009). Hier wird zunächst abgefragt, was aus einem Training umgesetzt wurde. Die Antworten werden anhand einer Skala von 0 bis 100 % bewertet. Eine kontinuierliche Erfassung (z. B. alle zwei Wochen nach einer Maßnahme) über einen längeren Zeitraum (z. B. sechs Wochen) kann eingesetzt werden, um Teilnehmende an die Umsetzung zu erinnern. Hier gehen Evaluation und Intervention Hand in Hand. Empfohlen wird dabei, den Teilnehmenden bereits unternommene Schritte sichtbar zu machen und zurückzumelden, um die Transfermotivation und das Kompetenzerleben zu steigern.

4.4.4 Vorgehen bei der integrativen Evaluation

Bei der integrativen Evaluation geht es darum, Lernangebote aus der Sicht unterschiedlicher Stakeholder zu bewerten. Dies kann Ausgangspunkt für Weiterentwicklungen der Lernangebote durch die Personalentwicklung sein. Im ersten Schritt sind zunächst die Sichtweisen zu klären und zentrale Fragestellungen festzulegen. Die integrative Evaluation ergänzt somit die Perspektive auf Themen, die über das Lernen hinausgehen, jedoch aus unterschiedlichen Gründen von Relevanz sind.

Das Vorgehen unterscheidet sich von Fragestellung zu Fragestellung, weshalb hier nur Beispiele genannt werden. So stellt sich möglicherweise die Frage, ob Lernangebote Frauen und Männer gleichermaßen ansprechen. Dies lässt sich z. B. anhand von Teilnehmendenstatistiken beantworten. Auch könnte die Vereinbarkeit von Lernangeboten mit dem Privatleben (z. B. Familienaufgaben) durch spezielle Fragen im Evaluationsbogen erfasst werden. Anhand von Checklisten zur Barrierefreiheit ließen sich außerdem E-Learning-Angebote bewerten und optimieren.

5 Fallbeispiele aus der Unternehmenspraxis

In diesem Kapitel werden verschiedene Fallbeispiele aus der Unternehmenspraxis dargestellt, die aufzeigen, wie Lernen in Unternehmen gegenwärtig gestaltet wird. Die Fallbeispiele entstammen einer Vielfalt an Branchen von IT bis Gesundheit, von Industrie bis Handwerk. Außerdem bilden die Beispiele verschiedene Unternehmensgrößen von kleinen Unternehmen bis hin zu großen Konzernen ab. Teilweise fokussieren diese Beispiele einzelne der im Kapitel 4 beschriebenen Methoden und Vorgehensweisen, teilweise sind es Mischformen und teilweise werden in den Beispielen darüberhinausgehende Methoden angewandt. Zudem werden in den hier vorgestellten Beispielen alle drei Lernformen (d.h. formal, informell und selbstreguliert) auf unterschiedliche Weise und in unterschiedlichem Ausmaß angeregt.

Die Fallbeispiele (siehe den Überblick in Tabelle 22) wurden im Austausch mit in der Praxis tätigen Personen aus den Unternehmen und Organisation erstellt und folgen im Wesentlichen dieser Struktur: (1) Ausgangslage, (2) Umsetzung, (3) Erkenntnisse, (4) Reflexion des Fallbeispiels. Während die ersten drei Abschnitte das Fallbeispiel aus Unternehmenssicht wiedergeben, ordnet der vierte Abschnitt die Fallbeispiele in die theoretischen und methodischen Hintergründe des Buches ein und gibt die Sicht der Buchautoren wieder. Abschließend findet in Kapitel 6 eine Gesamtbetrachtung der Fallbeispiele statt.

Tabelle 22: Überblick über die Fallbeispiele

Fallbeispiel	Zentrale Aspekte
5.1 TechUcation bei der Otto Group	Einführung einer Lernplattform, partizipative Erstellung der Inhalte, begleitende Maßnahmen und Einbettung in die Lernkultur
5.2 WOL Healthcare – Working Out Loud im Gesundheits- und Sozialwesen	Working Out Loud wird an die Bedürfnisse der Beschäftigten einer Branche (Gesundheits- und Sozialwesen) angepasst, um über Unternehmen hinweg von- und miteinander zu lernen.
5.3 Selbstgesteuertes Lernen bei der SBB (Schweizerische Bundesbahnen AG)	Einführung einer neuen Art des Lernens in mehreren Bereichen mit bereichsspezifischen Anpassungen
5.4 „Frag James" – Das elektronische Performance-Support-System der AOK Niedersachsen	Ein digitaler Assistent unterstützt das problemorientierte Lernen.

Tabelle 22: Fortsetzung

Fallbeispiel	Zentrale Aspekte
5.5 Orientierungs-Center bei der Salzgitter Flachstahl GmbH	Eine auf Entwicklung und Orientierung hin ausgerichtete Variante der Assessment-Center-Methodik unterstützt die Lernpotenzial-Erkennung in der Führungskräfteentwicklung.
5.6 Simulationen bei EDEKA Südwest	Mittels Simulationen lernen Auszubildende anhand von komplexen Problemen.
5.7 Einführung von Lerntagen im KfH (Kuratorium für Dialyse und Nierentransplantation e.V.)	Die Einführung einer komplexen Software wird durch „Lerntage" als Austausch- und Vernetzungsangebot unterstützt.
5.8 Organisationale Transformation mit Lernbegleitung und Barcamps bei DATEV	Partizipative Lernformate (v.a. Barcamps) und individuelle Kompetenzentwicklungsmaßnahmen (Lernbegleitung) unterstützen den organisationalen Transformationsprozess.

5.1 TechUcation bei der Otto Group

Unter Mitarbeit von Christopher Werner
(HR-Manager Digital Learning bei der Otto Group)

Ausgangslage

Als Handels- und Dienstleistungsunternehmen ist die Otto Group stark beeinflusst von der digitalen Transformation. Trotz des frühzeitigen Einstiegs ins E-Commerce-Geschäft waren größere Maßnahmen nötig, um das Geschäft der Unternehmensgruppe langfristig zukunftsfähig aufzustellen. Es brauchte einen umfassenden Wandel im Unternehmen. Teil dieses Kulturwandelprozesses war und ist die Entwicklung einer neuen Lernkultur: Die Weiterbildungsinitiative TechUcation wurde von der Otto Group mit dem Ziel gestartet, den Beschäftigten die für die Arbeit notwendigen digitalen Kompetenzen zu vermitteln. Durch die Auseinandersetzung mit und eine aktive Gestaltung der digitalen Transformation soll die Zukunftsfähigkeit der Beschäftigten sowie der Unternehmensgruppe sichergestellt werden. Langfristig soll so allen rund 41000 Beschäftigten fachliches Upskilling und selbstorganisiertes Lernen ermöglicht werden – unabhängig von Bereichen, Hierarchien oder Alter. Bei der Umsetzung kooperierte die Otto Group mit *Masterplan,* einer digitalen Lernplattform, die auf berufliche Weiterbildung ausgerichtet ist. Auf der Plattform können die Nutzenden in Form von videobasierten Lernmodulen von Personen mit Expertise aus der Praxis lernen.

Umsetzung

Im Jahr 2020 startete TechUcation, deren Herzstück die digitale Lernplattform *Masterplan* ist. Die Inhalte der Lernplattform wurden im Rahmen eines Pilotprojekts im kaufmännischen Bereich gestaltet, bei dem ein digitales Lernmodul entstanden ist, welches vor allem die Bedeutung und Umsetzung der Digitalisierung sowie persönliche und konzernbezogene Herausforderungen und Chancen beleuchtet. Dafür stehen u. a. Videos von anderen Beschäftigten zur Verfügung, die sich konkret mit der Umsetzung der Digitalisierung im eigenen Unternehmen beschäftigen.

Nach dem ersten Piloten wurde auch im Bereich Logistik ein eigenes Pilotprojekt durchgeführt. Der in diesem Rahmen konzipierte logistikspezifische Grundkurs wurde in Co-Creation mit Beschäftigten der Logistik erstellt und spiegelt die Arbeitsrealität dieses Bereichs wider. Um alle Beschäftigten erreichen zu können, werden die Videos mit Untertiteln in zehn verschiedenen Sprachen – zum Beispiel Türkisch oder Griechisch – angeboten.

Umsetzungsbeispiel

Illustriert wird die Umsetzung am Beispiel von Andreas S., der als Lagerarbeiter in einem Logistikcenter in Nordrhein-Westfalen tätig und dort für das Verplomben von Containern zuständig ist. In dem Logistikcenter sind insgesamt 300 Mitarbeitende beschäftigt. Dort werden jährlich mehr als 65 Millionen Sendungen des Hermes-Kurierdienstes umgeschlagen. Andreas S. hat zunächst an dem zehnstündigen verpflichtenden Grundkurs von TechUcation teilgenommen. Nun ist er für weitere Themen freigeschaltet. Ihn interessieren besonders die Themen Arbeitsrecht und New Work. Auf der Plattform *Masterplan* werden ihm von einem Algorithmus Kurse vorgeschlagen. Lernhacks, also pragmatische Lernstrategien, dienen dem Transfer.

Eine Erkenntnis von Andreas S. ist es, dass Wissen heute überall verfügbar ist und der Einzelne für sich eine Orientierung in der Vielfalt an Wissen gewinnen muss. Um künftig Beschäftigte aus dem Logistikbereich beim Lernen zu unterstützen, absolviert er eine Qualifizierung zum Otto Group Lerncoach. Auch arbeitet er zusammen in einem interdisziplinären Team an Lösungen für den gewerblichen Bereich. Dies ist insofern eine Herausforderung, weil es bis zu diesem Zeitpunkt nicht üblich war, dass diese Zielgruppe eine E-Mailadresse geschweige denn einen Laptop besaß.

Die Lernplattform, die inzwischen (Stand März 2022) im kaufmännischen Bereich konzernweit ausgerollt ist, enthält neben dem Grundkurs eine große Auswahl an weiteren Kursen. Die Lernenden können auf mittlerweile mehr als 400 Stunden videobasierte Lerninhalte von in- und externen Personen mit Expertise zugreifen.

Die bereitgestellten Inhalte vermitteln in Form von Keynotes und Interviews zum Beispiel die Themen „Innovative Arbeitsmethoden", „Robotic Process Automation" und „Remote Leadership".

Der Spaß am Lernen wird gefördert, indem am Ende jeder Lerneinheit ein Quiz erfolgt, bei dem spielerisch das erlernte Wissen abgefragt wird. Durch diesen Gamification-Ansatz können sich die Beschäftigten in einer anonymen Rangreihe verorten, sich bei Interesse untereinander herausfordern und so gegenseitig zum Lernen motivieren. Zu den einzelnen Themen werden den Lernenden außerdem sogenannte „Lernhacks" an die Hand gegeben (siehe Abbildung 9). Dies sind Impulse, die aufzeigen, wie die flexible Umsetzung des Gelernten im Arbeitsalltag erfolgen kann. Die Lernhacks laden oft auch zum gemeinsamen Bearbeiten ein und fördern so das soziale Lernen.

Im ersten Jahr nutzten bereits 20 500 Beschäftigte aus der DACH-Region die Lernplattform, im Frühjahr 2022 waren es rund 30 000 Beschäftigte. Durchschnittlich lernten die Beschäftigten bis März 2022 12.4 Stunden auf der Lernplattform. Es handelt sich um einen verbindlichen, je nach Einsatzbereich achtstündigen Online-Grundkurs mit zwei bis vier Stunden Transferzeit. So wächst gleichberechtigt, funktions- und hierarchieübergreifend das Wissen und das Verständnis im Bereich der Digitalisierung. Alle anschließenden Kurse der Lernwelt sind frei wählbar. Das Lernen mithilfe der Plattform ist erleichtert, weil es in Dauer und Geschwindigkeit an den individuellen Arbeitsalltag und die persönlichen Bedürfnisse angepasst und auf verschiedenen Endgeräten genutzt werden kann.

Die Weiterbildungsinitiative TechUcation ist langfristig angelegt, damit die Kompetenzen im Bereich der Digitalisierung und darüber hinaus dauerhaft gefördert und gefestigt werden. Um selbstorganisiertes Lernen konsequent in der Belegschaft zu verankern und so die Entfaltung eigenverantwortlicher Lernkompetenzen zu unterstützen, wird die Lernplattform stetig weiterentwickelt: In Zukunft soll bspw. ein intelligenter Lernalgorithmus entstehen, der Beschäftigten ein individuell zugeschnittenes Lernangebot präsentiert.

Um die Lernkultur im Unternehmen nachhaltig zu stärken, wurden drei Lernkulturprämissen etabliert, die die neue Lernkultur der Otto Group beschreiben:

1. *Arbeiten und Lernen werden eins:* In der schnelllebigen Arbeitswelt begegnen Beschäftigte ständigen Veränderungen. Arbeit bedeutet, Neuem zu begegnen, es zu verstehen und in der Praxis umzusetzen. Indem lebenslanges Lernen in den Arbeitsalltag integriert wird, können Veränderungen als neue Chancen genutzt werden.
2. *Lernen für alle:* Jede Person muss Teil der digitalen Transformation sein, damit die Digitalisierung erfolgreich von innen gelingt. Weiterbildung ist kein Privileg für wenige, sondern wichtig für alle.
3. *Souverän im Lernen werden:* Lernen hört nie auf, sondern muss selbstbestimmt stattfinden. Es liegt in der individuellen Verantwortung, auch selbst die Initiative zu ergreifen und proaktiv das eigene lebenslange Lernen mitzugestalten.

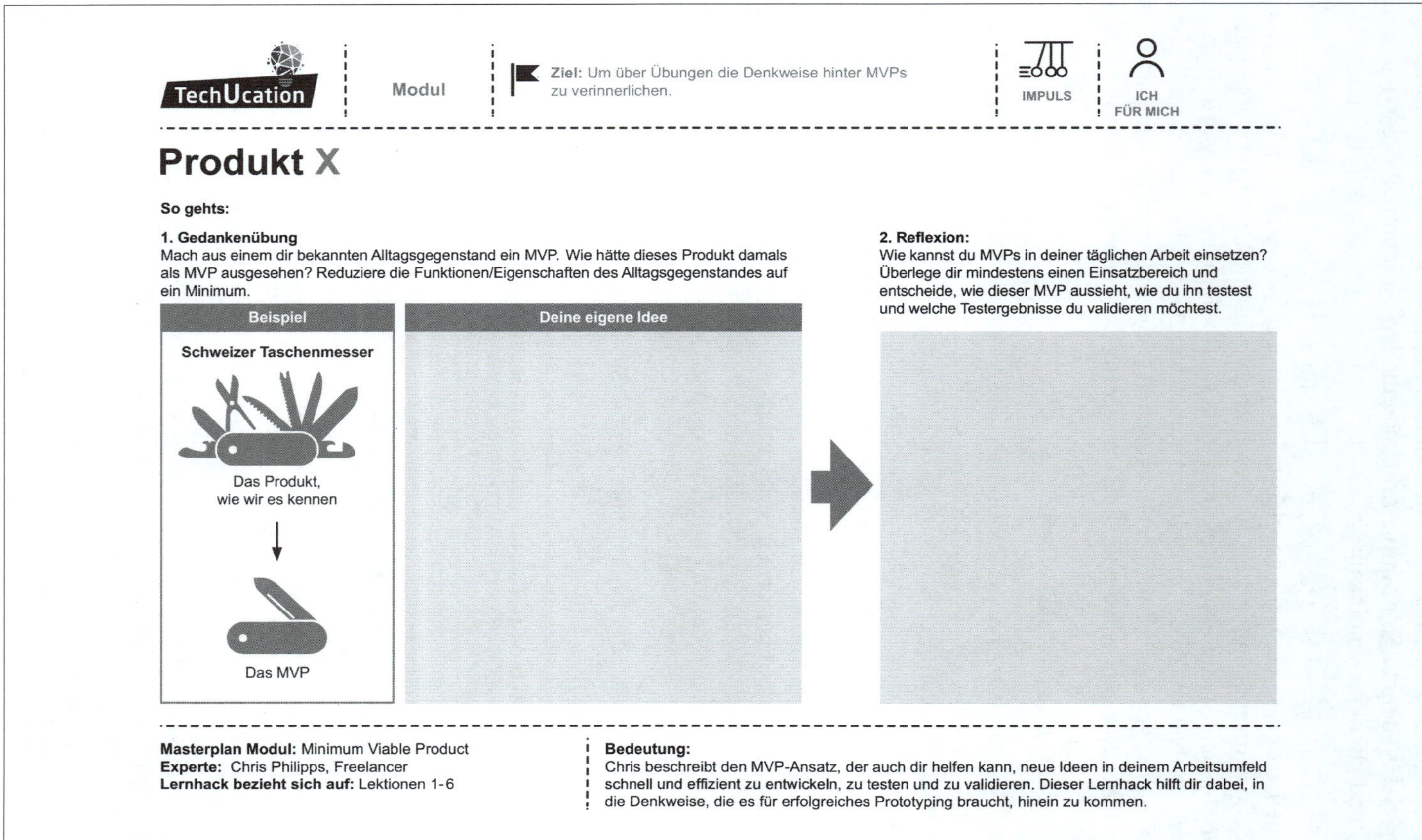

TechUcation | Modul | **Ziel:** Um über Übungen die Denkweise hinter MVPs zu verinnerlichen. | IMPULS | ICH FÜR MICH

Produkt X

So gehts:

1. Gedankenübung
Mach aus einem dir bekannten Alltagsgegenstand ein MVP. Wie hätte dieses Produkt damals als MVP ausgesehen? Reduziere die Funktionen/Eigenschaften des Alltagsgegenstandes auf ein Minimum.

Beispiel

Schweizer Taschenmesser

Das Produkt, wie wir es kennen

Das MVP

Deine eigene Idee

2. Reflexion:
Wie kannst du MVPs in deiner täglichen Arbeit einsetzen? Überlege dir mindestens einen Einsatzbereich und entscheide, wie dieser MVP aussieht, wie du ihn testest und welche Testergebnisse du validieren möchtest.

Masterplan Modul: Minimum Viable Product
Experte: Chris Philipps, Freelancer
Lernhack bezieht sich auf: Lektionen 1-6

Bedeutung:
Chris beschreibt den MVP-Ansatz, der auch dir helfen kann, neue Ideen in deinem Arbeitsumfeld schnell und effizient zu entwickeln, zu testen und zu validieren. Dieser Lernhack hilft dir dabei, in die Denkweise, die es für erfolgreiches Prototyping braucht, hinein zu kommen.

Abbildung 9: Beispielkarte Lernhack „Produkt X" (© Otto Group. Der Abdruck erfolgt mit freundlicher Genehmigung.)

Auf diesen Lernkulturprämissen fußen auch zahlreiche weitere Lernformate, die neben der Etablierung der Lernplattform ins Leben gerufen wurden: So ging nach einem erfolgreichen Piloten mit 25 Lerncoaches im Jahr 2020 eine konzernweite Lerncoach-Ausbildung an den Start, die allen Interessierten offensteht und in der Mitarbeitende, Führungskräfte und Betriebsratsmitglieder lernen, Personen aus dem Kollegium ins selbstständige Lernen zu begleiten. Eine Lerncoach-Community soll darüber hinaus zur Vernetzung angehender und bereits ausgebildeter Lerncoaches dienen und so das soziale Lernen fördern. Hier reiht sich auch das Format der Remote Learning Days ein, das 2020 erstmals mehr als 900 Beschäftigte aus dem gesamten Konzern online und selbstorganisiert zusammenführte, um sich zu vernetzen, Wissen zu teilen und von- und miteinander zu lernen. Das Format wurde erfolgreich fortgeführt: Im Folgejahr hatten die zweiten Otto Group Remote Learning Days bereits 1200 Anmeldungen und mehr als 60 Sessions.

Langfristig verfolgte die Otto Group das Ziel, dass ein transparentes Lern-Ökosystem für die gesamte Otto Group entsteht, das digitale und Präsenzformate gleichermaßen integriert. Dieser Learning Experience Hub, kurz LXHub, ist im Juni 2023 in der DACH-Region gelauncht worden und bündelt die Lernangebote der Otto Group konzernübergreifend. Im nächsten Schritt ist der internationale Launch geplant: Dann bildet der LXHub das Eingangstor für alle Weiterbildungsaktivitäten der Unternehmensgruppe.

Erkenntnisse

Dass TechUcation konzernweit erfolgreich ist und die Zahl der Nutzenden steigt, ist sicherlich auf die guten Rahmenbedingungen zurückzuführen: Die Initiative für TechUcation ging vom Vorstand aus, das Projekt war und ist aber auch immer offen für Bottom-up-Impulse, die z.B. von den zum Teil noch sehr aktiven Teilnehmenden aus der Pilotphase ausgehen. Ein Erfolgsfaktor war, dass die Entwicklung und Konzeption der Lerninhalte in Co-Creation-Prozessen, d.h. in Zusammenarbeit mit Personen mit Expertise umgesetzt worden ist. So konnten die Wünsche und Bedürfnisse der Lernenden berücksichtigt und der Bezug zur eigenen Arbeitsrealität sichergestellt werden. Durch weiterführende Lernformate, wie beispielsweise die Lerncoach-Ausbildung, gibt es zudem Multiplikatorinnen und Multiplikatoren im Konzern.

Das Projekt war zunächst mit der Idee gestartet, vor allem digitale Kompetenzen zu stärken. Schon in der Konzeptionsphase wurde aber deutlich, dass der Fokus auf lebenslangem Lernen und dem Aufbau von Veränderungsbereitschaft liegen soll, um eine neue Lernkultur in der Unternehmensgruppe zu etablieren.

Die Erfahrungen mit TechUcation haben gezeigt, dass die Weiterbildung fest in den Arbeitsalltag integriert und dass die Lernplattform nicht nur zu den Randzeiten, sondern über den ganzen Tag verteilt genutzt wird. Das ist auch auf die

Corona-Pandemie zurückzuführen, da im ersten Lockdown die Nutzungszahlen deutlich stiegen. Die Corona-Zeit hat der Lern-Offensive damit noch einmal zusätzlichen Schub gegeben. So konnte eine durchschnittliche Nutzungsdauer von zwölf Stunden pro Person im ersten Jahr erreicht werden. Dabei erfreuten sich besonders die Videos zu Soft Skills und zu den Videokonferenz-Tools sowie zu Blockchain großer Beliebtheit. Besonders zu Beginn der Pandemie wurde durch die Lernplattform der Umgang mit digitalen Tools und mit den besonderen Anforderungen durch das vermehrte digitale Arbeiten erleichtert. Die Weiterbildungsinitiative TechUcation ist vor allem deshalb erfolgreich, weil das Lernangebot durch praxisnahe Inhalte, die auf den Konzern angepasst sind, angereichert ist und die Beschäftigten im Digitalisierungsprozess kontinuierlich begleitet werden.

Reflexion des Fallbeispiels

Rahmenbedingungen. Das Fallbeispiel bei der Otto Group zeigt unter anderem, dass neben der Bereitstellung einer Plattform auch eine positive Lernkultur als unterstützender Faktor unerlässlich für das Lernen in Unternehmen ist. Mit der Verstetigung von TechUcation wird signalisiert, dass Lernen dauerhaft eine hohe Bedeutung eingeräumt wird. Inhalte werden außerdem nicht nur zentral, sondern auch in verschiedenen Bereichen direkt entwickelt, sodass die Beschäftigten nicht nur Rezipierende bleiben. So werden die Inhalte zielgruppengerechter gestaltet. Mit den Lerncoaches wird zudem eine Multiplikatorstruktur geschaffen, die zum einen erneut die Wichtigkeit des Lernens signalisiert und zum anderen das Thema *Lernen* selbst auf die Agenda bringt. Der Einsatz von Lerncoaches ähnelt in diesem Fallbeispiel der Unterstützung beim agilen Sprintlernen, bei dem ein Lernmaster das Lernteam im Lernprozess unterstützt (vgl. Abschnitt 4.3.9).

Lernformen und Methoden. Anhand des Fallbeispiels lässt sich erkennen, wie sich formales Lernen im Unternehmen flexibilisieren lässt und durch Elemente des selbstregulierten Lernens angereichert werden kann. Die Bereitstellung der Lernplattform sowie deren Inhalte und die Quizaufgaben zum Ende jeder Lerneinheit werden durch die Organisation zentral zur Verfügung gestellt, sodass die Kontrolle und Verantwortung beim Unternehmen bleiben, was typisch für formale Lernprozesse ist. Methodisch bietet die Plattform asynchrone E-Learnings ohne Interaktion, je nach Kürze der Inhalte können sie auch als Microlearning genutzt werden (vgl. Abschnitt 4.3.2). Gleiches gilt für den Algorithmus, der den Beschäftigten Lerninhalte vorschlägt – die Kurse sind zwar frei wählbar, dies trifft allerdings im Normalfall auch auf viele herkömmliche Trainingsangebote von Unternehmen zu. Allerdings zeigt das Beispiel, dass formales Lernen keineswegs nur Schulungen und Frontalunterricht umfassen muss. Durch die orts- und zeitunabhängige Nutzungsmöglichkeit über die Plattform stellt die Otto Group mit dem Lernangebot Bezüge zum selbstregulierten Lernen her. Zwar sind beim selbstregulierten Lernen in Reinform die Lernziele nicht vom Unternehmen vorgegeben, jedoch verbleibt bei TechUcation ein gewisser Teil der Kontrolle über die Durchführung des Lernprozesses bei der lernenden Person. Somit handelt es sich um eine erfolgsversprechende Mischform aus formalem und selbstreguliertem Lernen am Arbeitsplatz (vgl. Hybridformen in Abschnitt 2.2.5).

5.2 WOL Healthcare – Working Out Loud im Gesundheits- und Sozialwesen

Unter Mitarbeit von Constanze Zeller (wetality – New Work Relationships), Bettina Jung (Systemischer Coach und WOL-Mentorin) und Prof. Dr. Julia Schorlemmer (FOM Hochschule)

Ausgangslage

Das Gesundheitswesen steht vor sehr großen Herausforderungen. Insbesondere der Fachkräftemangel, die demografische Entwicklung, die Corona-Pandemie und weitreichende technische Entwicklungen fordern den dort tätigen Menschen viel ab. Kontinuierlich muss Neues gelernt werden – und das parallel zur täglichen Aufgabe der Versorgung von Patientinnen und Patienten. An sich ist es sehr sinnstiftend, für die Gesundheit und das Wohlergehen anderer zu arbeiten, doch Arbeitgeber in der Branche sind zunehmend gefordert, ihre Attraktivität zu steigern und Arbeitsbedingungen zu verbessern. Nicht nur müssen Versorgungsteams interdisziplinär zusammenarbeiten, auch Lernen in der VUKA-Welt[5] gelingt am besten gemeinsam. Gutes Arbeiten und Lernen wird dann möglich, wenn die Kommunikation auf Augenhöhe geführt werden kann, wenn hierarchische und Fachbereichsgrenzen überwunden werden. Ziel von Working Out Loud im Gesundheits- und Sozialwesen (auch WOL Healthcare oder WOL HC) ist es, die Teilnehmenden dabei zu unterstützen, den Blick auf das Gemeinsame zu richten und Wissen zu teilen, um den Herausforderungen der Zukunft besser begegnen zu können – denn durch eine verbesserte Qualität der Beziehungen wird auch die Qualität der Ergebnisse verbessert.

Um diesen Anspruch methodisch umzusetzen, ist das Programm Working Out Loud (WOL; vgl. Abschnitt 4.3.7) sehr gut geeignet. Dies ist eine international erfolgreiche, beziehungsorientierte Lernmethode, die allerdings in ihrer klassischen Form nicht auf das Gesundheits- und Sozialwesen übertragbar ist. Die Vision der Initiatorinnen Bettina Jung und Constanze Zeller, gemeinsam mit John

5 VUKA ist ein Akronym und steht für die Begriffe Volatilität, Unsicherheit, Komplexität und Ambivalenz, die auch moderne Arbeitswelten kennzeichnen (vgl. von Ameln & Wimmer, 2016; Bennett & Lemoine, 2014).

Stepper, dem Entwickler der Methode, war es, WOL als Haltung und Methode für Gestaltende des Gesundheits- und Sozialwesens erlebbar zu machen. Dazu war jedoch eine Anpassung an die Bedürfnisse der Menschen in dieser Branche nötig: Denn zeitliche und personelle Ressourcen sind stark begrenzt und die Menschen arbeiten vornehmlich im Kontakt mit Patientinnen und Patienten, also weniger digital.

Die konkreten Ziele des Programms für Gesundheitsberufe sind:
1. Zeit für sich und persönliche Entwicklung schaffen
2. Berufsgruppen- und hierarchieübergreifende Vernetzung fördern
3. Organisations-/sektorenübergreifende Vernetzung fördern
4. Neue Formen des selbstorganisierten Lernens einüben
5. Individuelle Fähigkeiten zur aktiven Gestaltung konstruktiver Arbeitsumgebungen fördern, wie z. B. Selbstwirksamkeitserwartung oder psychologische Sicherheit in Teams.

Umsetzung

Es begann mit einer Kontaktaufnahme mit John Stepper Anfang 2018, der die wöchentlichen Leitfäden (WOL Circle Guides) herausgibt und WOL Circles mit seiner Expertise begleitet. Dieser war von Beginn an von der Sinnhaftigkeit des Vorhabens überzeugt und stellte dies auch in einem eigens für WOL Healthcare aufgenommenen Video[6] dar.

Das Programm richtet sich direkt an Beschäftigte in Gesundheitsberufsgruppen: Medizin, Pflege und alle Therapieberufe – von Logopädie bis zu Physiotherapie, die eng getaktet in der Versorgung von Patientinnen und Patienten tätig sind. Gleichzeitig werden Branchen-Mitarbeitende einbezogen, die eine Multiplikatorfunktion und engen Kontakt zur Zielgruppe haben. Dies sind insbesondere Personen aus der Organisations- und Personalentwicklung, Personen mit pädagogischem Hintergrund sowie Coaches in der Gesundheits- und Sozialbranche. Die Idee war, dass diese das Programm zur eigentlichen Zielgruppe bringen und organisatorisch bei der Durchführung unterstützen. Zudem spielen sie eine Schlüsselrolle bei der Verwirklichung des interdisziplinären Ansatzes.

Zunächst modifizierte John Stepper mit Unterstützung von anfänglich vier Akteurinnen – neben Constanze Zeller und Bettina Jung auch Katharina Nolden und Martina Koch – das Programm, um es bestmöglich an die Zielgruppe anzupassen. Die Unterschiede zum klassischen WOL lagen vor allem in den folgenden Merkmalen:
- Kleinere Circles: 3 statt 5 Personen
- Kürzeres Programm: 8 Wochen (statt 12), wöchentlich 30 bis 40 Minuten (statt 60 Minuten)

6 https://www.youtube.com/watch?v=W5A2jqN4sLY

- Wochenschwerpunkte mit Fokus auf Selbstwirksamkeit und Selbstführung, Kommunikation, Inspiration und Vernetzung
- Übungen wurden analoger angelegt, jedoch mit digitalen Impulsen versehen („Digitale Fundgrube“)
- Angereichert mit Beispielen und Impulsen aus dem Gesundheits- und Sozialwesen
- Begleitung durch die Coaches, die Organisation und Support übernehmen, für circleübergreifende Vernetzung sorgen und gemeinsame Workshops durchführen.

Ein erster Pilotdurchgang lief von Oktober 2020 bis Januar 2021. Auf Basis des Feedbacks der Teilnehmenden wurden einige Änderungen für den zweiten Durchgang (Januar bis April 2022) vorgenommen:
1. Der Fokus sollte stärker auf das individuelle Ziel gelegt werden können. Dazu wurden entsprechende Übungen zum Hinarbeiten auf die Zielerreichung eingefügt (z. B. das Anlegen einer Beziehungsliste).
2. Es sollte ein stärkerer Fokus auf das Thema „Brücken bauen“ im Sinne der Überwindung wahrgenommener Gruppengrenzen gelegt werden, damit das Programm wirklich auf die Interdisziplinarität einzahlt.
3. Das zunächst achtwöchige WOL-HC-Programm wurde auf zehn Wochen verlängert, um sowohl Zeit für Gruppenübungen wie auch die individuelle Zielverfolgung zu geben. Die Kürze der Meetings von 30 bis 40 Minuten wurde beibehalten.

Bei der Zusammensetzung der Circles wird großer Wert auf Interdisziplinarität und Heterogenität gelegt. Das Programm beginnt mit einer Kennenlernwoche. Die Circle-Mitglieder verabreden sich verbindlich und selbstorganisiert für die nächsten zehn Wochen. Die Treffen können je nach Möglichkeit online oder in Präsenz stattfinden.

Die Coaches stellen den Circles jede Woche den aktuellen Circle Guide mit Agendavorschlag und Übungen bereit. Seit der zweiten WOL-Runde gibt es dafür eine spezielle Lernplattform, die als Netzwerk fungiert: Hier stehen Zusatzinhalte bereit und der circleübergreifende Austausch wird gefördert. Nicht verbindlich, aber als zusätzliches zentrales Angebot bieten die Coaches in regelmäßigen Abständen gemeinsame Workshops, Q&A-Sessions und Impulse zu einzelnen Themen an.

Erkenntnisse

Das Feedback der Pilotteilnehmenden der ersten Runde war sehr positiv:
- Für 90 % der Teilnehmenden hat WOL Healthcare neue Perspektiven ermöglicht,
- 100 % würden WOL Healthcare im Kollegium weiterempfehlen,

- 100 % fanden, dass der Aufwand in (sehr) gutem Verhältnis zum Nutzen stand und
- 78 % fanden, dass WOL Healthcare für die eigene Organisation geeignet ist.

Die hohe Zufriedenheit drückt sich auch in beispielhaften Zitaten aus:
- „Das war für mich wie ein geistiges Fitness-Studio."
- „Die Fokussierung auf das Positive, Machbare, Beeinflussbare hat viel Energie gegeben."
- „Für mich Chance und Aha-Moment in Einem. Die Erkenntnisse und der Blickwinkel meiner ehemaligen Mitstreiter wirken immer noch nach."

Grundsätzlich soll das Programm durch die Branche selbst geprägt werden, damit es wirklich eine Antwort auf die Herausforderungen des Gesundheitswesens gibt und in der Breite akzeptiert und angewendet werden kann. Das erfordert kontinuierliche Anpassungen und Weiterentwicklungen. Das Feedback der Teilnehmenden wird daher stets erfragt und eingearbeitet, sodass diese den Ablauf und die Lerninhalte mitbestimmen. Das Organisationsteam von WOL Healthcare konnten aus den zwei ersten Pilotdurchgängen folgende Erkenntnisse ableiten:
1. Eine generelle Herausforderung ist, dass konsumierendes Lernverhalten bei den meisten Personen seit Schulzeiten gelernt und in beruflichen Qualifikationen weiter praktiziert wird. Die WOL-Methode hingegen verlangt Selbstverantwortung und Selbstorganisation, um sich selbst Zeit einzuräumen für die persönliche Entwicklung. Das führt zu einer Selbstselektion und WOL erreicht vor allem diejenigen, die hierfür offen sind.
2. Die Beschäftigten in fast allen Gesundheitsberufsgruppen sind enge Reglements in der Branche gewohnt – sich selbst Ziele zu setzen und diese aktiv und eigenständig zu verfolgen, ist für viele noch neu.
3. Die stark ausgeprägte hierarchische Struktur steht einer beziehungsorientierten und informellen Methode, selbstorganisiert, berufsgruppen-/hierarchieübergreifend zu arbeiten und zu lernen, diametral entgegen. Das führt bei einigen Teilnehmenden zu Irritationen und auch Unsicherheit.
4. Zugleich muss sich die Branche auf veränderte Erwartungen kommender, jüngerer Mitarbeitender einstellen. So muss die Frage nach der Sinnhaftigkeit der eigenen Arbeit beantwortet werden, sonst suchen sich die Beschäftigten andere Arbeitgebende. Dass es einen solchen Prozess bereits gibt, kann man an hohen Abbrecherquoten in Ausbildungsberufen und Studiengängen erkennen. Medizinstudierende wollen den Beruf u. U. gar nicht ausüben, sondern wechseln schnell in andere Berufe.
5. Der Start des Programms WOL Healthcare mit beiden Pilotrunden inmitten der Corona-Pandemie führte zu besonderen Bedingungen. So war die Belastung in den Gesundheitsberufen besonders hoch, verbunden mit der Entrüstung über den empfundenen Mangel an Wertschätzung in der Branche. Die Auswirkungen waren zweischneidig: Die Situation verstärkte bei einigen den Frust, bei anderen aber auch die Veränderungsbereitschaft und Gestaltungskraft. Die äußeren Bedingungen waren somit zugleich Bremse wie auch willkommener Blick nach vorn.

6. Die Erreichbarkeit der potenziellen Teilnehmenden aus den Gesundheitsberufen gelingt über die sozialen Netzwerke Instagram und Facebook und die persönlichen Kontakte besser. Über LinkedIn und XING werden potenzielle Multiplikatoren erreicht. Um das Programm an die breite Zielgruppe zu bringen, müssen also einerseits analoge, traditionelle Kanäle genutzt, andererseits aber auch passende Social-Media-Kanäle bespielt werden.
7. Der Umgang mit der digitalen Lernplattform braucht Begleitung und Unterstützung. Sich in Communities zu bewegen, verlangt die Fähigkeit zur Selbstführung und Mut zur Sichtbarkeit. Eine Plattform ist nötig, um der Selbstorganisation einen Rahmen zu geben, eine Klammer zu bilden. Sie wirkt wie eine geschlossene LinkedIn-Gruppe, die als Speicherort für Dokumente und weitere Inhalte dient. Die Unterstützung durch Mentoring oder Coaching hilft ungemein, denn soziale Communities benötigen kontinuierlichen Input und Betreuung, wenn sie sich inhaltlich entwickeln sollen. Außerdem lernten nicht nur die Teilnehmenden – auch die Begleitenden erlebten einen kontinuierlichen Lernprozess. So hat das Feedback der ersten Pilotteilnehmenden gezeigt, dass der eingeschlagene Weg gut ist. In der zweiten Runde wurde die Betreuung intensiviert, insbesondere auch, weil die Teilnehmenden deutlich heterogener waren. Eine Kontinuität wurde erzeugt durch regelmäßige Beiträge, Meetings und direkte Ansprache. Zudem gab es einen gemeinsamen Ansteckbutton, auch kreative Zitate-Karten stellten Verbindungen untereinander her.
8. Bezüglich der erreichten Zielgruppe achteten die Akteurinnen darauf, dass sich mit den Durchgängen der Fokus erhöhte. Im ersten Pilotdurchgang nahmen 33 Personen teil, davon war etwa ein Drittel in unmittelbaren Gesundheitsberufen tätig. Im zweiten Pilotdurchgang waren es bereits 51 Teilnehmende, wovon zwei Drittel in Gesundheitsberufen tätig waren. Der zweite Durchgang wurde begleitend wissenschaftlich evaluiert, sodass hier konkretere Zahlen vorliegen. An der Evaluation nahmen 35 Personen teil (dies entspricht einem Rücklauf von ca. 68 %), davon waren 30 weiblich und 5 männlich. Sie gehörten vor allem den Gesundheitsberufsgruppen Pflege (25 %), Medizin (14 %) und Therapie (20 %, dazu zählt: Physiotherapie, Ernährungsberatung, Logopädie, Audiologie) an. Außerdem ordneten sich 17 % dem Bereich Beratung und Coaching sowie 20 % anderen Berufsgruppen zu.

Die Erkenntnisse werden in der Fortführung von WOL Healthcare aufgegriffen. Nach der zweiten Runde (Frühjahr 2022) erfolgt eine weitere Evaluierung und ggf. Anpassung. Für die Evaluation ab dem zweiten Durchgang wurde wissenschaftliche Unterstützung durch Prof. Dr. Julia Schorlemmer eingeholt, um noch fundiertere Erkenntnisse ableiten zu können. Es sollen Konstrukte wie Voice Behavior[7], zwischenmenschliches Vertrauen, Netzwerkkompetenz, kooperierendes Lernen, interprofessionelle Zusammenarbeit, psychologische Sicherheit, allge-

7 Voice Behavior ist die konstruktive Infragestellung des Status quo mit der Absicht, die Situation zu verbessern, anstatt nur zu kritisieren (LePine & Van Dyne, 1998).

meine Selbstwirksamkeitserwartung und verschiedene Gesundheitsvariablen (z. B. psychologische Flexibilität, subjektive Gesundheit, Burnout) miteinbezogen werden. Ein offizielles Angebot für Gesundheitsorganisationen bzw. eine weitere Pilotrunde wurde mit Start im Sommer/Herbst 2022 geplant.

Die hierbei anstehenden Herausforderungen waren: Wie können die Coaches und Multiplikatoren das Programm in die Organisationen und das Unternehmen bringen? Hintergrund ist, dass das Programm durch seinen selbstorganisatorischen Ansatz nicht wie üblich in formalisierte Lernangebote integriert werden sollte, damit Freiwilligkeit und intrinsische Motivation weiterhin adressiert werden. Gleichzeitig braucht es einen Rahmen im Unternehmen und die Interessierten sollen in allen Berufsgruppen und Hierarchiestufen angesprochen werden. Personalabteilungen neigen zur Formalisierung – hier besteht ein kreativ nutzbares Spannungsfeld zwischen Förderung von Graswurzelbewegungen und formalisierten Lernangeboten. Es gilt, dem Ziel zu folgen, die Arbeitsumfelder so zu gestalten, dass Menschen dort gut arbeiten können und gerne lernen.

Reflexion des Fallbeispiels

Rahmenbedingungen. Das Fallbeispiel zeigt, wie die standardisierte Methode Working Out Loud (WOL) als Lernprogramm an die Spezifika einer Branche und der Zielgruppe angepasst werden muss und dass entsprechende Veränderungen auch fortlaufend vorgenommen werden müssen. Die Begrenzung zeitlicher und personeller Ressourcen im Gesundheitswesen wurde bei der Konzeptionierung der Methodik berücksichtigt, was für eine sinnvolle Bedarfsanalyse spricht (vgl. Abschnitt 3.2). Wegen der Branchenspezifika spielt auch die Veränderung im Unternehmen und somit das organisationale Lernen in seiner Gesamtheit eine wichtige Rolle, da in der Zielgruppe im Gesundheitswesen zunächst ein selbstorientiertes Lernbewusstsein geschaffen werden muss: Die Lernkultur, die wegen der formalisierten Arbeitsabläufe mit Fokus auf das Einhalten von Regeln auch eher formales Lernen wie Trainings und Schulungen als Norm beinhaltete, wird sukzessive in eine Lernkultur transformiert, in der die Selbststeuerung des Lernens einen höheren Stellenwert einnimmt. Dies ist ein langwieriger Prozess in dieser Zielgruppe, der jedoch durch erfolgreiche Rollenvorbilder (z. B. Beschäftigte, die nach der WOL-Teilnahme positiv über die Methode berichten) verstärkt und beschleunigt werden kann.

Lernformen und Methoden. Die WOL-Methode fördert insbesondere das selbstregulierte Lernen, welches mit dem Setzen eigener Lernziele und deren Überwachung durch die lernende Person selbst einhergeht. Allerdings werden verschiedene formalisierte Unterstützungsangebote gegeben, wie die Definition von wöchentlichen Schwerpunktthemen und die Gestaltung des zeitlichen Rahmens. Somit handelt es sich nicht um selbstreguliertes Lernen in Reinform, sondern um eine Mischform, in die auch Elemente des formalen und informellen Lernens – insbesondere im Hinblick auf eigenes Ausprobieren, sozialen Austausch und Reflexion – eingehen. Dies ist typisch für die Hybridform New Learning, bei der die lernende Person dazu befähigt wird, die eigenen Lernbedarfe zu erkennen und anschließend eigenständig Lerngelegenheiten wahrzunehmen, dabei aber strukturierte Unterstützung erhalten kann (siehe ausführlich in Abschnitt 2.2.5.6).

5.3 Selbstgesteuertes Lernen bei der SBB (Schweizerische Bundesbahnen AG)

Unter Mitarbeit von Carmen-Luisa Núñez de La Torre (SBB AG)

Ausgangslage

Die Welt verändert sich rasant. Insbesondere Automatisierung und Digitalisierung führen dazu, dass sich Mitarbeitende der SBB ständig weiterentwickeln müssen. Damit sie sich die notwendigen Kompetenzen aneignen, hat die SBB vor einigen Jahren ein Programm mit dem Namen „fit4future“ gestartet. Neben dem Fokus auf dem Erwerb von digitalen Kompetenzen legt das Programm ein Augenmerk auf neue Lernformen. Eine bedeutende Schlüsselkompetenz ist die Selbstkompetenz. Mitarbeitende müssen ihre Kompetenzen immer schneller und häufiger erweitern. Das sogenannte selbstgesteuerte Lernen wird explizit als Lernform in den Fokus gerückt. Dieses zeichnet sich dadurch aus, dass die Lernenden den Lernprozess selbstständig beeinflussen und steuern können. Die Einführung des selbstgesteuerten Lernens bezweckt die Erhöhung der Lernbereitschaft und des Engagements bei den Mitarbeitenden. Die Umsetzung erfolgte im ersten Schritt in einem Pilotprojekt bei rund 2000 Kundenberatenden. Ausgehend von diesen Erkenntnissen wurden in weiteren Bereichen Konzepte und Ansätze des selbstgesteuerten Lernens umgesetzt. Das Pilotprojekt und die daraus entstandenen Erkenntnisse werden in diesem Abschnitt ausführlich beschrieben. Inzwischen ist das selbstgesteuerte Lernen fester Bestandteil der Personalentwicklungsstrategie der SBB.

Umsetzung und Erkenntnisse

Es wird zunächst das Konzept des selbstgesteuerten Lernens bei der SBB erläutert. Anschließend werden zwei Pilotprojekte in den Bereichen Kundenberatende und Finanzen dargestellt und jeweils die Erkenntnisse daraus abgeleitet. Danach werden generelle Erkenntnisse dargestellt.

Aspekte des Konzeptes. Zunächst erarbeitete die Bildungsentwicklung der SBB ein Konzept. Mensch, Technik und Organisation sowie die Lernkultur werden im Konzept als wesentliche Aspekte des selbstgesteuerten Lernens betrachtet.

- Beim Aspekt *Mensch* stehen die vorhandenen Selbstlernkompetenzen und die Lernbereitschaft bei den Beschäftigten sowie die Rolle der Führungskräfte im Fokus.
- Beim Aspekt *Technik* sind es technologische Hilfsmittel, um auf die Lerninhalte zuzugreifen, wie zum Beispiel Lernplattformen oder unterstützende Applikationen (Apps). Die Technologie ermöglicht ein zeit- und ortsunabhängiges Lernen.
- Beim Aspekt *Organisation* sind es Nachweispflichten und Regelungen, wie z. B. die Arbeitszeit und der Lernort, welche zu beachten sind.
- Ein weiterer Aspekt wird in der kommunizierten *Lernkultur* gesehen, die zunehmend mehr Eigenverantwortung bei den Beschäftigten sieht.

Durch Mitwirkung der Bildungsentwicklerin Christa Roth und ihres Kollegen Christoph Walther wurde ein Pilot implementiert. Der Pilot zeichnet sich durch folgende Aspekte aus:

- Den Mitarbeitenden wurde eine bezahlte Lernzeit ermöglicht, die allerdings auf eine Stunde im Monat begrenzt war.
- Zu Beginn fand eine Einführung in das Thema selbstgesteuertes Lernen statt und es wurde ein digitales Lerntagebuch ausgehändigt, welches per App geführt wurde, was Reflexion und Planung des Lernens erleichtern und auch den Lernerfolg sichtbar machen sollte. Dazu wurde die *Melius-App* entwickelt (siehe Abbildung 10). Bei der App handelt es sich um eine sogenannte Power-App, also eine App, die ohne großen Programmieraufwand erstellt werden konnte.
- Zusätzlich wurden den Mitarbeitenden Lerninhalte auf der digitalen Lernplattform zur Verfügung gestellt, welche im Laufe des Lernprozesses stetig erweitert wurden.
- Die Führungskräfte fungierten als Lerncoaches.

Vorgehensweise bei der Pilotierung mit den Kundenberatenden. Zum Start wurde gemeinsam mit den Bildungsverantwortlichen der Kundenberatenden mithilfe eines Fragebogens die Ausprägung des selbstgesteuerten Lernens der Mitarbeitenden erfasst. Anhand des Resultats konnten Bereiche identifiziert werden, die ausgebaut werden sollten. Anschließend wurde eine Gruppe von rund 20 motivierten Mitarbeitenden und Führungskräften aller Sprachen/Landesteile zusammengestellt, die auf Basis der Analyseergebnisse und des bestehenden Konzeptes des selbstgesteuerten Lernens die Umsetzung in ihrem Fachbereich ausarbeiten wollten. In dieser Gruppe fanden zwei Co-Creation-Workshops mithilfe der Design-Thinking-Methode statt. Beim ersten Workshop wurden Ideen zur Umsetzung des selbstgesteuerten Lernens entwickelt. Aus den Inputs erstellte die Projektgruppe einen Konzeptentwurf. Im zweiten Co-Creation-Workshop wurde dieser Entwurf derselben Gruppe zur Validierung vorgelegt und aufgrund ihrer erneuten Inputs angepasst. So entstand ein mit den Kundenberatenden abgestimmtes Konzept,

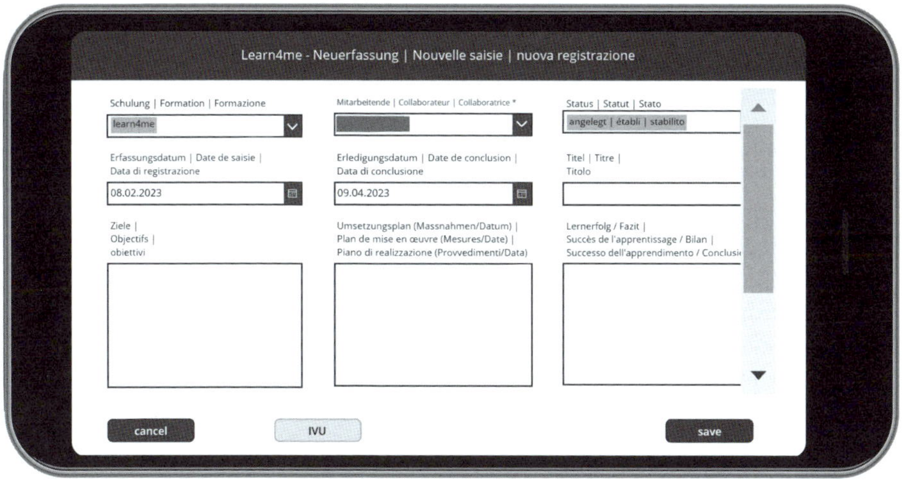

Abbildung 10: Lerntagebuch in der Melius-App (© SBB, Schweizerische Bundesbahnen AG. Der Abdruck erfolgt mit freundlicher Genehmigung.)

das die Leitungsebene ebenfalls unterstützte und zur Umsetzung freigab. Im Rahmen der jährlichen Schulungen wurden die Führungskräfte und die Mitarbeitenden dann im Umgang mit dem Konzept geschult.

Erkenntnisse aus dem ersten Piloten. Die im Pilotprojekt mit Kundenberatenden getätigten Erfahrungen wurden durch Interviews mit Führungskräften, Fragebögen von Mitarbeitenden und die Auswertung der Melius-App evaluiert. Hieraus ergaben sich folgende Erkenntnisse:

- Viele Kundenberatende hatten zu Beginn eine geringe lernbezogene Selbstwirksamkeit in Bezug auf das Lernen im Arbeitskontext und zeigten Unsicherheiten in der Anwendung von geeigneten Lernstrategien. Förderlich war der Austausch mit Kolleginnen und Kollegen, die bewusst investierte Zeit sowie das Setzen von Lernzielen. Ebenso war die Rolle der Lerncoaches hilfreich, um die wahrgenommene Unterstützung zu erhöhen. Das Erkennen und Teilen von Lernerfolgen wirkte sich positiv auf die Motivation und Selbstwirksamkeit der Mitarbeitenden aus. Viele Kundenberatende investierten ihre Lernzeit in den Aufbau von Sprachkompetenzen und konnten im direkten Kundenkontakt Lernerfolge beobachten.
- Aspekt Organisation und Technik: Die Auswahl dessen, was zu lernen ist und was nicht, stellt eine Herausforderung dar. Lerninhalte auf einer Plattform bereitzustellen und die Möglichkeit des Austausches mit Kolleginnen und Kollegen hatten hier eine Orientierungsfunktion. Die Lernzeit muss gut geplant und im Team abgestimmt werden, besonders bei hohem Kundenaufkommen.
- Aspekt (Lern-)Kultur: Die Wertigkeit des Lernens als zentrales Element einer Lernkultur wurde durch die Verbindlichkeit von Führungskräften, ihre Mitarbei-

tenden zu begleiten und die Relevanz von Lernen zu unterstreichen, erhöht. Dies hat auf der Organisationsebene Lernen zum Gesprächsthema gemacht.

Pilotierung im Finanzbereich. Die Erkenntnisse aus dem ersten Piloten wurden bei der Pilotierung im Finanzbereich berücksichtigt und die Einführung wurde für diesen Fachbereich wie folgt weiterentwickelt:

- Die Rolle von Lerncoaches wurde gestärkt. Diese erhielten selbst ein Training, in dem sie den agilen Lerncoachingprozess und Coachingwerkzeuge kennenlernten. Zudem wurde eine Lerncoach-Community aufgebaut.
- Es zeigte sich, dass die Rolle der Führungskraft zu schärfen ist, um einerseits Unterstützung anzubieten und anderseits hinreichend Autonomie zu gewähren. Führungskräfte dürfen – müssen aber nicht – als Lerncoaches fungieren. Mitarbeitende können bei Bedarf auf einen Lerncoach zugehen, der sie bei der Zielsetzung, Planung und Reflexion des Lernens unterstützt.
- Das soziale Lernen wurde stärker eingebettet. Ganze Teams erarbeiteten in Workshops die Aspekte des selbstgesteuerten Lernens. Lerntandems wurden gefördert und Lernerfolge sichtbar gemacht.
- Im Gegensatz zum Fachbereich Kundenberatung ist der Fachbereich Finanzen sehr heterogen. Aus diesem Grund wurde ein Vorgehen pilotiert, welches den einzelnen Finanzbereichen mehr Flexibilität in der Umsetzung des selbstgesteuerten Lernens ermöglicht. Das selbstgesteuerte Lernen wurde pro Team eingeführt. Im Zeitraum von drei Monaten fanden vier Team-Workshops statt. Die Teams erarbeiteten zusammen Rahmenbedingungen, um selbstgesteuert lernen zu können und reflektierten ihren Lernprozess. Den Mitarbeitenden wurden verschiedene Hilfsmittel an die Hand gegeben:
  - *Selbsteinschätzungstool:* Mit dem Tool auf Excelbasis konnten Beschäftigte mit zehn Fragen erfahren, wie stark sie bereits selbstgesteuert lernten. Für Führungskräfte lagen angepasste Fragen vor, sodass sie eine Antwort darauf bekamen, wie stark sie selbstgesteuertes Lernen im Team bereits fördern.
  - *Lernangebote:* Die Mitarbeitenden hatten Zugang zu verschiedenen Lernplattformen (u. a. LinkedIn Learning, getAbstract). Um die Selbstlernkompetenz zu erhöhen, wurden Lernnuggets angeboten. Diese behandelten Themen wie Lernziele setzen, Organisation des Lernprozesses und Reflexion des Lernerfolges.
  - *Wimmelbild „Selbstgesteuertes Lernen“:* Es wurde eine Visualisierung der selbstgesteuerten Lernreise erstellt, in der alle wichtigen Themen auf einem Wanderweg abgegangen werden konnten. Dies erwies sich als guter Zugang, um die Führungskräfte und Mitarbeitende in das Thema einzuführen und über die Aspekte des selbstgesteuerten Lernens zu diskutieren.
  - *Erklärfilme und Podcast:* Es wurden Erklärfilme angeboten, die kurz und übersichtlich das Wichtigste zu selbstgesteuertem Lernen im Kontext SBB zusammenfassen (Was und Warum, Wie, Wer, Erfolgsfaktoren). Außerdem wurde ein Podcast erstellt. Darin teilen eine Mitarbeitende und eine Führungskraft aus dem Piloten bei den Kundenberatenden ihre Erfahrungen und Tipps.

Erkenntnisse aus dem zweiten Piloten.

- Aspekt Organisation: Eine wesentliche Herausforderung für das selbstgesteuerte Lernen im Finanzbereich war, die geplante Lernzeit auch tatsächlich zu nutzen. Die Mitarbeitenden repriorisierten häufig ihre freigehaltenen Lerntermine zugunsten anderer Termine, sodass die Lernzeit wegfiel. Die Erkenntnis ist, dass organisatorische Rahmenbedingungen (z.B. Schichtarbeiten bei den Kundenberatenden, Arbeit auf der Schiene vs. mobile Arbeit) variieren und bereichsspezifisch berücksichtigt werden müssen.
- Aspekt (Lern-)Kultur und Kommunikation: In Arbeitsbereichen mit klaren Zielvorgaben (Fachbereich Finanzen) war die Erwartung der Mitarbeitenden verbreitet, dass auch Lernziele klar vorgegeben sein müssen. Die Einführung des selbstgesteuerten Lernens bedurfte daher einer kommunikativen Begleitung. In den Workshops war es wichtig, über das Thema zu sprechen. Hier wurden bildlich die Facetten des selbstgesteuerten Lernens dargestellt, um einen Austausch darüber zu erleichtern, wie im jeweiligen Arbeitsbereich bereits selbstgesteuertes Lernen gelebt wird und gelebt werden kann.
- Aspekt Mensch: Zum maßgeblichen Erfolg trugen Führungskräfte bei, indem sie das selbstgesteuerte Lernen im Team einforderten und bei der Gestaltung der Rahmenbedingungen unterstützten.

Generelle Erkenntnisse. Die Herangehensweise, wie das selbstgesteuerte Lernen gefördert wird, unterscheidet sich je nach Anwendungsbereich. Neben einer umfangreichen Einführung selbstgesteuerten Lernens erwies sich bei einer weiteren Zielgruppe – den Zugbegleitungen – eine schrittweise Erweiterung bestehender Lernangebote als erfolgreich, um eher selbstgesteuerte Einheiten auszubauen (z.B. Lernwerkstatt) und um die Selbstlernkompetenz bei den Mitarbeitenden und Auszubildenden zu fördern. So wurde z.B. im Bereich Zugbegleitung an einem Weiterbildungstag mit einer Lernwerkstatt das formale Lernen einen Schritt in Richtung zu mehr Ziel- und Prozessverantwortung der Mitarbeitenden geöffnet.

Im Bereich Zugführung und Rangier wurde das selbstgesteuerte Lernen als ein freiwilliges Angebot eingeführt, bei dem sich die Mitarbeitenden mit den beruflichen Perspektiven auseinandersetzen und fehlendes Know-how selbstständig aufbauen können. Die Mitarbeitenden erhielten Zugang zu unterschiedlichen Lernangeboten und der Einsatz der Melius-App unterstützte sie dabei, ihre selbstgesteuerte Lernreise zu strukturieren und zu dokumentieren.

Reflexion des Fallbeispiels

Rahmenbedingungen. Das Fallbeispiel der SBB zeigt auf, wie das Zusammenspiel von Mensch, Technik und Organisation die Auswahl geeigneter Lernmethoden beeinflusst und was beim Lerndesign zu beachten ist. Zu berücksichtigen sind dabei Werte, Normen und Grundannahmen (d.h. die Lernkultur), die das selbstregulierte Lernen fördern oder hemmen können (vgl. Abschnitt 2.3.2). Hier wird deutlich, dass man im Unternehmen nicht von einer einheitlichen Lernkultur, sondern vielmehr von vielen Lernsubkulturen ausgehen muss, in denen Lernen unterschiedlich gelebt wird. Die Lernkultur wurde bei der SBB zwar nicht systematisch analysiert, dafür aber implizit in der Anpassung der Formate für die verschiedenen Bereiche berücksichtigt. Zudem beeinflussen die Arbeitsbedingungen wie Büro- oder Schichtarbeit die Lernmöglichkeiten.

Lernformen und Methoden. Die beschriebenen Piloten zeigen Ansätze auf, wie in der betrieblichen Bildung formales Lernen nach und nach mit selbstgesteuerten Komponenten ergänzt und teilweise ersetzt werden kann, um die Selbstkompetenz als Metakompetenz zum Erwerb weiterer Kompetenzen zu fördern. Theoretisch gesehen ist das hier beschriebene „selbstgesteuerte Lernen" als ein dem selbstregulierten Lernen nahestehendes Konzept zu verstehen, welches durch formale Instrumente wie Apps und andere technische Hilfsmittel unterstützt und gefördert wird. Der Charakter des selbstregulierten Lernens, bei dem sich die lernende Person eigene Lernziele setzt und deren Zielerreichung überwacht, wird in diesem Fall durch die organisationale Unterstützung bei der Zielsetzung zwar modifiziert, ist aber gut auf die Bedarfe der Mitarbeitenden und der SBB abgestimmt. Das Vorgehen der SBB ist somit ein Beispiel dafür, dass Lernformen in der Praxis selten in Reinform vorliegen, sondern sich dimensional unterscheiden – und die Passung der jeweiligen Anwendungsbereiche von Relevanz ist.

Dass das „selbstgesteuerte Lernen" breit ausgerollt wird, ist sicherlich auch auf die starke Verankerung in der Strategie und das hohe Commitment durch das Management zurückzuführen, wie das Statement des CEO Vincent Ducrot deutlich macht:

> Täglich etwas Neues dazuzulernen, ist ein Vorsatz, den ich schon lange verfolge. Bei der SBB ermöglichen wir einen einfachen Zugang zum Lernen. Wer sich stetig weiterentwickelt und sein Potenzial optimal ausschöpft, hat auch gute Chancen auf spannende Aufgaben. Nutzt das Privileg euch selbstbestimmt weiterzuentwickeln! (Vincent Ducrot, CEO SBB)

5.4 „Frag James" – Das elektronische Performance-Support-System der AOK Niedersachsen

Unter Mitarbeit von Ulrike Köhler
(Unternehmensbereichsleiterin Personalentwicklung, AOK Niedersachsen)

Ausgangslage

Die AOK Niedersachsen beschäftigt rund 7000 Mitarbeitende. Als Körperschaft des öffentlichen Rechts nimmt die AOK öffentliche Aufgaben war. Gesetzliche Änderungen wirken sich auf die Arbeitsabläufe aus. Für eine Qualitätssicherung ist eine Einarbeitung der Beschäftigten in Prozesse erfolgskritisch. Durch häufige Änderungen von Gesetzen und Verordnungen ist auch von langjährigen Beschäftigten immer wieder eine Einarbeitung in neue Prozesse erforderlich. Lernen ist somit ein integraler Bestandteil während des Arbeitsprozesses. Mit James – dem persönlichen Butler, der mittels des Programmsymbols einer Orange zu Hilfe gerufen wird (denn James liebt Orangen) – wurde ein Performance-Support-System etabliert, das das arbeitsbezogene Lernen fördert.

Umsetzung

Das Performance-Support-System besteht aus einer Softwarelösung, die die gerade eingesetzte Fachanwendung, grundlegende Bürosoftware oder aufgerufene Webseite erkennt und – sofern vorhanden – passende Lerninhalte anzeigt. Sie hilft dann bei der Bearbeitung einer Aufgabe beispielsweise mit Schritt-für-Schritt-Anleitungen, liefert Links zu Gesetzestexten oder verweist auf weitere Lernangebote wie E-Learnings oder Lernvideos. Gegenüber der direkten Nachfrage bei erfahreneren Kolleginnen und Kollegen hat dies u. a. den Vorteil, dass James immer ohne Wartezeit verfügbar ist, selbstständig Hilfe anbietet und dass das Kollegium nicht im eigenen Arbeitsablauf unterbrochen wird, wie es bei stetigen Nachfragen der Fall wäre.

Autorinnen und Autoren aus den Fachabteilungen, die durch die Personalentwicklung auf ihre Rolle vorbereitet wurden, definieren Prozesse und pflegen Lerninhalte in das System ein, sodass James zu einzelnen Prozessschritten Hilfestellungen bieten kann. James verfügt auch über eine Stichwortsuche und ermöglicht der Systemadministration, die erfolgreichen und nicht erfolgreichen Suchanfragen anonym auszuwerten, um weitere, notwendige Lerninhalte zu identifizieren. Beschäftigte können aber auch direkt Rückmeldungen an die Autoren und Autorinnen geben, welche Inhalte ihnen noch fehlen. Dadurch wird James im Laufe der Zeit immer spezifischer und kann passende Lernhinweise liefern.

Die Beschäftigten entscheiden selbst, ob sie James während der Arbeit aktivieren oder nicht. Mittels Push-Funktion können Fachabteilungen auch Nachrichten zu Neuerungen (wie Änderungen in Gesetzestexten) einrichten, die bei Aktivierung von James als Benachrichtigung auf dem Desktop der User erscheinen. Die Implementierung von „Frag James" bedurfte der Auswahl eines Software-Anbieters sowie einer Vorbereitung, bei der Personalentwicklung, IT-Abteilung und Fachabteilungen zusammenwirkten. Insbesondere die Integration in der IT-Landschaft aus Fach- und Standardanwendungen sowie die Klärung detaillierter Fragen erforderte einen Vorlauf von einem Dreivierteljahr. Der fortlaufende Betrieb erfolgt weitgehend autonom durch die Fachabteilungen. Diese werden in ihrer Rolle als Akteure der Personalentwicklung durch Schulungen gestärkt.

Der Prozess wird am folgenden Beispiel konkret veranschaulicht.

Umsetzungsbeispiel

Frau M. ist Sachbearbeiterin bei der AOK Niedersachsen. Gerade hat sie einen ungewöhnlichen Fall eines Kunden zu bearbeiten und weiß nicht genau, wo und wie sie die entsprechenden Informationen im IT-System hinterlegen muss. Sie startet „Frag James“ und gibt im Suchfeld ein passendes Stichwort ein. Mit diesem findet Sie ein PDF-Dokument, das ihr erklärt, an welcher Stelle im Programm die Kundendaten eingetragen werden. Frau M. navigiert zur entsprechenden Maske und aktiviert die Synchronisierung von „Frag James“. James erkennt nun, in welcher Maske sich Frau M. befindet, und zeigt ihr genau die Hilfen an, die für diesen Kontext relevant sind. Darunter befindet sich u. a. eine Schritt-für-Schritt-Anleitung, die ihr mittels kurzer Texte und Screenshots des Programms erklärt, wo sie im System klicken und was sie genau eintragen muss. Frau M. kann sich alternativ aber auch ein Lernvideo anzeigen lassen, das ihr den Klickverlauf zeigt, oder ein E-Learning-Element, das eine detailliertere Erklärung bietet. Ebenso bietet ihr James PDF-Dokumente mit den entsprechenden Gesetzestexten oder eine Verlinkung ins AOK-Intranet an, in dem der interne Umgang mit solchen Vorgängen erläutert wird.

Erkenntnisse

„Frag James“ fügt sich ein in die Mottos der Personalentwicklung wie „Lernen ist 24/7 möglich“, „Lernen macht Spaß“ und „Lernen nach Bedarf“. Von Vorteil ist, dass James an sehr konkrete Bedarfe anknüpft und Herausforderungen, denen die Fachabteilungen alltäglich ausgesetzt sind, begegnet. Dadurch wirken die Fachabteilungen aktiv mit. Durch die Möglichkeit der Fachabteilungen, über Autoren und Autorinnen Inhalte einzugeben, erfolgt eine stärkere Einbindung der Fachabteilungen in die Personalentwicklung und eine höhere Identifikation mit James.

„Frag James“ ergänzt bestehende Angebote insbesondere im Onboarding-Prozess. Klassische Schulungen weisen die Herausforderung auf, dass Inhalte für einzelne Personen zu umfangreich und für andere zu wenig detailliert sind. Statt unterschiedliche Beschäftigte mit jeweils der gleichen Schulung zu versorgen, kann nun individuell auf die Bedarfe der einzelnen Beschäftigten eingegangen werden.

Reflexion des Fallbeispiels

Rahmenbedingungen. Das System „Frag James“ ist ein Beispiel für eine sinnvolle technische Unterstützung des Lernens in Unternehmen. Die Phasen des Personalentwicklungszyklus (vgl. Abschnitt 3.1) – Bedarfsanalyse, Planung, Durchführung und Evaluation – werden größtenteils von den manchmal begrenzten Möglichkeiten der Personalentwicklungsabteilung entkoppelt: Die Bedarfsanalyse übernimmt der technische Algorithmus, der hinter James steht. Planung und Durchführung obliegen der lernenden Person, wobei die Impulse von James kommen. Die Evaluation könnte durch die aufgezeichneten Daten theoretisch in Echtzeit durchgeführt werden. Durch die Einbindung von Fachabteilungen in die Inhaltserstellung des digitalen Assistenten wird Lernen außerdem zu einer „Gemeinschaftsaufgabe“ gemacht. Die Nutzenden wechseln so von einer Rezeptionsrolle in die Rolle von aktiver Mitgestaltung des Lernangebots.

Lernformen und Methoden. James, der digitale Butler, verknüpft zwei arbeitsbezogene Lernformen. Klassischerweise wird das probleminduzierte informelle Lernen am Arbeitsplatz unterstützt: Hatten Beschäftigte bisher eine Herausforderung zu bewältigen, konnten sie z. B. durch eigenes Ausprobieren, eigenes Nachdenken oder das Hinzuziehen von erfahreneren Personen aus dem Kollegium eine Problemlösung herbeiführen. Diese Strategien des informellen Lernens werden durch James gebündelt. James gibt Hinweise zum Vertiefen eigener Lösungsansätze und zur Selbstreflexion, liefert aber insbesondere direktes und indirektes Feedback im Arbeitsprozess. So übernimmt James die Rolle der Kollegin oder des Kollegen, die bzw. der für die hilfreichen Hinweise nicht länger bei der eigenen Arbeit unterbrochen werden muss. Ferner weist James auf weitere Lernangebote hin, die im Sinne von selbstreguliertem Lernen bei Interesse wahrgenommen werden können. Dies ist beispielsweise der Fall, wenn im Zuge eines Prozesses der Hinweis auf ein E-Learning-Element erfolgt und die Mitarbeiterin oder der Mitarbeiter sich das Ziel setzt, durch Bearbeitung des Elements ein tieferes Verständnis auch für zukünftige Fragestellungen zu gewinnen. Durch die Kürze der Inhalte kann man James als eine Art Anbieter von Microlearning-Situationen verstehen (vgl. Abschnitt 4.3.2). Zwar liegt durch die Unterstützungsangebote von James in gewisser Weise auch ein Ansatz der Formalisierung des informellen und selbstregulierten Lernens vor – durch die hohe Eingebundenheit in den Arbeitsprozess und die Entscheidungsfreiheit der Personen ist der Eingriff jedoch minimal, sodass sich die Lernunterstützung nahe an den theoretischen Reinformen des informellen und selbstregulierten Lernens bewegt.

5.5 Orientierungs-Center bei der Salzgitter Flachstahl GmbH

Unter Mitarbeit von Dr. Claudia Köhler (Leiterin Rekrutierung, Personal- und Organisationsentwicklung, Salzgitter Flachstahl GmbH) und Irene Beierstedt (Senior-Beraterin, PE-Solution)

Ausgangslage

Die Salzgitter Flachstahl GmbH ist mit über 5500 Beschäftigten die größte Stahltochter in der Salzgitter Gruppe, die vor allem für den Automobilsektor hochwertige Stahlprodukte anbietet. Wie die gesamte Stahlbranche ist die Salzgitter Flachstahl GmbH einem großen internationalen Wettbewerb ausgesetzt und steht vor der Herausforderung, die CO_2-Emissionen in der Stahlproduktion zu reduzieren. Dies erfordert hohe Kompetenzen von den Beschäftigten. Daher haben ausgewählte neue Beschäftigte die Gelegenheit, an einem „Basisprogramm" teilzunehmen. Dies ist das Einstiegsprogramm in das konzernweite Führungskräfteentwicklungssystem „FORWARD", das verschiedene Personalentwicklungsprogramme für unterschiedliche Karrierelevel beinhaltet. Das „Basisprogramm" besteht aus mehreren Modulen und endet mit einem zweitägigen Orientierungs-Center. Das Orientierungs-Center ist eine auf Entwicklung und Orientierung hin ausgerichtete Variante eines Assessment-Centers, in dem das individuelle Entwicklungspotenzial der neuen Beschäftigten erfasst wird. Das Orientierungs-Center ist für die Lernenden als Weg in den eigenverantwortlichen Entwicklungsprozess gedacht. Die Lernenden sollen ihre Potenziale erkennen und entfalten können und sich damit im Unternehmen verstärkt einbringen.

Das Orientierungs-Center wurde bereits seit 2013 in Präsenz durchgeführt. Es sollte nun in eine virtuelle Form umgewandelt werden. Die Digitalisierung dieses erfolgreichen Formats war bereits vor Beginn der Corona-Pandemie in Planung, in Zeiten der Pandemie wurde eine virtuelle Umsetzung noch einmal wichtiger für die Entwicklung der Nachwuchskräfte.

Umsetzung

Die virtuelle Umsetzung des Orientierungs-Centers wurde in Zusammenarbeit mit der psychologischen Unternehmensberatung PE-Solution geplant, mit der auch bei der Durchführung in Präsenzform schon seit vielen Jahren zusammengearbeitet wurde. PE-Solution konnte auf mehrjährige Erfahrung in der virtuellen Umsetzung von Verfahren zur Personalauswahl und Personalentwicklung zurückgreifen.

Der tatsächlichen Umsetzung ging eine umfangreiche Planungsphase voraus. Die Idee stieß anfangs noch auf Skepsis, da das Orientierungs-Center im Ursprung sehr stark auf den persönlichen Kontakt mit den Teilnehmenden fokussiert war. Eine Herausforderung bestand also darin, die Simulationen auch in einem virtuellen Orientierungs-Center so realistisch wie möglich zu gestalten. Eine weitere Herausforderung bezog sich darauf, in einer Videokonferenz nahezu alles wie in der Präsenzform beobachten zu können.

Deshalb wurde zunächst eine Demoversion der virtuellen Plattform zu Illustrationszwecken durch PE-Solution erstellt, um relevante Stakeholder überzeugen zu können. Neben der Zustimmung durch die Geschäftsführung waren auch Zustimmungen von Betriebsrat und Datenschutzbeauftragtem einzuholen. Der Betriebsrat und der Datenschutzbeauftragte wurden daher frühzeitig in das Projekt einbezogen und in Abstimmung mit dem Datenschutzbeauftragten wurde eine gesonderte Datenschutzvereinbarung für die Beteiligten erstellt. Die Zustimmungen stellten wichtige Meilensteine dar, um dann in die Umsetzung der virtuellen Durchführung zu gehen.

Nachdem alle technischen Voraussetzungen geschaffen waren, wurden die Beobachtenden geschult. Sowohl ein Kennenlernen der virtuellen Plattform als auch der Übungen und der eigenen Rolle standen dabei im Fokus. Dies beinhaltete auch Vorbereitungen auf den Umgang mit technischen Störungen. Die inhaltliche Schulung erfolgte anhand eines durch PE-Solution erstellten Schulungsvideos, um das Beobachten in der virtuellen Plattform zu üben und gemeinsam Bewertungsmaßstäbe zu definieren.

An der Umsetzung des zweitägigen Pilotdurchgangs des virtuellen Orientierungs-Centers nahmen neun Teilnehmende, sechs interne Beobachtende und drei externe Beobachtende der psychologischen Unternehmensberatung PE-Solution teil, die Steuerung erfolgte durch PE-Solution. Die Teilnehmenden konnten frei wählen, ob sie vom Arbeitsplatz aus oder aus dem Homeoffice teilnehmen wollten. Um die Teilnehmenden möglichst gut zu unterstützen, wurde bei der Einführung in das virtuelle Orientierungs-Center ein Introcoaching durchgeführt. Hierbei wurden in Kleingruppen – in sogenannten Breakout-Rooms – Übungen durchgeführt, in denen die Teilnehmenden den Beobachtenden ganz individuelle Beobachtungsaufträge geben konnten.

In dem virtuellen Orientierungs-Center durchliefen die Lernenden fünf Übungen: zwei Rollenspiele, eine Gesprächssituation, eine Postkorbaufgabe und eine Konzeptions- und Präsentationsaufgabe. Die Aufgaben sollten Situationen aus dem beruflichen Alltag der Teilnehmenden widerspiegeln und Stärken und Entwicklungspotenziale hinsichtlich ausgewählter „Salzgitter-Kompetenzen“ identifizieren. Ein Auszug einer Beispielübung ist in Abbildung 11 dargestellt. Die Herausforderung hierbei war, dass die Lernenden aus sehr unterschiedlichen Tätigkeitsfeldern kamen. Insofern mussten die Aufgaben sehr generell konzipiert werden und gleichzeitig eine Schnittmenge der relevanten, erfolgskritischen Situationen abbilden. Der Bewertung lag ein eigens für die Zielgruppe adaptiertes Kompetenzmodell zugrunde, das z. B. Anforderungen wie Kontakt- und Kommunikationsfähigkeit, Überzeugungskraft und Ergebnisorientierung beinhaltete.

Auf jede Übung folgten Reflexionsfragen an die Teilnehmenden, z. B.:

- „Was ist Ihnen gut gelungen?“
- „Was ist Ihnen weniger gut gelungen?“
- „Was glauben Sie, wie Sie auf Ihre Zuhörerinnen/Gesprächspartner gewirkt haben?“

Nach dieser übungsbezogenen Selbstreflexion erfolgte ein Feedbackgespräch mit dafür geschulten Beobachtungspersonen, in dem Stärken und Entwicklungsfelder zurückgemeldet wurden. So konnten die Teilnehmenden das neu Gelernte und die Optimierungsvorschläge in den nächsten Übungen unmittelbar umsetzen.

Teilnehmerinstruktion

Bitte stellen Sie sich vor, Sie sind seit einem Jahr als Betriebsingenieur bei der Salzgitter Flachstahl GmbH im Bereich Kaltflach tätig. Nach Ihrem Maschinenbaustudium sind Sie im Bereich Anlagentechnik eingestiegen. Die Anlagentechnik führt sämtliche Instandhaltungstätigkeiten für die Anlagen des Bereichs Kaltflach durch. Dies umfasst Arbeiten zur vorbeugenden Instandhaltung sowie Maßnahmen zur Optimierung der Produktionsanlagen. Sie arbeiten in der Maschinentechnik der Bandbeschichtungsanlage. Hier wird kaltgewalztes, feuerverzinktes oder elektrolytisch verzinktes Feinblech (z. B. für die Kundensegmente Bau oder Hausgerätehersteller) organisch beschichtet.

Hier ein Ausschnitt des Organigramms der Anlagentechnik:

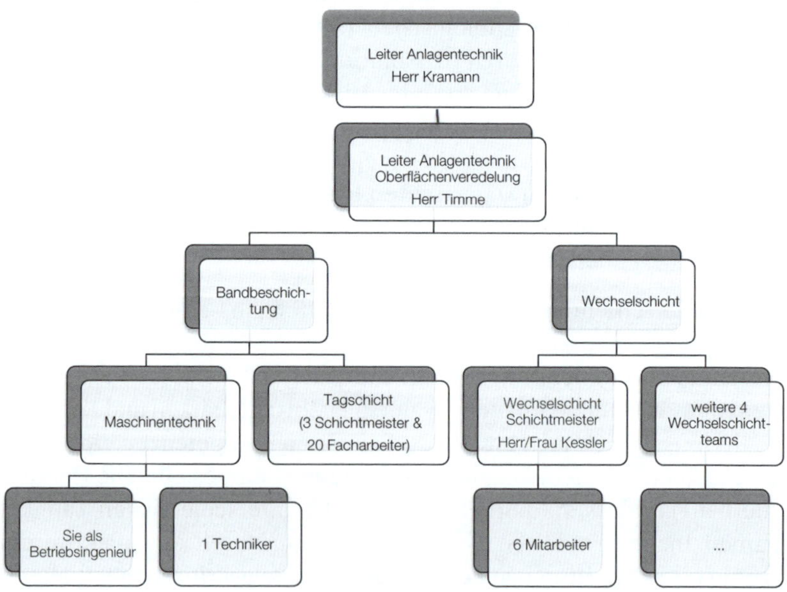

Abbildung 11: Auszug aus einer Übungsinstruktion aus dem virtuellen Orientierungs-Center (© PE-Solution. Der Abdruck erfolgt mit freundlicher Genehmigung.)

Neben den fünf Übungen bot das Orientierungs-Center auch Angebote zum kollegialen Austausch und zur Vernetzung u. a. durch Impulsfragen (z. B. „Was nehme ich für mich persönlich mit?“) sowie kleinere Inputs in Form von Serious Games (z. B. Anwendung verschiedener Fragetechniken, um spielerisch eine gelogene Information von anderen Teilnehmenden zu identifizieren) und entwicklungsorientierten Angeboten. Die Teilnehmenden konnten außerdem ein digitales Lerntagebuch führen, um ihre Erfahrungen und Erkenntnisse festzuhalten. Ein Teil dieses Lerntagebuchs diente auch dazu, die Teilnehmenden auf ein späteres Entwicklungsgespräch nach Abschluss des Orientierungs-Centers vorzubereiten.

Drei Wochen nach dem virtuellen Orientierungs-Center erhielten die Teilnehmenden jeweils einen individuellen Bericht von PE-Solution mit den beobachteten Stärken und Entwicklungsfeldern sowie eine konkrete Handlungsempfehlung und Literatur- oder Videohinweise, z. B. zur beziehungsorientierten Kommunikation (siehe Abbildung 12) oder zu mehr Verbindlichkeit am Gesprächsende oder souveränem Auftreten, um sich „on the job“ noch weiterentwickeln zu können.

Auf Basis dieses Berichts fand anschließend ein Entwicklungsgespräch der Teilnehmenden mit der jeweiligen Führungskraft statt, um einen nachhaltigen Entwicklungsprozess und einen Transfer in die Praxis sicherzustellen. Im Gespräch wurden Sichtweisen abgeglichen und bei Bedarf Entwicklungsmaßnahmen abge-

Vermehrt Fragen stellen und Lösungen gemeinsam erarbeiten: Mit ihrer guten Analysefähigkeit liegt Frau [Nachname] häufig richtig, aber nicht immer. Um an mehr Informationen zu kommen, sollte sie konsequenter Fragen stellen und Antworten einfordern. Durch Fragen zeigt Frau [Nachname] Interesse an der Person und macht deutlich, dass ihr die Meinungen, Ideen und Emotionen anderer wichtig sind. Folgende Fragen können hilfreich sein: ‚Wie kam es dazu, dass du so gehandelt hast?‘; ‚Was tust du genau, damit du […]?‘; ‚Was sind deine Befürchtungen?‘. Frau [Nachname] sollte sich nicht nur vornehmen, mehr Fragen zu stellen, sondern auch etwas mit den Antworten zu tun. Gegebenenfalls sorgt die Antwort des Gegenübers für noch mehr Fragen in ihrem Kopf. Dann sollte Frau [Nachname] sie stellen und zwar so lange, bis sie wirklich verstanden hat, was ihr Gegenüber bewegt. Wenn bekannt ist, was die Interessen, Beweggründe und Motive des Gegenübers sind, kann Frau [Nachname] sich wirksamer in die Situation hineinversetzen, echtes Verständnis zeigen und Empathie aufbringen. Darauf aufbauend können auch gezielt Argumente formuliert werden, die dort ansetzen, wo wirklich Überzeugungsarbeit geleistet werden muss. Dazu könnte Frau [Nachname] entweder passende Lösungen bzw. Kompromisse vorschlagen oder sie gemeinsam mit dem Gegenüber erarbeiten. Dies dann wieder mit Hilfe von offenen Fragen (z. B. ‚Was ist deine Idee?‘; ‚Welche ähnlichen Situationen hattest du schon einmal?‘; ‚Wie hast du diese gelöst?‘; ‚Wie können wir das gemeinsam schaffen?‘; ‚Was kann ich tun, damit du […]?‘). Eine gemeinsame Erarbeitung hat zum Vorteil, dass der Gesprächspartner sich aktiv mit eigenen Ideen einbringen kann und mehr Verantwortung für die getroffenen Entscheidungen übernimmt. Als Einstieg in dieses Themenfeld empfiehlt sich beispielsweise der folgende TED-Talk: Celeste Headlee (11:44 Minuten): https://www.ted.com/talks/celeste_headlee_10_ways_to_have_a_better_conversation.

Abbildung 12: Auszug eines Ergebnisberichts mit Videohinweis (© PE-Solution. Der Abdruck erfolgt mit freundlicher Genehmigung.)

leitet. Das Gespräch wurde von Verantwortlichen aus dem Personalbereich, die das virtuelle Orientierungs-Center moderiert hatten, begleitet. Die Aufgabe der Führungskräfte war, die Teilnehmenden im Arbeitsalltag zu unterstützen und zu coachen, um die selbst definierten Entwicklungsziele besser zu erreichen. Nach 18 Monaten wurde noch einmal ein Fortsetzungsgespräch geführt, das zwar den Abschluss des Basisprogramms, aber nicht den Schluss der Entwicklungsmöglichkeiten für die Teilnehmenden markierte. Sie haben darüber hinaus die Möglichkeit, in anderen FORWARD-Programmen der Salzgitter AG wie dem Management- oder Expertenkolleg ihre Kompetenzen auszubauen und sich auf weiterführende Aufgaben vorzubereiten.

Inzwischen hat die virtuelle Version des Orientierungs-Centers bereits mehrmals stattgefunden.

Erkenntnisse

Die Projektverantwortlichen ziehen gemeinsam ein sehr positives Fazit. Trotz der anfänglichen Skepsis bei einigen Beteiligten wurde das virtuelle Orientierungs-Center sehr gut angenommen und bei der Bewertung qualitativ mit der Präsenzveranstaltung gleichgesetzt. Es zeigte sich auch bei den Lernenden und Beobachtenden eine große Akzeptanz. Besonders positiv wurden die realistischen Übungen empfunden – trotz der virtuellen Durchführung. Auch das anschließende Feedback und die Möglichkeit, bei anderen Teilnehmenden zu hospitieren, wurde von den Lernenden gut aufgenommen. Als zusätzlicher positiver Faktor ist die Flexibilität der Beteiligten zu sehen. Die Teilnehmenden können aus unterschiedlichen Standorten ohne Fahrtwege und ohne zusätzlichen Zeitaufwand teilnehmen.

Im Vergleich zur Präsenzdurchführung musste etwas mehr Zeit für Pausen eingeplant werden. Auch das Einplanen von Pufferzeiten für technische Probleme oder Probleme beim Auffinden der richtigen virtuellen Räume war wichtig, damit die Teilnehmenden bei solchen Problemen nicht in Stress gerieten. Allerdings kam den Teilnehmenden dabei zugute, dass sie aus dem bereits digitalisierten Basisprogramm schon Vorerfahrungen mit digitalisierten Formaten vorweisen konnten.

Die neun Personen, die an dem Pilotprojekt teilnahmen, gaben anschließend an, dass sie wertvolle Impulse für ihren Arbeitsalltag erhalten hatten. Lediglich der persönliche Austausch der Teilnehmenden, wie es sonst in den Pausen bei den Präsenzveranstaltungen möglich ist, wurde vermisst. So lautete auch das Fazit von Dr. Claudia Köhler, der Leiterin der Abteilung Rekrutierung, Personal- und Organisationsentwicklung bei der Salzgitter Flachstahl GmbH:

Ich war überrascht, dass man virtuell wirklich 90 bis 95 % dessen beobachten kann, was auch in Präsenz möglich ist. Auch begeistert mich immer wieder, dass es Teilnehmende gibt, die in der Lage sind, das aufgezeigte Feedback in den Folgeübungen erfolgreich umzusetzen. Ich freue mich, dass auch die betrieblichen Beobachtenden so positive Rückmeldungen in Bezug auf unsere virtuelle Umsetzung gegeben haben.

Reflexion des Fallbeispiels

Rahmenbedingungen. Ein Orientierungs-Center stellt auf den ersten Blick zunächst ein diagnostisches Verfahren dar, welches der Bedarfsermittlung auf Personenebene dient (vgl. Abschnitt 4.1.3). Anders als Befragungsmethoden oder Analysen auf Gruppenebene ermöglicht das Orientierungs-Center dabei eine individuelle Ermittlung von Bedarfen. Der Fokus liegt keineswegs nur auf Bedarfen im Sinne von Ist-Soll-Diskrepanzen. Es werden ebenso Stärken aufgezeigt. Auf den zweiten Blick stellt das Orientierungs-Center somit auch eine Intervention dar, die Lernerfahrungen ermöglicht, teilweise sogar explizit fördert (z. B. über das verwendete Lerntagebuch). Insbesondere zentrale laufbahnförderliche Selbstkompetenzen werden gefördert, indem sich die Teilnehmenden über Stärken und Entwicklungsfelder bewusst werden. Somit verschmelzen Diagnostik und Entwicklung. Eine frühe Einbindung aller Stakeholder in den Prozess sorgte für Akzeptanz des Formats in der Belegschaft. Außerdem war wichtig, dass die Führungskräfte in den weiteren Prozess eingebunden wurden. Führungskräfte stellen eine wichtige Rahmenbedingung für das Lernen der Beschäftigten dar und bieten insbesondere bei Veränderungen im Job einen Orientierungspunkt. Durch die Unterstützung der Teilnehmenden in Form von Gesprächen und durch weitere Angebote wurde so die Bedeutung des Lernprozesses unterstrichen.

Lernformen und Methoden. Die Übungen im Orientierungs-Center sind klassischerweise den simulationsorientierten Verfahren zuzuordnen (vgl. Abschnitt 4.3.1). Dabei werden im Vorfeld z. B. informell im Arbeitsleben erworbene Kompetenzen in den Übungen erlebbar und sichtbar gemacht. Strukturierte Anleitungen zur Reflexion und systematisches Feedback fördern die Erlebbarkeit und Sichtbarkeit. Das Orientierungs-Center ist dabei wie ein „Umschlaghafen" in einer längeren Lernreise, die zuvor begonnen und nach dem Verfahren noch nicht abgeschlossen ist. Insgesamt gesehen ist das Orientierungs-Center als Unterstützungsmethode des formalen Lernens einzustufen, wenngleich es auch Impulse für anschließende selbstregulierte Lernprozesse bieten kann, indem es beispielsweise den Möglichkeitsraum an von der lernenden Person selbst zu setzenden Lernzielen aufzeigt (vgl. Coaching als Hybrid, Abschnitt 2.2.5.4).

5.6 Simulationen bei EDEKA Südwest

Unter Mitarbeit von Dina Weiler (Head of Business Development bei der simdustry GmbH), Franziska Läufer (Leitung für den Themenbereich Ausbildung bei EDEKA Südwest), Jennifer Wagner und Tina Rost (Trainerinnen bei EDEKA Südwest)

Ausgangslage

EDEKA Südwest mit Sitz in Offenburg ist die zweitgrößte von sieben EDEKA-Regionalgesellschaften in Deutschland. Mit rund 1120 Märkten, größtenteils betrieben von selbstständigen Kaufleuten, ist EDEKA Südwest im Südwesten flächendeckend präsent. Das Vertriebsgebiet erstreckt sich über Baden-Württemberg, Rheinland-Pfalz und das Saarland sowie den Süden Hessens und Teile Bayerns. Zum Unternehmensverbund gehören auch der Fleisch- und Wurstwarenhersteller EDEKA Südwest Fleisch, eine Bäckereigruppe, der Spezialist für Schwarzwälder Schinken und geräucherte Produkte Schwarzwaldhof, der Mineralbrunnen Schwarzwald-Sprudel, der Ortenauer Weinkeller und der Fischwarenspezialist Frischkost. Der Unternehmensverbund, inklusive des selbstständigen Einzelhandels, ist mit rund 44000 Mitarbeitenden sowie etwa 3000 Auszubildenden in über 30 Ausbildungsberufen und dualen Studiengängen einer der größten Arbeitgeber und Ausbilder in der Region.

Eine geplante Umstrukturierung der praxisbegleitenden Seminare im Rahmen der betrieblichen Ausbildung war für EDEKA Südwest Anlass und Motivationstreiber, im Jahr 2018 mit der simdustry GmbH eine maßgeschneiderte Simulation zu entwickeln, die den Weg eines Lebensmittels vom Feld auf den Teller abbildet. Ziel der Neuausrichtung der Seminare war es, die Auszubildenden mit interaktiven Elementen und innovativen Methoden künftig noch stärker zu involvieren und Neugier für die Themen zu wecken. Bis dahin waren die Seminare und die darin angewandten Methoden schwerpunktmäßig auf die reine Wissensvermittlung zur optimalen Vorbereitung der Auszubildenden auf die Ausbildungsabschlussprüfungen ausgerichtet. Mit der Umstrukturierung der Seminare wurden die Ziele neu definiert und höher gesteckt:

1. Wider dem allgemeinen Trend zur Digitalisierung, lag der Fokus bei diesen Ausbildungsseminaren auf der Lernzeit in Präsenz. Ziel war es, durch das stärkere Erlebbarmachen der Prozesse aus dem täglichen Arbeitsumfeld der Auszubildenden ein umfassenderes Verständnis der Thematik zu erreichen. Aktives Ausprobieren und das Anwenden von Erlerntem sollte darüber hinaus ein noch stärkeres Interesse der meist jugendlichen Teilnehmenden der Seminare an den Inhalten wecken. Durch Interaktion im Planspiel sollten zudem die sozialen Kompetenzen der Auszubildenden gestärkt werden, u. a. indem die Teilnehmenden bei der Simulation ihre Perspektiven austauschen und somit die unterschiedlichen Denk- und Sichtweisen der anderen beteiligten Auszubilden-

den kennenlernen. Die Tatsache, dass bei der täglichen Arbeit eines Auszubildenden bei EDEKA Südwest die Interaktion mit anderen Personen im direkten Kontakt eine große Rolle spielt, war einer der Gründe, weshalb bewusst ein präsenzorientiertes Lernmodell gewählt wurde.

2. Auf der Lernzieltaxonomie[8] sollten höhere Level erreicht werden, die eine tiefere Wissensvermittlung widerspiegeln. Folgende Wissensbereiche wurden berücksichtigt:
   - *Prozessverständnis, Prozessdenken und Prozessreflexion fördern:* Es wurde ein komplexer Prozess aus dem Arbeitsalltag simuliert. Dieser wurde stark heruntergebrochen, ohne jedoch wichtige Inhalte auszulassen.
   - *Wissen anwenden:* Der Wissenstransfer wurde praxisorientiert in das Planspiel eingebunden, zum Beispiel mit folgender Fragestellung: „Welche Lebensmittel benötigen zur Qualitätserhaltung eine Kühlung und welche Lebensmittel erfahren durch eine Kühlung eine Qualitätsminderung?“ Die richtige Anwendung bereits erlernter Inhalte trug dabei zum Erfolg der Spielteilnehmenden im weiteren Verlauf der Simulation bei.
   - *Ganzheitliches Verständnis der Zusammenhänge fördern:* Die Auszubildenden lernten im Planspiel beispielsweise, welche Faktoren zu einer Preissteigerung bei Lebensmitteln führen und welche Auswirkungen diese auf das Kaufverhalten der Kundschaft und das Einzelhandelsunternehmen hat. Sie stellten u. a. auch fest, welche Auswirkungen das eigene Verhalten und Auftreten gegenüber der Kundschaft auf deren Zufriedenheit hat.
   - *Über den Tellerrand schauen:* Die Teilnehmenden konnten ein Verständnis dafür erlangen, wie das eigene Handeln mit dem anderer Prozessbeteiligter zusammenhängt. Zum Beispiel machten die Auszubildenden im Spielverlauf die Erfahrung, dass eine gewissenhafte Wareneingangskontrolle wichtig für die Qualität und Verkaufsfähigkeit der Ware ist, was sich wiederum in einer hohen Kundenzufriedenheit widerspiegelt.
   - *Transfer in andere Abteilungen:* Es wurde der Transfer angeregt, das Erlernte beispielsweise vom Bereich Obst und Gemüse auf den Bereich Milch- und Molkereiprodukte zu übertragen. So ist beispielsweise die bereits erwähnte Wareneingangskontrolle nicht nur für Artikel aus dem Bereich Obst und Gemüse wichtig, sondern spielt auch für die Verkaufsfähigkeit in anderen Bereichen eine tragende Rolle.
   - *Relevante wirtschaftliche Kennzahlen greifbar machen:* Im Planspiel wurde aufgezeigt, welche Bedeutung einzelne Kennzahlen haben und wie sich deren Entwicklung auf den Unternehmensprozess und -erfolg auswirkt.
   - *Eigene Rolle verdeutlichen:* Die Auszubildenden konnten erkennen, welche Verantwortung sie bei ihrer täglichen Arbeit bereits übernehmen.

8 Die Lernzieltaxonomie nach Bloom, Engelhart, Furst, Hill und Krathwohl (1956) ist ein hierarchisches Modell der Lernziele, das sechs Ebenen unterscheidet: Knowledge, Comprehension, Application, Analysis, Synthesis, Evaluation; siehe auch die Lernzieltaxonomie in Abschnitt 4.2.2.

3. Es sollte ein Wir-Gefühl unter den Auszubildenden geschaffen, noch mehr Freude an der Ausbildung vermittelt und somit eine stärkere Bindung an das Unternehmen erreicht werden.

Umsetzung

Es wurde eine halbtägige Simulation für maximal 20 Auszubildende entwickelt, die in eine Schulung zu Basiswissen eingebunden wurde. Im Fokus stand die Frage, wie ein Produkt, zum Beispiel aus dem Bereich Gemüse, vom Feld auf den Teller der Kundinnen und Kunden kommt und welche Prozesse dabei beim Lieferanten, beim Großhandel und im Lebensmittelmarkt stattfinden. Mit der Simulation sollte gleichzeitig das bereits erworbene Wissen aus der Basis-Wissensschulung vertieft werden. Die Simulation sollte damit einen Beitrag dazu leisten, reflektierte Beschäftigte zu gewinnen, die durch ihre sozialen Kompetenzen, ihr prozessorientiertes Denken und Handeln sowie durch ihre besondere Beratungsqualität die Kundschaft überzeugen können und so zum Unternehmenserfolg beitragen.

Umgesetzt wurde die Simulation durch mehrere Boards (siehe Abbildung 13) für jeweils zwei bis vier Teilnehmende. Dabei wurden mindestens drei und maximal fünf Boards eingesetzt. Auf diesen wurde in ansprechender Weise der Prozess eines Produktes vom Feld auf den Teller dargestellt.

Das simulationsbasierte Training umfasste die Abfolge der drei folgenden Schritte:
- Entscheidungen treffen,
- Reflexion und Debriefing,
- Transfer in den eigenen Verantwortungsbereich.

Inhaltlich orientierte sich die Simulation am Ausbildungsrahmenplan der Industrie- und Handelskammer. Darüber hinaus wurden weitere, vom Bereich Personalentwicklung der EDEKA Südwest festgelegte Ziele in die Simulation integriert. Die Inhalte trugen dazu bei, die Beratungsqualität der Teilnehmenden bei Kundengesprächen zu erhöhen. So wurde z. B. abweichend vom Rahmenplan Lebensmittelwissen intensiver geschult. Beim Zubereiten verschiedener Lebensmittel wurde das Gelernte umgehend angewandt. Neben dem bereits erwähnten Prozessdenken hat das praxisorientierte Arbeiten einen hohen Stellenwert bei den Aktivitäten des Bereichs Personalentwicklung von EDEKA Südwest.

Die maßgeschneiderte Simulation der simdustry GmbH trägt dazu bei, den Auszubildenden bereits im ersten Ausbildungsjahr ein Verständnis für die Prozesse im und rund um den EDEKA-Markt zu entwickeln. Dieses Prozessdenken wird in den folgenden Ausbildungsjahren durch zusätzliche Angebote des Bereichs Personalentwicklung von EDEKA Südwest weiter gefördert.

Die Simulation fand in drei Runden statt. Jede Runde beinhaltete folgende Stationen im Prozess vom Feld auf den Teller:

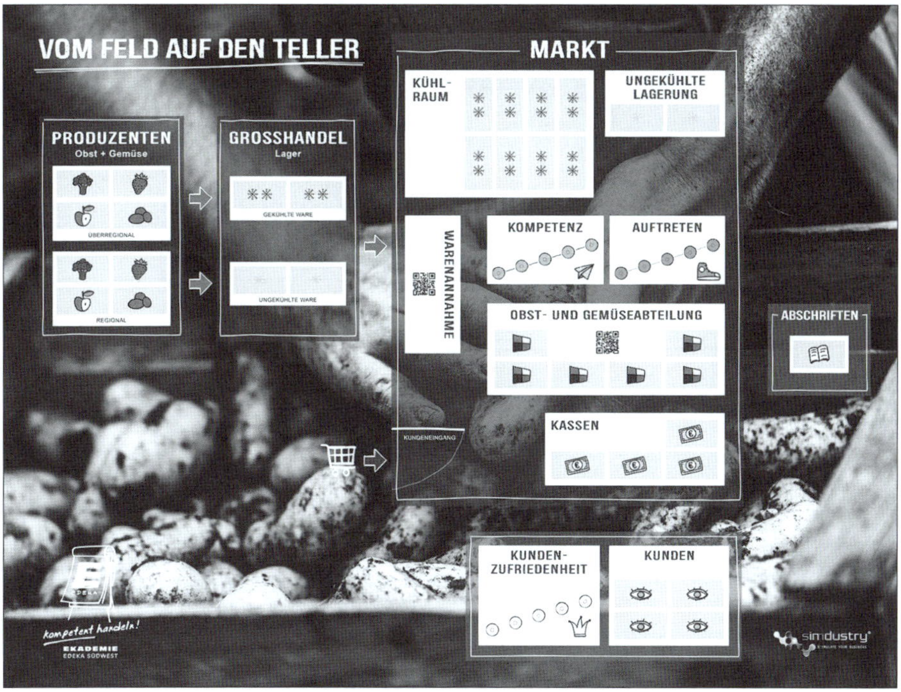

Abbildung 13: Board der Simulation (© simdustry GmbH. Der Abdruck erfolgt mit freundlicher Genehmigung.)

1. Produktion von Obst und Gemüse
2. Transport zum Großhandel
3. Lagerung beim Großhandel
4. Transport zum Einzelhandel
5. Warenannahme und Lagerung im Einzelhandel
6. Warenpräsentation im Lebensmittelmarkt
7. Betriebswirtschaftliches Ergebnis bestimmen und qualitative Faktoren, darunter die Kundenzufriedenheit, analysieren.

Jede Runde wurde mitunter durch Ereigniskarten und Eventualitäten im Prozess (siehe Abbildung 14) beeinflusst – positiv oder negativ. So sollten verschiedene, auch nicht planbare Einflussfaktoren auf den Gesamtprozess simuliert werden.

Die drei Runden hatten unterschiedliche Fokusse:

- *Runde 1:* Einführung, Prozess verstehen und den Spielplan überblicken
- *Runde 2:* Worst-Case-Szenario (z. B.: Es hat während der Anbauperiode dauerhaft geregnet und die Salatköpfe sind verdorben: Welche Auswirkung hat das auf den Preis des Salats und das Kaufverhalten der Kundschaft und was kann ich als Mitarbeiterin bzw. Mitarbeiter tun, um darauf adäquat zu reagieren?)
- *Runde 3:* Auszubildende sind vertraut mit dem Prozess sowie mit allen Eventualitäten, durchlaufen diese Runde eigenständig und können sich austesten.

Beim Transport im Lager ist es zu einem Unfall gekommen. Es ist eine Palette umgestürzt. Deshalb ist die Ware teilweise beschädigt und kann nicht geliefert werden.

GELB -1

Beim Beladen und Ausliefern der Ware gab es keine Pannen. Alles kommt termingerecht und vollständig im Markt an.

Dein Arbeitskollege ist heute plötzlich krank. Deshalb bist du so im Stress, dass du keine Zeit für deine Kunden hast.

KUNDENZUFRIEDENHEIT -1

Ein Kunde hat die Auberginen gesucht, weil er nicht wusste, wie sie aussehen. Du konntest natürlich sofort helfen und ihm das Produkt zeigen.

AUFTRETEN +1
KUNDENZUFRIEDENHEIT +1

Abbildung 14: Beispiele für Eventualitäten (© simdustry GmbH. Der Abdruck erfolgt mit freundlicher Genehmigung.)

Zum Abschluss werden die betriebswirtschaftlichen Wertungen aller drei Runden gegenübergestellt, ausgewertet und reflektiert. Für den Erfolg eines Einzelhandelsunternehmens sind jedoch nicht nur die betriebswirtschaftlichen Kennzahlen ausschlaggebend, sondern auch softe Faktoren wie die Kundenzufriedenheit sind wichtig. Im Laufe des Spiels können die Teilnehmenden durch eigene Entscheidungen Punkte auf dem Konto „Kundenzufriedenheit" sammeln. Deshalb wird in der finalen Auswertung, in einer vom Bereich Personalentwicklung festgelegten Formel, das Ergebnis aus den betriebswirtschaftlichen Kennzahlen und den gesammelten Punkten im Bereich Kundenzufriedenheit berechnet. Am Ende der drei Spielrunden wird so eine Gruppe zum erfolgreichsten Unternehmen im Raum ernannt.

Erkenntnisse

Die Simulation hatte in den Jahren 2018 und 2019 mit etwa 130 Durchläufen einen sehr großen Erfolg. Dies äußerte sich vor allem in diesen Punkten:

- Mit der Simulation wurde die Möglichkeit geschaffen, komplexere Themen zu vermitteln, indem diese plastisch und vereinfacht dargestellt wurden. Zudem ermöglichte die Business-Simulation, Auszubildende auch mit praxisnahen Problemen und Hindernissen im Prozess zu konfrontieren. Damit wurde ein insgesamt höheres Reifelevel, d.h. ein höheres Level in der Lernzieltaxonomie, und ein besseres Gesamtverständnis erzielt.

- Die Marktleitung und Ausbildende bestätigten in ihrem Feedback, dass die Auszubildenden durch die Simulation einen besseren Überblick über die Thematik erlangten und ihnen ein tieferer Einblick in die Prozesse vom Anbau bis zum Verkauf ermöglicht wurde. Führungskräfte nahmen die Auszubildenden diesbezüglich als deutlich reflektierter wahr.
- Die Auszubildenden zogen einen großen Mehrwert daraus, dass Kommunikation und Teamentwicklung bereits im ersten Lehrjahr fokussiert wurden.
  - Den Auszubildenden wurde in der Simulation deutlich, dass sie eine Verantwortung gegenüber anderen haben, da eigene Entscheidungen und Verhaltensweisen auch eine Auswirkung auf das Umfeld haben. Diese Tatsache verdeutlichte das Feedback der Teilnehmenden.
  - Das Setting der Business-Simulation förderte zudem eine besondere Gruppendynamik, durch die sich jeder als Teil der Gruppe wahrnahm, die zugewiesene Rolle erkundete und einnahm.
  - Darüber hinaus konnten Sozialkompetenzen weiterentwickelt werden, da die Auszubildenden im Rahmen der Simulation reflektieren mussten, wie sie mit Kundschaft, Lieferantinnen und Lieferanten oder der Marktleitung kommunizieren.

Zum Erfolg der Simulation hat u.a. die maßgeschneiderte Entwicklung beigetragen, die unternehmensspezifische Bedürfnisse berücksichtigte. In Folge der Corona-Pandemie 2020 konnte die Business-Simulation vorerst nicht mehr genutzt werden, weil sie eines Face-to-Face-Settings bedarf. Der Erfolg hängt wesentlich auch von den Trainierenden ab, die neben der methodischen (z.B. Moderation der Simulation) auch die erforderliche fachliche Kompetenz (z.B. theoretische Hintergründe und Wissen über die Zusammenhänge) mitbringen.

Reflexion des Fallbeispiels

Rahmenbedingungen. Die Simulationsmethodik wird bei EDEKA Südwest für Auszubildende eingesetzt. Somit wird die strategische Funktion „Kompetenzen schaffen" des arbeitsbezogenen Lernens bedient, die aus individueller Perspektive betrachtet für die neuen Beschäftigten Grundlagen schaffen soll und aus organisationaler Perspektive als Teil des Ausbildungs- und Onboarding-Prozesses angesehen werden kann (vgl. Abschnitt 2.1). Die Simulationen bei EDEKA zielen darauf ab, den Teilnehmenden in einem möglichst realistischen Trainingssetting verkaufsrelevante Kompetenzen zu vermitteln. Dabei wird auf möglichst hohe Trainings-Arbeitsplatz-Übereinstimmung geachtet (z.B. durch Abweichung vom Lehrplan im Themenbereich Lebensmittelwissen) und so die Transferwahrscheinlichkeit erhöht. Insbesondere wird durch die Simulation Prozess- und Zusammenhangswissen vermittelt, was zu kompetenteren Entscheidungen und Handlungen in Verkaufssituationen befähigt. Das mehrfache Durchlaufen der Simulation kann die Handlungssicherheit erhöhen, die jeweils unterschiedlichen Bedingungen (z.B. Worst-Case-Szenario) verhindern einen zu starken Trainingseffekt für die spezielle (künstliche) Simulationssituation. Positiv hervorzuheben ist des Weiteren die Orientierung an Lernzieltaxonomien (vgl. Abschnitt 4.2.2) bei der Evaluation der Methodik.

Lernformen und Methoden. Bei der eingesetzten Lernmethodik handelt es sich um simulationsbasiertes Training (vgl. Abschnitt 4.3.1). Die Simulation als solche hat explizit zum Ziel, dass Lernen und ein Kompetenzerwerb bei den Teilnehmenden stattfindet. Die Lernsituation ist hochgradig strukturiert und geplant, das gilt selbst für die vermeintlich unvorhersehbaren Ereignisse. Insofern wird durch die Simulation vornehmlich formales Lernen stimuliert. Auch die strukturierte Reflexion am Ende ist als Lernen im Sinne eines After Action Reviews (vgl. Abschnitt 4.3.4) zu verstehen, um den Teilnehmenden den Sinn des Gelernten zu verdeutlichen und den ersten Schritt Richtung Trainingstransfer zu erleichtern (vgl. Abschnitt 2.2.1.2). Die Durchführung in Kleingruppen kann durch die Gruppendynamik dennoch zu ungeplanten Lernimpulsen (z.B. durch Beobachten des Handelns der anderen Teilnehmenden) führen und so informelles Lernen anregen.

5.7 Einführung von Lerntagen im KfH (Kuratorium für Dialyse und Nierentransplantation e.V.)

Unter Mitarbeit von Bettina Jung (Change Managerin, KfH Kuratorium für Dialyse und Nierentransplantation e.V.)

Ausgangslage

Das KfH Kuratorium für Dialyse und Nierentransplantation e.V. ist eine gemeinnützige Organisation in der Gesundheitsbranche mit über 6000 Mitarbeitenden verschiedener Berufsgruppen. An über 200 Standorten in Deutschland werden nierenkranke Patientinnen und Patienten umfassend nephrologisch versorgt.

Im Zuge der Digitalisierung wurde 2018 organisationsweit der Wechsel von lokalen Microsoft-Lösungen auf das cloudbasierte Microsoft 365 vollzogen. Für die Mitarbeitenden bedeutete das eine immense Umstellung, da sich die eigentlich vertrauten Anwendungen wie z.B. Word und Excel anders verhalten, wenn sie cloudbasiert genutzt werden. Der zusätzliche Nutzen der Microsoft-365-Version wird erst dann spürbar, wenn auch die Kollaborationstools wie SharePoint und Teams zur leichteren Zusammenarbeit eingesetzt werden. Allerdings spielten gerade diese Tools im Sinne der vernetzten Zusammenarbeit in der Praxis des KfH zunächst eine nachgeordnete Rolle.

Die Corona-Pandemie Anfang 2020 veränderte die Situation, da das KfH auf allen Ebenen davon betroffen war:

- Das KfH behandelt chronisch kranke Patientinnen und Patienten, die kontinuierlich behandelt werden müssen – egal wie ihr Infektionsstatus ist. Dies stellte eine große Belastung für die Mitarbeitenden an den medizinischen Standorten dar.
- Teams, egal ob in der Patientenversorgung oder in administrativen Jobs, hatten keine Präsenzmeetings mehr.
- Lernen und Zusammenarbeit musste dennoch stattfinden, teilweise sogar stärker als in normalen Zeiten; der Kommunikationsbedarf war hoch.

Technisch waren dank Microsoft 365 und durch ein etabliertes Lernmanagementsystem gute Voraussetzungen geschaffen, Pflicht-Schulungen sowie Teammeetings durchzuführen und unmittelbar so viel administrative Arbeit wie möglich ins Homeoffice zu verlagern. Jetzt bekamen die bisher vernachlässigten Kollaborationstools wie Teams und SharePoint von einem Tag auf den anderen eine höhere Relevanz.

Umsetzung

Es entwickelte sich schnell die Erkenntnis, dass es nicht genügt, die Funktionsweise der Tools zu lernen, sondern dass sich durch die Nutzung dieser Tools die Zusammenarbeit grundlegend verändert. Darauf waren allerdings nur wenige Mitarbeitende vorbereitet. Dazu kam, dass digitale Anwendungen in der Patientenversorgung bislang eher auf Dokumentationstools ausgerichtet waren, weniger auf digitale Vernetzung. Auch die Auswirkungen digitaler Vernetzung auf das Führungsverständnis waren nicht vorausgedacht worden. Das bestehende Angebot klassischer E-Learnings zu Microsoft 365 reichte nicht aus. Die Erkenntnis der Learning-Abteilung war, dass sich die Lernangebote auf Anwendungsfälle und auf verschiedene Kenntnislevels ausrichten müssen. Möglichkeiten der Zusammenarbeit müssten erst einmal anschaulich gemacht und verstanden werden, um dann Ideen zu entwickeln, an welcher Stelle sie im Arbeitsalltag einer Gesundheitseinrichtung nützlich sein und Probleme lösen können. Der Versuch eines partizipativen Schulungsangebots, bei dem die Teilnehmenden selbst die Agenda festlegen sollten, scheiterte zunächst, weil zu wenig Grundlagenwissen vorhanden war.

Erste klassische Online-Schulungen wurden angeboten. Die Erfahrungen waren allerdings ernüchternd. Die Schulungen wurden nur zögerlich angenommen; für die Teilnehmenden mit sehr heterogen Kenntnisständen waren passende Schulungszuschnitte fast nicht möglich. Deshalb entstand die Idee, eine Mixtur von Angeboten zu schaffen, die alle Zielgruppen berücksichtigte, eine gewisse Zeitsouveränität ermöglichte, aber vor allem auch Interaktion beinhaltete, um Microsoft 365 praxisnah erlebbarer zu machen. Verfolgt wurden drei aufeinander abgestimmte Ansätze: (1) Der Online-Lerntag, (2) kontinuierlich an den Bedarf zu adaptierende Online-Schulungen und (3) eine MS-Teams-Community zu digitaler Zusammenarbeit.

Die Online-Lerntage sollten folgende Anforderungen erfüllen:
- Sie sollten ein Angebot für jedes Vorkenntnis-Level bereithalten.
- Es sollte Interaktion zwischen den Beschäftigten geben.
- Formate sollten aufgezeichnet werden und so jederzeit verfügbar sein.
- Es sollte keine Trennung nach Berufsgruppen bzw. Mitarbeitenden und Führungskräften geben, sondern die Angebote sollten eher auf „Rollen“ zugeschnitten sein, um Kenntnislevels und interdisziplinäre Zusammenarbeitsaspekte zu berücksichtigen.

Vorgehen bei den Online-Lerntagen. Die Online-Lerntage wurden als Mischung aus Barcamp und Vorträgen mit interaktiven Anteilen realisiert. Es fand zunächst eine Pilotierung in einem heterogen besetzten 70-köpfigen Projektteam statt. Danach wurde im Jahr 2020 unternehmensweit ein Angebot geschaffen, das für Beschäftigte aller Kenntnislevel und mit verschiedenen Interessensschwerpunkten passende Inhalte bereithält. Die Lerntage funktionieren nach dem „Hop-on-Hop-off“-Prinzip von Stadtrundfahrten mit dem Ziel, auch Beschäftigten im Schichtbetrieb die Möglichkeit zu geben, je nach Bedarf flexibel teilnehmen zu können. Deshalb fanden einige Lerntage themengleich an zwei aufeinanderfolgenden Tagen statt – mit Beginn um 13 Uhr und Ende gegen 17 Uhr. Ein gemeinsamer Start in Form eines Impulsvortrages und ein Abschluss in Form einer FAQ-Session bildeten den Rahmen, mit zwei bis drei parallelen Themensträngen inklusive 40-minütigen, in sich geschlossenen Einheiten dazwischen (siehe Abbildung 15). Jede Person war frei, nach eigenem Interesse und verfügbarer Zeit zu kommen und zu gehen.

Für die Veranstaltung wurden verschiedene Teams-Meetings genutzt. Die Zugangslinks zu den Meetings waren auf einer SharePoint-Website gebündelt, die als Landingpage und somit quasi als Veranstaltungsfoyer diente. Auf dieser Website lief alles zusammen – die Agenda, die verschiedenen Meetings und später auch die Aufzeichnungen waren darüber verfügbar. Teilnehmende konnten über diese Website immer wieder einsteigen.

Beispiel-Inhalte waren:
- *Stream 1 – Dokumentenmanagement in Microsoft 365 und Grundlagen* („Wie tickt das Programm?“). Zielgruppe: „Basis-Anwenderinnen bzw. -Anwender“ mit wenig Vorkenntnissen und Personen, die Microsoft 365 noch einmal grundlegend verstehen wollten.
- *Stream 2 – MS Teams.* MS Teams mit seinen spezifischen Möglichkeiten kennenlernen. Die Angebote in diesem Stream fokussierten verschiedene Teams-Funktionen oder -Einstellungen, um die Benachrichtigungen aus Teams individuell einzustellen („der Informationsflut Herr werden“). Zielgruppe: Alle, die sich für MS Teams interessierten.

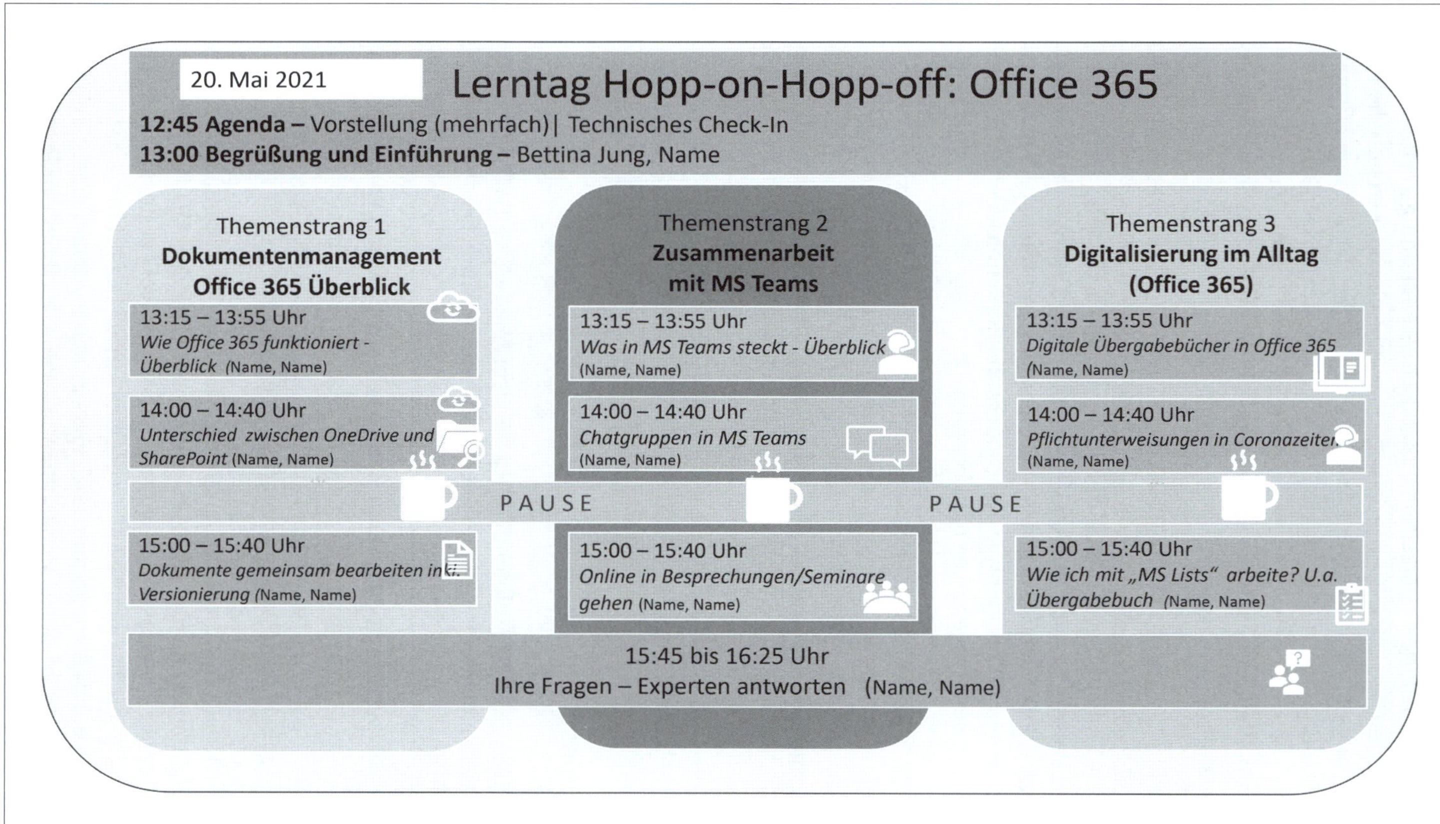

Abbildung 15: Programm des Lerntages am 20. 05. 2021 (© KfH Kuratorium für Dialyse und Nierentransplantation e.V. Der Abdruck erfolgt mit freundlicher Genehmigung.)

- *Stream 3 – Office-365-Anwendungsfälle aus der Praxis.* In diesem Stream wurde von Tandems referiert. Einzelne medizinische Behandlungsteams hatten für den laufenden Betrieb, z. B. erforderliche medizinische oder technische Pflichtunterweisungen, eigenmotiviert online gestartet. Sie stellten ihre Lösung vor, IT und Bildungszentrum ergänzten wichtiges Kontextwissen zu dem Anwendungsfall, beispielsweise weitere Möglichkeiten in Teams, Varianten und Alternativen. Zielgruppe: „Intensivnutzende", Führungskräfte und „Neugierige" (Interessierte).

Referiert wurde von externen Microsoft-365-Expertinnen und Experten, internen Personen mit Expertise aus IT, Learning-Abteilung und Change-Abteilung. Die 40-Minuten-Einheiten gestalteten sich in der Regel so, dass die erste Hälfte aus Demo bzw. Vortrag bestand und die zweite Hälfte zur Diskussion der Inhalte genutzt wurde. Viele Vorträge wurden später auf der Landingpage der Microsoft-365-Wissenseite zur Verfügung gestellt, sodass alle Einheiten jederzeit angeschaut bzw. im Team weitergegeben werden konnten.

Von 2020 bis 2021 wurden die Lerntage sechsmal unternehmensweit angeboten. Die Teilnehmendenzahl lag jeweils zwischen 30 und 100; insgesamt wurden so rund 250 Personen erreicht, davon ca. 200 Multiplikatoren, die ihr Wissen weiter in die Teams tragen konnten. Die Teilnehmenden wurden zusätzlich in die Office-365-Community eingeladen. Einige Personen kamen wiederholt zu den Lerntagen, da das Programm variierte. Als statische Informationsquelle für alle dient eine Wissensseite zu Microsoft 365, auf der gesammelt und strukturiert Aufzeichnungen, Anwendungsfälle und FAQs abgelegt sind.

Erkenntnisse

Es zeigte sich, dass die Teilnehmenden zunächst Bedarf an Basiswissen hatten und erst danach interessengesteuert weitere Inhalte wählten. Dies wurde vor allem deutlich, wenn das gleiche Programm an zwei aufeinanderfolgenden Tagen angeboten wurde. Allerdings zeigte sich auch, dass die Teilnahme an den Lerntagen Ende 2021 eher rückläufig war. Hier spielen vermutlich Gründe wie die Corona-Belastung und „digitale Müdigkeit" eine Rolle. Es ist weiterhin ein herausfordernder Prozess für die Personalverantwortlichen, herauszufinden, wie genau die Teams tatsächlich digital zusammenarbeiten wollen.

Es zeigte sich, dass zwischen den Lerntagen ein Angebot für kontinuierliches (Weiter-)Lernen benötigt wurde. Deshalb wurde parallel ein MS-Teams-Netzwerk zur Zusammenarbeit in Microsoft 365 aufgebaut. Das Netzwerk besteht inzwischen aus ca. 200 Mitgliedern in einer Teams-Gruppe und macht asynchrones gemeinsames Lernen möglich. Um die Community zu aktivieren und zu motivieren, ist viel und kontinuierlicher Input sowie Moderation notwendig. Deshalb wurde ab 2022 der Schwerpunkt auf den Community-Aufbau im genannten Teams-Netzwerk gelegt.

Die Vision ist, dass sich die Community dahin entwickelt, selbst schnell und kompetent auftauchende Fragen im Umgang mit Microsoft 365 zu beantworten und dabei moderativ gestärkt wird. So könnte sich sozial orientiertes Lernen entwickeln. Für die Community werden regelmäßige „Office Hours“ mit offener Agenda angeboten. Das Angebot dient dazu, um einerseits aktuelle Fragen zu beantworten und um andererseits die Kooperation unter den Multiplikatoren zu stärken.

Mit der Zeit konnte eine wachsende Sicherheit der Teilnehmenden mit Online-Seminaren in MS Teams beobachtet werden. Login, Kamera und Ton werden immer sicherer verwendet. Die weit verbreitete Annahme, dass computerferne Berufsgruppen digitale Angebote nicht nutzen würden, kann nicht bestätigt werden. Wer sich mit digitaler Zusammenarbeit beschäftigt, entwickelt sukzessive Ideen, wie man leichter zusammenarbeiten und dabei die digitalen Möglichkeiten von Office 365 nutzen könnte.

Es ist noch unklar, wie es gelingen kann, dass die Teilnehmenden unbefangen auf dem digitalen Lerntag „herumschlendern“ und so vielleicht auch einmal unerwartete Erkenntnisse mitnehmen. Die Vermutung ist, dass diese neue Art des Lernens konträr zu bisherigen Gewohnheiten ist. Eine Erleichterung könnte sein, wenn Möglichkeiten für sozial orientiertes Lernen stärker angeboten werden. Inzwischen sind weitere themenspezifische digitale Netzwerke im Aufbau.

Es werden Formate benötigt, die eine Kultur des sozial orientierten Lernens und des Teilens von Wissen stärken. Hier wäre z.B. Working Out Loud als Methode geeignet.

Reflexion des Fallbeispiels

Rahmenbedingungen. Das Fallbeispiel des KfH zeigt anschaulich, dass es für das (kollaborative) Lernen nicht ausreicht, wenn digitale Tools wie Microsoft 365 lediglich bereitgestellt werden. Es erfordert zusätzlich passende Arbeits- und Lernpraktiken, damit eine derart umfassende Softwarelösung auch genutzt werden kann und Lernprozesse angestoßen werden. So illustriert das Fallbeispiel auch, wie sehr sich Lernen und Arbeiten bedingen. Das Eingeständnis, dass der erste Versuch der Einrichtung eines partizipativen Schulungsangebots zunächst mangels Grundlagenwissen bei den Teilnehmenden scheiterte, veranschaulicht einmal mehr, wie wichtig die Bedarfsanalyse beim Lernen in Unternehmen ist (vgl. Abschnitt 3.2). Eine Organisationsanalyse (vgl. Abschnitt 4.1.1) oder Aufgabenanalyse (vgl. Abschnitt 4.1.2) wäre hier hilfreich gewesen, um die strukturellen Bedarfe der Beschäftigten zu identifizieren. Allerdings bringt auch allein die Etablierung von regelmäßigen unternehmensweiten Austauschformaten zum Lernen bereits eine deutliche Signalwirkung für die Bedeutung des Lernens mit sich. So kann kurz- bis mittelfristig ein förderliches Lernklima (vgl. Abschnitt 2.3.3) geschaffen werden, das langfristig in der Lernkultur der Organisation verankert werden kann (vgl. Abschnitt 2.3.2).

Lernformen und Methoden. Die Lerntage waren als eine Mischung aus offenem Barcamp (vgl. Abschnitt 4.3.8) mit einem eher klassischen Konferenzformat mit Input-Vorträgen (im Sinne von synchronen webbasierten Trainings mit Interaktion) angelegt. Vor allem ein externer Treiber (wie die Corona-Pandemie) beschleunigt die Nutzung der schon deutlich früher eingeführten digitalen Lösungen, sodass die Beschäftigten sich damit stärker vertraut machen und so auch neue Möglichkeiten (z. B. den Austausch über MS Teams) erkennen und verstärkt für das Lernen nutzen – sowohl für formales Lernen (z. B. Online-Pflichtunterweisungen) als auch für selbstreguliertes Lernen (z. B. in Form der Nutzung des bereitgestellten Wissens auf der Wissensseite anhand von selbst gesteckten Lernzielen). Eine Herausforderung bleibt: Eher zufällig auftretende Impulse für eigenes Ausprobieren, Reflexion oder Feedback (z. B. im Sinne informellen Lernens) im digitalen Raum geschehen zu lassen. Dennoch stellt die Einführung der Online-Lerntage im KfH einen relevanten Schritt zur Integration verschiedener Lernformen im Rahmen der erweiterten Nutzung komplexer Software-Austauschplattformen dar.

5.8 Organisationale Transformation mit Lernbegleitung und Barcamps bei DATEV

Unter Mitarbeit von Alper Aslan (Lernbegleiter bei DATEV) und Christian Kaiser (Leiter Diversity & Transformation bei DATEV)

Ausgangslage

DATEV wurde 1966 als Genossenschaft für den steuerberatenden Berufsstand gegründet, die EDV-Dienstleistungen für die Kanzleien erbrachte. Zunächst erfolgte die Datenverarbeitung noch zentral, seit Ende der 1980er-Jahre auch dezentral. Das Portfolio enthält inzwischen neben Software-Angeboten und Dienstleistungen auch Schulungsangebote. Heute arbeiten 8 300 Beschäftigte bei DATEV an 24 Standorten, vor allem in Deutschland. Die Genossenschaft hat rund 40 000 Mitglieder, unter ihnen Steuerberaterinnen und Steuerberater, Wirtschaftsprüfer und Wirtschaftsprüferinnen sowie Rechtsanwältinnen und Rechtsanwälte – und 470 000 Kunden und Kundinnen.

Damit DATEV auch langfristig erfolgreich sein kann, muss die Organisation auf neue Trends wie Cloud-Services flexibel reagieren und gleichzeitig die Bedürfnisse der heterogenen Kundschaft berücksichtigen. Dazu sollten Entscheidungen möglichst dort getroffen werden, wo die Beschäftigten mit der nötigen Kompetenz und dem Einblick in die Rahmenbedingungen für diese Entscheidungen sitzen („dezentrale autonome Entscheidungen“), was in der Konsequenz auch die hierarchische Organisationsstruktur infrage stellte. DATEV als Organisation sollte demnach insgesamt flexibler werden und sich im Sinne einer lernenden Organisation weiterentwickeln. Im Jahr 2016 wurde daher durch den CEO Dr. Robert Mayr das Transformationsprojekt „Fit für die Zukunft" angestoßen, das den Fokus auf die Kundenorientierung, Geschwindigkeit und Flexibilität und damit auf die Gestaltung guter Prozesse nach dem Prinzip „Ablauforganisation vor Aufbauorganisation" verschob. Mit dem „Cross Solution Center (XSC)" wurde eine konsequent selbstorganisierte Einheit ins Leben gerufen und durch die Hauptabteilungen der Softwareentwicklung das Projekt „agile Transition" eingeleitet. DATEV institutionalisierte die „Communities of Practice, Change and Transition (CoPCaT)" und eröffnete neue Plattformen für das Lernen in der Organisation. Diese Veränderungen forderten die gesamte Organisation und die einzelnen Beschäftigten stark heraus. Unter dem Motto „DATEV lernt" sind alle DATEV-Beschäftigten eingeladen, selbst Verantwortung für die Prozesse zu übernehmen und so ein zukunftsfähiges Unternehmen zu gestalten. In diesem Rahmen haben sich auch verschiedene Lernformate entwickelt und wurden teilweise fest verankert.

Der Umsetzungsprozess ist komplex und dynamisch. Am Beispiel von Barcamps als Großgruppenformate und der Lernbegleitung als einem individuellen Format wird die Vielfalt des Lernens bei DATEV nachfolgend illustriert.

Umsetzung

Offene Formate spielen eine wichtige Rolle in dem angestoßenen Veränderungsprozess, um als „lernende Organisation" auch dauerhaft flexibel zu bleiben. Dazu haben sich verschiedene Veranstaltungsformate etabliert, in welchen DATEV diesen Lern- und Anpassungsprozess öffentlich kommuniziert und zum Dialog einlädt. Hier sind besonders die Communities of Practice (CoP) und die Barcamp-Formate zu nennen. Neben Communities of Practice fanden auch Barcamps bereits früh im Veränderungsprozess statt; teilweise wurden sie von Beschäftigten selbst initiiert – motiviert durch Impulse, die auf Veranstaltungen wie dem *Intrinsify-Pathfinder-Festival* gesammelt wurden. Es bildete sich ein Freiwilligenteam, welches das erste *#DATEVDigiCamp* im Juli 2019 organisierte[9]. Zunächst als interne Barcamps für DATEV-Beschäftigte ausgerichtet, wurden die Formate später auch für Kundinnen und Kunden, Partnerinnen und Partner sowie DATEV-Mitglieder geöffnet, um im Veränderungsprozess auch Feedback von außen zu bekommen. Die drei Formate Community of Practice (beispielhaft sei hier das bereits erwähnte „CoPCaT" genannt; vgl. auch Tabelle 17 in Abschnitt 4.3.9), DigiCamp und CoCreationCamp bilden zusammen eine Art Zyklus (siehe Ab-

9 Unter diesem Link wird die Entwicklung noch ausführlicher dargestellt: https://www.linkedin.com/pulse/die-datevdigicamp-story-christian-kaiser/

bildung 16). Eine wesentliche Grundannahme bei allen Formaten ist die Freiwilligkeit der Teilnahme.

Die drei Formate haben unterschiedliche Schwerpunkte:

- *Community of Practice, Change and Transition (CoPCaT).* Dieses Format ist eine selbstinitiierte Gemeinschaft, in der sich Beschäftigte aus verschiedenen Bereichen des Unternehmens treffen, um an einem gemeinsamen Thema zu arbeiten. CoPCaTs finden monatlich statt. CoPCaT steht stellvertretend für über 40 Communities of Practice, die sich ebenfalls regelmäßig zum Erfahrungsaustausch treffen, woraus dann Initiativen und Sessions, z.B. für das DigiCamp, entstehen können.
- *DigiCamp.* DigiCamps finden dreimal jährlich als zweitägige Veranstaltung statt, in denen die Teilnehmenden im Sinne eines Barcamps selbst die Themen der Sessions einreichen und gemeinsam über die Zukunft des Unternehmens diskutieren. Eine Kuratierung der Einreichungen bringt die eingereichten Themen mit der DATEV-Strategie in Einklang, sodass die Teilnehmenden und DATEV optimal von diesem Format profitieren können. Eine Besonderheit der DigiCamps ist deren Offenheit: Es sind neben Beschäftigten auch DATEV-Mitglieder und Kundinnen und Kunden eingeladen, aber auch die breite Öffentlichkeit, um Impulse aus allen Richtungen zu bekommen.

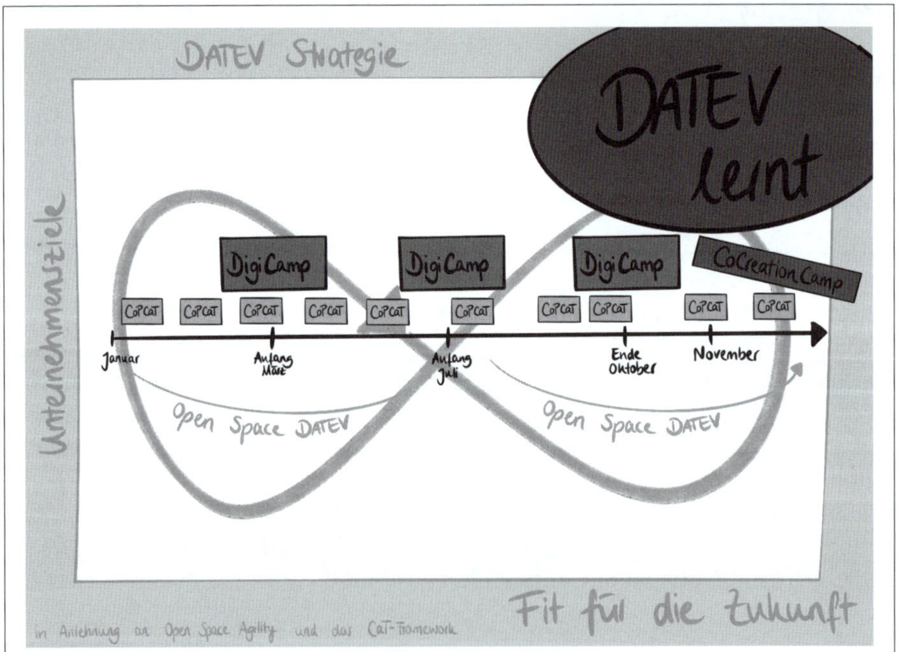

Abbildung 16: Veranschaulichung des „DATEV lernt"-Prozesses (© Carolin Lamprecht, DATEV eG. Der Abdruck erfolgt mit freundlicher Genehmigung.)

- *CoCreationCamp.* Die CoCreationCamps finden einmal im Jahr statt. Mitarbeitende aus allen Unternehmensbereichen treffen sich mit Kundinnen und Kunden und tauschen sich gemeinsam mit Coaches sowie Trainerinnen und Trainern aus.

Um Beschäftigte dazu zu befähigen, die Idee der dezentralen autonomen Entscheidungen in ihrem Bereich umzusetzen, gibt es neben den Kommunikations- und Lernformaten, u. a. mit der *Lernbegleitung,* noch eine weitere Lern- und Entwicklungsmöglichkeit. Die Lernbegleitung ist eine Art strukturierte Kompetenzentwicklung mit dem Fokus auf Fachkompetenzen. Der Lernbegleitungsprozess fokussiert dabei einen Kompetenzbereich, in dem sich die lernende Person weiterentwickeln möchte. Die Idee dahinter ist, dass das Lernen arbeitsintegriert stattfindet und von einer entsprechend qualifizierten Person als Lernbegleitung in unterschiedlichem Umfang unterstützt wird. Der Grad der Unterstützung ist dabei hochgradig individuell und hängt von den Bedürfnissen der Lernenden und dem Fortschritt im Lernbegleitungsprozess ab. Da die Lernbegleitung allerdings unterschiedlich umgesetzt und auf die Bereiche abgestimmt wird, wird die Umsetzung beispielhaft für den Kompetenzbereich UX Research dargestellt.

Der gesamte Prozess der Lernbegleitung soll die UX-Research-Kompetenzen explorative Kundeninterviews, Moderation und Auswertung von Gruppendiskussionen mit Kunden und Kundinnen, Online-Umfragen oder Usability-Testing fördern. Er umfasst dort insgesamt ca. 320 Stunden, die über etwa ein Jahr verteilt werden. Allerdings können auch hier Zeitumfang und Dauer des Prozesses je nach Fall variieren, da sie sich eher am Output (Lernende fühlen sich kompetent genug in dem Kompetenzbereich UX Research) und nicht am Input (u. a. Zeit und Impulse) orientieren. Grundlage der Lernbegleitung ist für alle Lernenden die Grundlagenschulung zum Thema UX Research. Diese umfasst acht Stunden Frontalunterricht zu Beginn des Lernbegleitungsprozesses. Das Ziel der Grundlagenschulung ist, dass die Lernenden in dem gewählten Kompetenzbereich über genügend Wissen verfügen, um dafür sensibilisiert zu sein, Situationen zu erkennen, in denen ihnen ihre Lernbegleitung helfen könnte. Dieser erste Baustein ist daher relativ stark strukturiert.

Nach der Grundlagenschulung gehen die Lernenden wieder ihrer normalen Arbeit nach. Wenn die lernende Person im Arbeitsprozess – sensibilisiert durch die Grundlagenschulung – ein relevantes Problem identifiziert, kann die Lernbegleitung hinzugezogen werden. Beispielsweise soll das Team der lernenden Person eine Software nach bestimmten Kundenanforderungen entwickeln, allerdings scheinen die Kundenanforderungen widersprüchlich zu sein. Die lernende Person erkennt, dass eine UX-Research-Methode hier die Kundenanforderungen klären könnte und bezieht die Lernbegleitung mit ein. Nun beginnt ein iterativer Prozess in mehreren Phasen.

1. *Gemeinsame Vorbereitung:* Die Lernbegleitung bereitet das notwendige Wissen auf und teilt alle vorhandenen Erfahrungen mit den Lernenden oder bietet

Übungsmöglichkeiten an. Wenn Übungsmöglichkeiten geschaffen werden, handelt es sich ausschließlich um Lernaufgaben, die einen Bezug zum Arbeitsalltag haben. So entwickeln die Lernenden zunehmend Sicherheit im Handeln.

2. *Beobachtung und Rückhalt:* Nach der ersten Phase handeln die Lernenden zunehmend selbstständig. Die Lernenden können entscheiden, ob die Lernbegleitung sie beispielsweise im Arbeitsalltag als stiller Beobachter begleitet und das eigene Handeln beobachten soll. Die Lernbegleitung wird nur dann aktiv, wenn sie explizit um Unterstützung gebeten wird, beispielsweise weil eine Situation unerwartet verläuft.
3. *Gemeinsame Reflexion:* In der dritten Phase finden gemeinsam mit der Lernbegleitung Reflexionen über die Lernprozesse und Situationen statt. Diese können sich an Leitfragen orientieren (z.B. Wie hast du dich gefühlt? Wie sicher warst du in deinen Entscheidungen? Was hat dir zu noch mehr Sicherheit gefehlt? Wo hast du mich gebraucht?).

Der Zyklus beginnt für weitere Probleme in einem anderen Kompetenzbereich von Neuem. Insgesamt ist der Prozess der Lernbegleitung beendet, wenn die lernende Person sich ausreichend kompetent in dem neuen Kompetenzbereich fühlt. Mittlerweile haben sich neben der Ursprungsvariante der Lernbegleitung im Bereich UX Research weitere Varianten auch für die „großen Disziplinen“ gebildet, z.B. Software-Entwicklerin und Scrum-Master.

Neben der auf die Entwicklung von Fachkompetenzen ausgerichteten Lernbegleitung gibt es noch zwei weitere Lernrollen: Agile Lerncoaches unterstützen die Metakompetenz „Lernen lernen“ und Corporate Learning Coaches unterstützen das vernetzte Lernen, d.h. von und mit anderen lernen.

Erkenntnisse

Aus der Erfahrung mit den Formaten ergeben sich einige zentrale Erkenntnisse:
1. Freiwilligkeit ist eine wichtige Prämisse für alle Lernformate.
2. Offene Formate wie Barcamps, die durch kuratierte Sessions die Interessen der Teilnehmenden mit der Unternehmensstrategie verknüpfen, ergeben eine Win-Win-Situation.
3. Kommunikationsformate mit gemischten Gruppen (auch zusammen mit Personen aus der interessierten Öffentlichkeit) sind eine Chance für das (arbeitsbezogene) Lernen.
4. Wichtig ist, dass die Lernenden ihre eigenen Erfahrungen sammeln.
5. Das Format der Lernbegleitung fokussiert die fachliche Weiterentwicklung. Es zeigt sich, dass bestimmte Soft Skills nicht durch eine Lernbegleitung entwickelt werden können. Daher soll zukünftig auch auf diese Einschränkungen verstärktes Augenmerk gelegt und entsprechende Angebote sollen geschaffen werden. Lernbegleitung ist ein zeitintensives Format – dennoch wird die Zeit als sehr wertstiftend wahrgenommen, da in dieser Zeit ausschließlich echte Kun-

denprobleme der Wertschöpfung gelöst werden und so ein echter Nutzen entsteht.
6. Lernbegleitung als Format kann Beschäftigte zu dezentralen autonomen Entscheidungen befähigen, während sie weiterhin an der Wertschöpfung beteiligt sind.
7. Lernbegleitung dient als Brücke und erweist sich als Erfolgsmodell: weg von zentralen Wissensinseln hin zu dezentraler autonomer Entscheidungskompetenz.
8. Durch den Ansatz der Lernbegleitung wird die Organisation von ehemaligen Expertise-Inseln zu vielen zentralen und dezentralen Kompetenzträgerinnen und -trägern weiterentwickelt.
9. Externe Communities werden für den Blick von außen genutzt, um Betriebsblindheit und Silodenken zu umgehen: DATEV hat sich als Organisation nach außen geöffnet und gezielt Kommunikationsanlässe mit Kundinnen und Kunden sowie Interessenten und Interessentinnen geschaffen (z.B. DigiCamps).

Reflexion des Fallbeispiels

Rahmenbedingungen. Das Fallbeispiel von DATEV zeigt, dass individuelles Lernen und organisationales Lernen oft eng miteinander verknüpft sind (vgl. Abschnitt 2.4). Bottom-up-Prozesse (zunächst erste Communities of Practice und Barcamps) und Top-down-Prozesse (z.B. Initiierung des Transformationsprojektes „Fit für die Zukunft“) müssen nicht als zwei konkurrierende Ansätze verstanden werden, sondern können miteinander einhergehen und schließlich zusammengeführt werden (siehe auch Kortsch, Kaiser & Stüve, 2023). Die Ausgestaltung der Großgruppenformate (u.a. die Vielfalt der Formate, die Regelmäßigkeit, die Offenheit für Externe sowie die Möglichkeit, selbst Beiträge einreichen zu können) kann als Ausdruck einer partizipativen Lernkultur verstanden werden. Dadurch wird die hohe Bedeutung des Lernens im Unternehmen kommuniziert und die individuelle Mitgestaltung des Lernprozesses in den Fokus gestellt.

Lernformen und Methoden. Communities of Practice (vgl. Abschnitt 4.3.9) sind ein typisches Format, das selbstreguliertes Lernen anstößt, indem selbst gesteckte Lernziele verfolgt werden. Zudem bietet es die Chance, durch sozialen Austausch und Feedbackprozesse quasi „nebenbei“ informelles Lernen zu unterstützen – auch zu Themen und arbeitsbezogenen Herausforderungen, die eigentlich nicht im Fokus der Community stehen. Die Barcamps (vgl. Abschnitt 4.3.8) stellen einen formalen Rahmen für den Austausch- und Lernprozess dar. Durch die Möglichkeit zur Mitgestaltung des Formats wird allerdings nicht nur formales Lernen implementiert, sondern auch selbstreguliertes und informelles Lernen kann stimuliert werden. Das Format der Lernbegleitung – ähnlich der Rolle des Lernmasters beim agilen Sprintlernen (vgl. Abschnitt 4.3.9) – fördert arbeitsintegrierte, probleminduzierte Lernaktivitäten, die dem informellen Lernen zugeordnet werden können. Durch die Unterstützung der Führungskräfte wird dabei jedoch zusätzlich ein gewisser formalisierter Rahmen geboten – allerdings nur in einem freiwilligen Kontext und auf aktive Anfrage der lernenden Person. Somit bleibt der grundsätzliche informelle Lerncharakter erhalten. Dies ist ein gutes Beispiel dafür, wie die Herausforderung gelingen kann, informelles Lernen zu unterstützen, ohne es zu zerstören (vgl. Abschnitt 2.2.2.3). Durch die Kombination aus der Grundlagenschulung zur Sensibilisierung der Metakompetenz „Lernen lernen" sowie selbstregulierten und informellen Lernaktivitäten wird bei DATEV somit die gesamte Palette der hauptsächlichen arbeitsbezogenen Lernformen gelungen integriert, wie es auch beim New Learning der Fall ist (vgl. Abschnitt 2.2.5.6).

6 Fazit und Ausblick

Lernen ist ein zentrales Thema in Unternehmen geworden, das schon lange nicht mehr allein bei der Personalentwicklung zu verorten ist. Längst sind die Lernenden in den Fokus gerückt und fordern verstärkt individuelle Entwicklungsmöglichkeiten ein. So kommt es zu einem Wechselspiel zwischen zwei gleichberechtigten Perspektiven: die Lernenden- oder Nachfrageperspektive (z.B. „Welche Lernangebote benötige ich als beschäftigte Person für meine optimale individuelle Entwicklung?“) und die Organisations- oder Angebotsperspektive (z.B. „Welche Entwicklungsmöglichkeiten bieten wir als Unternehmen in Form eines Weiterbildungskatalogs?“). Ferner lohnt sich der Blick auf die Funktionen des Lernens. Diese reichen vom Aufbau von Kompetenzen über die Weiterentwicklung bis hin zur Konsolidierung des Wissens (vgl. Tabelle 3 in Abschnitt 2.1). Hier macht es wieder einen Unterschied, ob man aus der individuellen oder aus der organisationalen Perspektive auf das Lernen schaut. Beide Perspektiven sollten dabei in ausgewogenem Maße berücksichtigt werden.

Eine zu starke Orientierung an der Unternehmensperspektive *(Organisationszentrierung)* kann oft an den individuellen Lernbedarfen vorbeigehen. So kann arbeitsbezogenes Lernen von den Beschäftigten als Pflicht empfunden werden. Eine ausschließliche *Lernendenzentrierung* bringt jedoch ebenfalls Nachteile mit sich. Wenn die Lernprozesse nur für die lernenden Personen optimiert werden und sich fast ausschließlich an den Wünschen der Mitarbeitenden orientieren, geht das Lernen möglicherweise an den Bedarfen des Unternehmens vorbei. Es kann dann sogar dazu führen, dass auch die Beschäftigten nicht mehr erkennen, wie das Lernen mit ihrer Arbeit zusammenhängt (Extrembeispiel: Erlernen einer Fremdsprache, die weder im Unternehmen noch bei Kundenunternehmen gesprochen wird). In diesem Fall wird das Lernen zum Selbstzweck. Statt demnach die Lernangebote einseitig an den Zielen des Unternehmens (z.B. Unternehmensstrategie) oder den Zielen des Individuums (z.B. Karriere) auszurichten, sollten beide Perspektiven gleichermaßen berücksichtigt werden. Insofern sollten die Formate so gestaltet werden, dass sie das Lernen auf allen Ebenen optimal fördern („*Lernzentrierung*“; siehe Abbildung 17).

Der eigentliche Lernprozess – das Lernverhalten – zeigt sich beim arbeitsbezogenen Lernen vor allem in drei Erscheinungsformen: als formales Lernen, als informelles Lernen und als selbstreguliertes Lernen, in der Praxis allerdings oft auch in hybriden Formen („Mischformen“). Alle Lernformen haben ihre Vorteile und ihre Berechtigung. Auch wenn formales Lernen oft mit dem Problem des Transfers des Gelernten in die Praxis verbunden wird, ist diese Lernform z.B. für sicherheitsrelevante Schulungen, die aus rechtlichen Gründen nachgewiesen werden müssen, kaum ersetzbar. Allerdings ist es möglich, über Lernplattformen selbstregulierte Aspekte in das formale Lernen einzustreuen. Informelles Lernen stellt den vermutlich größten Teil des Lernens in der Praxis dar, ist aber stark von Ge-

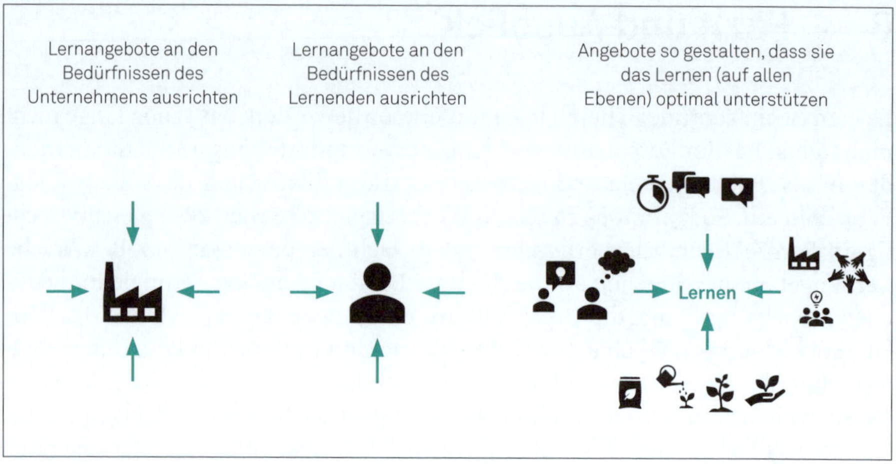

Abbildung 17: Unterschiedliche Perspektiven auf die Gestaltung der Lernangebote

legenheiten (z. B. Verfügbarkeit von Kolleginnen oder Kollegen für Feedback) und unplanbar auftretenden Herausforderungen und Problemen im Arbeitsprozess getrieben. Für selbstreguliertes Lernen benötigen die Lernenden einen hohen Grad an Autonomie und zeitlichen sowie kognitiven Ressourcen (z. B. die erlernbare bzw. trainierbare Fähigkeit zur Selbstkontrolle) – gleichzeitig kann diese Art des Lernens als sehr motivierend empfunden werden und die Selbstwirksamkeit steigern. Somit kann keine klare Empfehlung gegeben werden, welche Form des Lernens den anderen generell überlegen ist; dies ist immer von der Situation, den Eigenschaften und Motivationen der Lernenden und den (teilweise branchenbedingten) Rahmenbedingungen im jeweiligen Unternehmen abhängig. Die vorgestellten Lerndimensionen (vgl. Abschnitt 2.2.4) können helfen, eine Idee davon zu erhalten, welche Lernform am besten zur jeweiligen Ausgangslage passt. Insgesamt kann man aber festhalten, dass eine gute Mischung meist die Bedarfe am besten befriedigt.

Aus Unternehmensperspektive stellt sich anschließend die Frage, wie das Lernen optimal gestaltet werden kann. Während formales Lernen vergleichsweise einfach (z. B. durch das Anbieten bestimmter formaler Lernformate) gefördert werden kann – wobei die Problematiken der Teilnahmemotivation und des Lerntransfers verbleiben – wird dies bei anderen Lernformen schon herausfordernder, da diese teilweise definitionsgemäß nicht vom Unternehmen gesteuert werden können (siehe z. B. Abschnitt 2.2.2.3). Diese Schwierigkeit zeigt sich auch im Hinblick auf die unterschiedliche empirische Datenlage zu den Lernformen: Formales Lernen ist umfassend erforscht, da es der strukturierte Ablauf von Trainings erleichtert, systematische Evaluationen durchzuführen. Selbstreguliertes arbeitsbezogenes Lernen wird zwar zunehmend stärker erforscht – viele der bisherigen Erkenntnisse wurden bislang aber vor allem aus Studien aus dem Schul- und Hochschulkontext auf die Arbeit übertragen. Auch zum informellen Lernen findet laufend weitere

Forschung statt. Dennoch sind aktuell noch viele Fragen offen, wie genau informelles Lernen wirkt. Beispielsweise ist noch unklar, wie schnell Mitarbeitende in verschiedenen Situationen den Zyklus des informellen Lernens durchlaufen und in welcher Reihenfolge sie dabei verschiedene Lernaktivitäten ausführen: Folgt eine Reflexion unmittelbar auf ein Feedback und ist dies von der Möglichkeit zum eigenen Ausprobieren/Experimentieren mit neuen Lösungswegen abhängig? Finden informelle Lernprozesse im Rahmen von Sekunden oder Minuten statt, oder kann von einem zusammenhängenden Lernprozess gesprochen werden, wenn am Montag ein eigener Lösungsweg ausprobiert wird, am Dienstag jemand aus dem Umfeld dazu Feedback gibt, und die lernende Person am Mittwoch darüber reflektiert? Welche Rolle spielt die intrinsische und extrinsische Lernintention für die einzelnen Aspekte des informellen Lernens?

Hilfreich ist in jedem Fall, allgemein günstige Rahmenbedingungen für das arbeitsbezogene Lernen zu schaffen. Lernkultur und Lernklima (siehe Abschnitt 2.3) stellen umfassende Ansätze für lernförderliche Bedingungen in Unternehmen dar, für die auch etablierte Instrumente zur Verfügung stehen, um aufbauend auf einer Ist-Analyse Gestaltungsansätze identifizieren zu können. Dieses Vorgehen dient zusätzlich einem zweiten Ziel: Durch die aktive Gestaltung der Rahmenbedingungen für das Lernen im Unternehmen im Sinne von „Leitplanken“ kann erreicht werden, dass das individuelle Lernen zu den Zielen der Organisation passt.

Die Gestaltung des Lernens erfordert dabei ein mehrschrittiges Vorgehen (siehe Abschnitt 3.1). Zunächst müssen Bedarfe erkannt werden, deren Identifizierung möglichst nicht allein auf Zuruf (und Zufall) basiert, sondern durch eine systematische Bedarfserhebung unter Berücksichtigung verschiedener Datenquellen und der Nutzung der passenden Methoden erfolgt. Darauf baut eine strategische und operative Planung auf – vom Grobkonzept bis zu einzelnen Methoden zur Förderung des arbeitsbezogenen Lernens. Auch auf die Gestaltung günstiger Rahmenbedingungen bis hin zur Ebene der transportierten lernbezogenen Werte auf der (Lern-)Kulturebene ist zu achten. Die ausgewählten Methoden sind dabei stets selbst Ausdruck einer Lernkultur und des damit verbundenen Lernklimas – beispielsweise vermittelt die Auswahl und das Angebot eines partizipativen Formates wie eines Barcamps, dass Mitgestaltung des Lernens gewünscht ist und wertgeschätzt wird. Die Auswahl der Methoden sollte sich verständlicherweise an den Lernformen orientieren, die dadurch begünstigt werden. Teilweise sind die Zusammenhänge zwischen Methoden und Lernformen eindeutiger (z. B. ist in einem simulationsbasierten Training formales Lernen stark vertreten, Working Out Loud geht mit erhöhtem selbstreguliertem Lernen einher), bei manchen „Lernhybriden“, die als Mischformen des formalen, informellen und selbstregulierten Lernens auftreten, jedoch eher vage.

Dies zeigt sich auch im Hinblick auf die aktuelle Unternehmenspraxis. Die vielfältigen Fallbeispiele (siehe Kapitel 5) zeigen auf, in welche Richtung sich das arbeitsbezogene Lernen in Unternehmen zukünftig entwickelt:

1. Lernen in Unternehmen verändert sich hin zu einem Mix aus digitalen und analogen Lernangeboten, die oft nach individuellen Bedürfnissen genutzt werden können.
2. Lernen wird partizipativer (z. B. durch Formate wie Barcamps, siehe Abschnitte 5.7 und 5.8 oder Working out Loud in Abschnitt 5.2), Bottom-up-Prozesse ergänzen Top-down-Prozesse (z. B. durch Co-Creation-Workshops in Abschnitt 5.3).
3. Die Lernangebote werden auf die Unternehmens(sub)kultur(en) abgestimmt und differenzieren sich ggf. innerhalb eines Unternehmens – weg von „Standardangeboten für alle" (siehe z. B. Abschnitt 5.3).
4. Die Angebote werden mit verschiedenen Formen der individuellen Lernbegleitung unterstützt (siehe Abschnitte 5.2 und 5.8) – dies wird zukünftig verstärkt ein Aspekt der Führung und somit Kompetenzanforderung für (angehende) Führungskräfte werden.
5. Zusätzlich werden offene Austauschformate immer wichtiger, um miteinander und voneinander in sozial situierten Kontexten zu lernen.
6. Es wird experimentiert, um die passenden Lernformate für individuelle und organisationale Bedürfnisse zu finden und diese zu einem späteren Zeitpunkt eventuell in andere Bereiche zu übertragen, statt Großprojekte top-down auszurollen.
7. Beschäftigte denken beim Lernen über Unternehmensgrenzen hinweg und auch Unternehmen öffnen sich zunehmend gegenüber der Außenwelt und sehen im unternehmensübergreifenden Austausch eher Chancen als Risiken, um von externen Impulsen zu profitieren (siehe Abschnitte 5.2 und 5.8).

Es ist zu erwarten, dass Eigeninitiative und Selbststeuerung des arbeitsbezogenen Lernens tendenziell weiter zunehmen werden. Dies wird auch in Konzepten wie „New Learning" (siehe Abschnitt 2.2.5.6) berücksichtigt. Wie sich in den Fallbeispielen zeigt, gilt dieser Trend branchenübergreifend und für verschiedene Qualifikationsniveaus, einschließlich an- und ungelernter Beschäftigter in der Industrie. Gleichzeitig sollte man berücksichtigen, dass sich auch in Zukunft nicht alle Beschäftigten durch die Arbeit verwirklichen möchten und dort nach Möglichkeiten zur individuellen Weiterentwicklung suchen. Die Berücksichtigung individueller Lernmotivationen ist daher wichtig: Wo Lernen bereits von Beschäftigten wertgeschätzt wird, sollte die intrinsische Motivation durch weitergehende Autonomie gestärkt werden – andernfalls sollte zunächst eine Gestaltung der Lernkultur in Betracht gezogen werden, bevor möglicherweise sinnvolle extrinsische Lernanreize maßvoll eingesetzt werden.

Wie bereits dargestellt, wird auch zukünftig nicht eine einzelne Lernform (formal, informal, selbstreguliert) und erst recht nicht eine einzelne Lernmethode alle Bedarfe in der Praxis decken können: Für sicherheitsrelevante und rechtlich nachweispflichtige Lerninhalte wird formales Lernen weiterhin unerlässlich sein. Informelles und selbstreguliertes Lernen bieten Unternehmen allerdings die Chance, unmittelbar auf sich immer schneller verändernde Anforderungen zu reagieren und die Kompetenzen der Beschäftigten weiterzuentwickeln (bzw. weiterentwickeln zu lassen). Dafür müssen sich Unternehmen jedoch von der Vorstellung verabschieden, neben den übergeordneten Zielvorgaben auch den Lernprozess kontrollieren zu können. Vielmehr müssen sie mit einem Vertrauensvorschuss an die Mitarbeitenden, mit einer positiven Fehler- und Lernkultur sowie mit lernkompetenten Führungskräften und Rollenvorbildern in Vorleistung gehen. Richtig verstanden und gestaltet kann so arbeitsbezogenes Lernen in Unternehmen auch zukünftig gelingen.

7 Literaturempfehlungen

Decius, J. (2020). *Informelles Lernen im Kontext industrieller Arbeit. Konzeptualisierung, Operationalisierung, Antezedenzien und Lernergebnisse*. Dissertation, Universität Paderborn. https://doi.org/10.17619/UNIPB/1-1072 (frei zugänglich; praxisrelevante Beiträge in Kapitel 1 und 5; Überblick und Abgrenzung verschiedener arbeitsbezogener Lernformen in Kapitel 3)

Kauffeld, S. & Paulsen, H. (2018). *Kompetenzmanagement in Unternehmen. Kompetenzen beschreiben, messen, entwickeln und nutzen*. Stuttgart: Kohlhammer.

Sonntag, K. (Hrsg.). (2016). *Personalentwicklung in Organisationen. Psychologische Grundlagen, Methoden und Strategien* (4. Aufl.). Göttingen: Hogrefe.

8 Literatur

Ameln, F. von & Wimmer, R. (2016). Neue Arbeitswelt, Führung und organisationaler Wandel. *Gruppe. Interaktion. Organisation. Zeitschrift für Angewandte Organisationspsychologie, 47*(1), 11–21. https://doi.org/10.1007/s11612-016-0303-0

Arets, J., Jennings, C. & Heijnen, J. (2015). *70:20:10 towards 100 % performance*. Maastricht, NL: Sutler Media B. V.

Argyris, C. & Schön, D.A. (1978). *Organizational learning: A theory of action perspective*. Boston, MA: Addison-Wesley.

Arthur, W., Bennett, W., Edens, P.S. & Bell, S.T. (2003). Effectiveness of training in organizations: A meta-analysis of design and evaluation features. *Journal of Applied Psychology, 88*(2), 234–245. https://doi.org/10.1037/0021-9010.88.2.234

Ashby, W.R. (1952). *Design for a brain*. New York: Wiley.

Augner, T., Schermuly, C.C. & Jungmann, F. (2023). Working Out Loud: An intervention study to test an agile learning method. *Journal of Workplace Learning*. Advance online publication. https://doi.org/10.1108/JWL-04-2023-0067

Bakker, A.B. & Demerouti, E. (2017). Job demands – resources theory: Taking stock and looking forward. *Journal of Occupational Health Psychology, 22*(3), 273–285. https://doi.org/10.1037/ocp0000056

Baldwin, T.T. & Ford, J.K. (1988). Transfer of training: A review and directions for future research. *Personnel Psychology, 41*(1), 63–105. https://doi.org/10.1111/j.1744-6570.1988.tb00632.x

Baldwin, T.T., Ford, J.K. & Blume, B.D. (2017). The state of transfer of training research: Moving toward more consumer-centric inquiry. *Human Resource Development Quarterly, 28*(1), 17–28. https://doi.org/10.1002/hrdq.21278

Bartram, D. (2005). The great eight competencies: A criterion-centric approach to validation. *Journal of Applied Psychology, 90*(6), 1185–1203. https://doi.org/10.1037/0021-9010.90.6.1185

Bartram, D., Foster, J., Lindley, P.A., Brown, A.J. & Nixon, S. (1993). *The learning climate questionnaire (LCQ)*. Oxford: Employment Service and Newland Park Associates Limited.

Bennett, N. & Lemoine, G.J. (2014). What a difference a word makes: Understanding threats to performance in a VUCA world. *Business Horizons, 57*(3), 311–317. https://doi.org/10.1016/j.bushor.2014.01.001

Benson, J. & Barry, T.D. (2011). *Personal Kanban: Mapping Work*. Seattle, WA: Modus Operandi.

Bergmann, F. (2017). *Neue Arbeit, neue Kultur* (6. Aufl.). Freiburg i. Br.: Arbor.

Bernard, R.M., Borokhovski, E., Schmid, R.F., Tamim, R.M. & Abrami, P.C. (2014). A meta-analysis of blended learning and technology use in higher education: From the general to the applied. *Journal of Computing in Higher Education, 26*(1), 87–122. https://doi.org/10.1007/s12528-013-9077-3

Bloom, B.S., Engelhart, M.D., Furst, E.J., Hill, W.H. & Krathwohl, D.R. (Eds.). (1956). *Taxonomy of Educational Objectives. The Classification of Educational Goals, Handbook I: Cognitive Domain*. New York: David McKay Company.

Blume, B.D., Ford, J.K., Baldwin, T.T. & Huang, J.L. (2010). Transfer of training: A meta-analytic review. *Journal of Management, 36*(4), 1065–1105. https://doi.org/10.1177/0149206309352880

Blume, B.D., Ford, J.K., Surface, E.A. & Olenick, J. (2019). A dynamic model of training transfer. *Human Resource Management Review, 29*(2), 270–283. https://doi.org/10.1016/j.hrmr.2017.11.004

Boelens, R., De Wever, B. & Voet, M. (2017). Four key challenges to the design of blended learning: A systematic literature review. *Educational Research Review, 22,* 1–18. https://doi.org/10.1016/j.edurev.2017.06.001

Bosco, F.A., Aguinis, H., Singh, K., Field, J.G. & Pierce, C.A. (2015). Correlational effect size benchmarks. *Journal of Applied Psychology, 100*(2), 431–449. https://doi.org/10.1037/a0038047

Boud, D., Rooney, D. & Solomon, N. (2009). Talking up learning at work: Cautionary tales in co-opting everyday learning. *International Journal of Lifelong Education, 28*(3), 323–334. https://doi.org/10.1080/02601370902799077

Brown, T. (2008). Design thinking. *Harvard Business Review, 86*(6), 84–92.

Burke, M.J. & Day, R.R. (1986). A cumulative study of the effectiveness of managerial training. *Journal of Applied Psychology, 71*(2), 232–245. https://doi.org/10.1037/0021-9010.71.2.232

Cedefop. (2015). *Job-related adult learning and continuing vocational training in Europe: A statistical picture* (Cedefop Research Paper No. 48). Luxembourg: Publications Office of the European Union. https://doi.org/10.2801/392276

Cerasoli, C.P., Alliger, G.M., Donsbach, J.S., Mathieu, J.E., Tannenbaum, S.I. & Orvis, K.A. (2018). Antecedents and outcomes of informal learning behaviors: A meta-analysis. *Journal of Business and Psychology, 33*(2), 203–230. https://doi.org/10.1007/s10869-017-9492-y

Clardy, A. (2018). 70-20-10 and the dominance of informal learning: A fact in search of evidence. *Human Resource Development Review, 17*(2), 153–178. https://doi.org/10.1177/1534484318759399

Collins, D.B. & Holton, E.F., III. (2004). The effectiveness of managerial leadership development programs: A meta-analysis of studies from 1982 to 2001. *Human Resource Development Quarterly, 15*(2), 217–248. https://doi.org/10.1002/hrdq.1099

Crane, M.F., Searle, B.J., Kangas, M. & Nwiran, Y. (2019). How resilience is strengthened by exposure to stressors: The systematic self-reflection model of resilience strengthening. *Anxiety, Stress & Coping, 32*(1), 1–17. https://doi.org/10.1080/10615806.2018.1506640

Crans, S., Gerken, M., Beausaert, S. & Segers, M. (2021). The mediating role of social informal learning in the relationship between learning climate and employability. *Career Development International, 26*(5), 678–696. https://doi.org/10.1108/CDI-09-2020-0234

Danna, G.C., Randall, J.G. & Mahabir, B.K. (2023). Commute based learning: Integrating literature across transportation, education, and i-o psychology. *Organizational Psychology Review, 13*(2), 125–155. https://doi.org/10.1177/20413866221132060

Dawe, S.R., Pena, G.N., Windsor, J.A., Broeders, J.A.J.L., Cregan, P.C., Hewett, P.J. & Maddern, G.J. (2014). Systematic review of skills transfer after surgical simulation-based training. *Journal of British Surgery, 101*(9), 1063–1076. https://doi.org/10.1002/bjs.9482

De Witt, C. & Gloerfeld, C. (Hrsg.). (2018). *Handbuch Mobile Learning.* Wiesbaden: Springer VS. https://doi.org/10.1007/978-3-658-19123-8

Deci, E.L. & Ryan, R.M. (1993). Die Selbstbestimmungstheorie der Motivation und ihre Bedeutung für die Pädagogik. *Zeitschrift für Pädagogik, 39*(2), 223–238. https://doi.org/10.25656/01:11173

Decius, J. (2020). *Informelles Lernen im Kontext industrieller Arbeit. Konzeptualisierung, Operationalisierung, Antezedenzien und Lernergebnisse.* Dissertation, Universität Paderborn. https://doi.org/10.17619/UNIPB/1-1072

Decius, J. (2021). Zu den wechselseitigen Zusammenhängen des informellen Lernens mit den Arbeitsbedingungen bei älteren Beschäftigten: Offene Fragen für Wissenschaft und Praxis. In G. Richter (Hrsg.), *Arbeit und Altern: Eine Bilanz nach 20 Jahren Forschung und Praxis* (S. 387–399). Baden-Baden: Nomos. https://doi.org/10.5771/9783748909378-387

Decius, J., Dannowsky, J. & Schaper, N. (2021). Die Studierenden im Mittelpunkt – Personale Unterschiede beim informellen und formalen Lernen in Zeiten virtueller Lehre. In I. Neiske, J. Osthushenrich, N. Schaper, U. Trier & N. Vöing (Hrsg.), *Hochschule auf Abstand. Ein multiperspektivischer Zugang zur digitalen Lehre* (S. 89–113). Bielefeld: transcript. https://doi.org/10.14361/9783839456903-008

Decius, J., Dannowsky, J. & Schaper, N. (2022). The Casual Within the Formal: Validating a Measure of Informal Learning in Higher Education. *Active Learning in Higher Education*. Advance online publication. https://doi.org/10.1177/14697874221087427

Decius, J. & Hein, J. (2023). Motivated to learn? Investigating the link of achievement goals and informal workplace learning of lecturers in higher education. *Human Resource Development Quarterly*. Advance online publication. https://doi.org/10.1002/hrdq.21513

Decius, J., Knappstein, M. & Klug, K. (2023). Which way of learning benefits your career? The role of different forms of work-related learning for different types of perceived employability. *European Journal of Work and Organizational Psychology*. Advance online publication. https://doi.org/10.1080/1359432X.2023.2191846

Decius, J., Knappstein, M., Schaper, N. & Seifert, A. (2023). Investigating the multidimensionality of informal learning: Validation of a short measure for white-collar workers. *Human Resource Development Quarterly, 34*(1), 45–74. https://doi.org/10.1002/hrdq.21461

Decius, J., Kortsch, T., Paulsen, H. & Schmitz, A. (2022). Learning What you Really, Really Want: Towards a Conceptual Framework of New Learning in the Digital Work Environment. In *Proceedings of the 55th Hawaii International Conference on System Sciences* (pp. 5231–5240). Retrieved from https://doi.org/10.24251/HICSS.2022.637

Decius, J. & Schaper, N. (2017). The Competence Management Tool (CMT) – A new instrument to manage competences in small and medium-sized manufacturing enterprises. *Procedia Manufacturing, 9,* 376–383. https://doi.org/10.1016/j.promfg.2017.04.041

Decius, J. & Schaper, N. (2021a). Informelles Lernen am Arbeitsplatz – eine Frage der Demografie und Branche? *PERSONALquarterly, 73*(2), 23–29.

Decius, J. & Schaper, N. (2021b). Ein Instrument zur strategischen Kompetenzentwicklung in mittelständischen gewerblichen Betrieben: Die Kompetenzmanagementtabelle (KMT). *Gruppe. Interaktion. Organisation. Zeitschrift für Angewandte Organisationspsychologie, 52*(2), 261–277. https://doi.org/10.1007/s11612-021-00566-w

Decius, J., Schaper, N., Klug, K. & Seifert, A. (2023). Active learning, active shaping, or both? A cross-lagged panel analysis of reciprocal effects between work design and informal workplace learning, and the mediating role of job crafting. *Journal of Vocational Behavior*. Advance online publication. https://doi.org/10.1016/j.jvb.2023.103893

Decius, J., Schaper, N. & Seifert, A. (2019). Informal workplace learning: Development and validation of a measure. *Human Resource Development Quarterly, 30*(4), 495–535. https://doi.org/10.1002/hrdq.21368

Decius, J., Schaper, N. & Seifert, A. (2021). Work characteristics or workers' characteristics? An input-process-output perspective on informal workplace learning of blue-collar workers. *Vocations and Learning, 14*(2), 285–326. https://doi.org/10.1007/s12186-021-09265-5

Dehnbostel, P. (2008). *Berufliche Weiterbildung. Grundlagen aus arbeitnehmerorientierter Sicht*. Berlin: Edition Sigma. https://doi.org/10.5771/9783845267999

Dückert, S. (n. d.). *lernOS Barcamp Leitfaden*. Verfügbar unter https://cogneon.github.io/lernos-barcamp/de/

Dückert, S. (2021). *Open Space und Barcamp – Ist das eigentlich das Gleiche?* Verfügbar unter https://cogneon.de/2021/07/17/open-space-und-barcamp-ist-das-eigentlich-das-gleiche/

Dweck, C.S. & Leggett, E.L. (1988). A social-cognitive approach to motivation and personality. *Psychological Review, 95*(2), 256–273. https://doi.org/10.1037/0033-295X.95.2.256

Edmondson, A. (1999). Psychological safety and learning behavior in work teams. *Administrative Science Quarterly, 44*(2), 350–383. https://doi.org/10.2307/2666999

Eurostat. (2022a). *Statistics on continuing vocational training in enterprises.* Retrieved from https://ec.europa.eu/eurostat/statistics-explained/index.php?title=Statistics_on_continuing_vocational_training_in_enterprises#Continuing_vocational_training_in_enterprises

Eurostat. (2022b). *Enterprises providing training by type of training and NACE Rev. 2 activity – % of all enterprises.* Retrieved from https://ec.europa.eu/eurostat/databrowser/view/trng_cvt_01n2/default/table?lang=en

Felfe, J. & Franke, F. (2014). *Führungskräftetrainings.* Göttingen: Hogrefe.

Ferreira, R.R., da Silva Abbad, G. & Mourão, L. (2015). Training needs analysis at work. In K. Kraiger, J. Passmore, N.R. dos Santos & S. Malvezzi (Eds.), *The Wiley Blackwell handbook of the psychology of training, development, and performance improvement* (pp. 32–49). Hoboken, NJ: Wiley Blackwell. https://doi.org/10.1002/9781118736982.ch3

Flanagan, J.C. (1954). The critical incident technique. *Psychological Bulletin, 51*(4), 327–358. https://doi.org/10.1037/h0061470

Ford, J.K., Baldwin, T.T. & Prasad, J. (2018). Transfer of training: The known and the unknown. *Annual Review of Organizational Psychology and Organizational Behavior, 5,* 201–225. https://doi.org/10.1146/annurev-orgpsych-032117-104443

Forrier, A., De Cuyper, N. & Akkermans, J. (2018). The winner takes it all, the loser has to fall: Provoking the agency perspective in employability research. *Human Resource Management Journal, 28*(4), 511–523. https://doi.org/10.1111/1748-8583.12206

Frese, M. & Keith, N. (2015). Action errors, error management, and learning in organizations. *Annual review of psychology, 66,* 661–687. https://doi.org/10.1146/annurev-psych-010814-015205

Frese, M. & Zapf, D. (1994). Action as the core of work psychology: A German approach. In H.C. Triandis, M.D. Dunnette & L.M. Hough (Eds.), *Handbook of industrial and organizational psychology* (pp. 271–340). Palo Alto, CA: Consulting Psychologists Press.

Friebe, J. (2005). *Merkmale unternehmensbezogener Lernkulturen und ihr Einfluss auf die Kompetenzen der Mitarbeiter.* Dissertation, Ruprecht-Karls-Universität Heidelberg. Verfügbar unter http://archiv.ub.uni-heidelberg.de/volltextserver/5847/1/Dissertation_Judith_Friebe.pdf

Frohberg, D. (2008). *Mobile Learning.* Dissertation, Universität Zürich. Verfügbar unter https://www.merlin.uzh.ch/contributionDocument/download/2037

Garg, N. & Singh, P. (2020). Reverse mentoring: a review of extant literature and recent trends. *Development and Learning in Organizations: An International Journal, 34*(5), 5–8. https://doi.org/10.1108/DLO-05-2019-0103

Garvin, D.A., Edmondson, A.C. & Gino, F. (2008). Is yours a learning organization? *Harvard Business Review, 86*(3), 109–116.

Gegenfurtner, A. (2011). Motivation and transfer in professional training: A meta-analysis of the moderating effects of knowledge type, instruction, and assessment conditions. *Educational Research Review, 6*(3), 153–168. https://doi.org/10.1016/j.edurev.2011.04.001

Gegenfurtner, A., Quesada-Pallarès, C. & Knogler, M. (2014). Digital simulation-based training: A meta-analysis. *British Journal of Educational Technology, 45*(6), 1097–1114. https://doi.org/10.1111/bjet.12188

Gilbreth, F.B. & Kent, R.T. (1911). *Motion study: A method for increasing the efficiency of the workman.* New York: D. Van Nostrand Company.

Gnahs, D. (2016). Informelles Lernen in der Erwachsenenbildung/Weiterbildung. In M. Rohs (Hrsg.), *Handbuch Informelles Lernen* (S. 107–122). Wiesbaden: Springer. https://doi.org/10.1007/978-3-658-05953-8_8

Göschlberger, B. & Bruck, P.A. (2017). Gamification in mobile and workplace integrated microlearning. In *Proceedings of the 19th international conference on information integration and web-based applications & services* (pp. 545–552). New York: Association for Computing Machinery. https://doi.org/10.1145/3151759.3151795

Graham, C.R., Henrie, C.R. & Gibbons, A.S. (2013). Developing models and theory for blended learning research. In A.G. Picciano, C.D. Dziuban & C.R. Graham (Eds.), *Blended learning: Research perspectives* (Vol. 2, pp. 13–33). New York: Routledge. https://doi.org/10.4324/9781315880310

Graßmann, C. & Decius, J. (2023). Self-development in the twenty-first century: An exploratory analysis of the relationship between new work characteristics and informal workplace learning. Gruppe. Interaktion. Organisation. *Zeitschrift für Angewandte Organisationspsychologie (GIO), 54,* 289–299. https://doi.org/10.1007/s11612-023-00702-8

Graßmann, C., Schölmerich, F. & Schermuly, C.C. (2020). The relationship between working alliance and client outcomes in coaching: A meta-analysis. *Human Relations, 73*(1), 35–58. https://doi.org/10.1177/0018726718819725

Grohmann, A. & Kauffeld, S. (2013). Evaluating training programs: Development and correlates of the Questionnaire for Professional Training Evaluation. *International Journal of Training and Development, 17*(2), 135–155. https://doi.org/10.1111/ijtd.12005

Grossman, R. & Salas, E. (2011). The transfer of training: What really matters. *International Journal of Training and Development, 15*(2), 103–120. https://doi.org/10.1111/j.1468-2419.2011.00373.x

Hackman, J.R. & Oldham, G.R. (1976). Motivation through the design of work: Test of a theory. *Organizational Behavior and Human Performance, 16*(2), 250–279. https://doi.org/10.1016/0030-5073(76)90016-7

Häfner, A. & Truschel, C. (2022). *Fluktuationsmanagement. Ungewollte Kündigungen vermeiden.* Göttingen: Hogrefe.

Hall, D.T. (1976). *Careers in organizations.* Glenview, IL: Scott Foresman & Co.

Hannah, S.T. & Lester, P.B. (2009). A multilevel approach to building and leading learning organizations. *The Leadership Quarterly, 20*(1), 34–48. https://doi.org/10.1016/j.leaqua.2008.11.003

Hatala, R., Cook, D.A., Zendejas, B., Hamstra, S.J. & Brydges, R. (2014). Feedback for simulation-based procedural skills training: A meta-analysis and critical narrative synthesis. *Advances in Health Sciences Education, 19*(2), 251–272. https://doi.org/10.1007/s10459-013-9462-8

Hegland, P.A., Aarlie, H., Strømme, H. & Jamtvedt, G. (2017). Simulation-based training for nurses: Systematic review and meta-analysis. *Nurse Education Today, 54,* 6–20. https://doi.org/10.1016/j.nedt.2017.04.004

Hellmann, K. (2007). Die Barcamp Bewegung. Bericht über eine Serie von ‚Unconferences'. *Forschungsjournal Soziale Bewegungen, 20*(4), 107–110. https://doi.org/10.1515/fjsb-2007-0415

Hilkenmeier, F., Fechtelpeter, C. & Decius, J. (2021). How to foster innovation in SMEs: Evidence of the effectiveness of a project-based technology transfer approach. *The Journal of Technology Transfer*. https://doi.org/10.1007/s10961-021-09913-x

Hilkenmeier, F., Goller, M. & Schaper, N. (2021). The differential influence of learner factors and learning context on different professional learning activities. *Vocations and Learning, 14,* 411–438. https://doi.org/10.1007/s12186-021-09266-4

Holton, E.F., III., Bates, R.A. & Ruona, W.E. (2000). Development of a generalized learning transfer system inventory. *Human Resource Development Quarterly, 11*(4), 333–360. https://doi.org/10.1002/1532-1096(200024)11:4<333::AID-HRDQ2>3.0.CO;2-P

Hossiep, R., Berndt, W. & Zens, J.E. (2024). *Mitarbeitergespräche. Motivierend, wirksam, nachhaltig* (3. Aufl.). Göttingen: Hogrefe. https://doi.org/10.1026/03238-000

Houben, E., De Cuyper, N., Kyndt, E. & Forrier, A. (2021). Learning to be employable or being employable to learn: The reciprocal relation between perceived employability and work-related learning. *Journal of Career Development, 48*(4), 443–458. https://doi.org/10.1177/0894845319867431

Howard, M.C. & Gutworth, M.B. (2020). A meta-analysis of virtual reality training programs for social skill development. *Computers & Education, 144*, 103707. https://doi.org/10.1016/j.compedu.2019.103707

Huang, J.I., Ran, S. & Blume, B.D. (2017). Understanding training transfer from the adaptive performance. In K.G. Brown (Ed.) *The Cambridge handbook of workplace training and employee development* (pp. 75–97). Cambridge, UK: Cambridge University Press. https://doi.org/10.1017/9781316091067.006

Huber, G.P. (1991). Organizational learning: The contributing processes and the literatures. *Organization Science, 2,* 88–115. https://doi.org/10.1287/orsc.2.1.88

Hughes, A.M., Gregory, M.E., Joseph, D.L., Sonesh, S.C., Marlow, S.L., Lacerenza, C.N. et al. (2016). Saving lives: A meta-analysis of team training in healthcare. *Journal of Applied Psychology, 101*(9), 1266–1304. https://doi.org/10.1037/apl0000120

Hughes, A.M., Zajac, S., Woods, A.L. & Salas, E. (2020). The role of work environment in training sustainment: A meta-analysis. *Human Factors, 62*(1), 166–183. https://doi.org/10.1177/0018720819845988

Job, M.A. & Ogalo, H.S. (2012). Micro learning as innovative process of knowledge strategy. *International Journal of Scientific & Technology Research, 1*(11), 92–96.

Johnson, S.J., Blackman, D.A. & Buick, F. (2018). The 70: 20: 10 framework and the transfer of learning. *Human Resource Development Quarterly, 29*(4), 383–402. https://doi.org/10.1002/hrdq.21330

Ju, B., Lee, Y., Park, S. & Yoon, S.W. (2021). A Meta-Analytic Review of the Relationship Between Learning Organization and Organizational Performance and Employee Attitudes: Using the Dimensions of Learning Organization Questionnaire. *Human Resource Development Review, 20*(2), 207–251. https://doi.org/10.1177/1534484320987363

Jungclaus, J. & Schaper, N. (2021). Agiles Sprintlernen wirkt – aber warum? Theoriegeleitete Analyse der Wirkprinzipien eines Gestaltungsansatzes für arbeitsbezogene Kompetenzentwicklung. *Gruppe. Interaktion. Organisation. Zeitschrift für Angewandte Organisationspsychologie, 52*(1), 105–120. https://doi.org/10.1007/s11612-021-00557-x

Jungmann, F. (2021). *Factsheet zur Evaluation #FrauenStärken WOL*. Unveröffentlichtes Manuskript.

Kaplan, A.D., Cruit, J., Endsley, M., Beers, S.M., Sawyer, B.D. & Hancock, P.A. (2021). The effects of virtual reality, augmented reality, and mixed reality as training enhancement methods: A meta-analysis. *Human Factors, 63*(4), 706–726. https://doi.org/10.1177/0018720820904229

Karasek, R.A. (1979). Job demands, job decision latitude, and mental strain: Implications for job redesign. *Administrative Science Quarterly, 24,* 285–308. https://doi.org/10.2307/2392498

Kauffeld, S. (2016). *Nachhaltige Personalentwicklung und Weiterbildung*. Berlin: Springer. https://doi.org/10.1007/978-3-662-48130-1

Kauffeld, S., Bates, R., Holton, E.F., III. & Müller, A.C. (2008). Das deutsche Lerntransfer-System-Inventar (GLTSI): Psychometrische Überprüfung der deutschsprachigen Version. *Zeitschrift für Personalpsychologie, 7*(2), 50–69. https://doi.org/10.1026/1617-6391.7.2.50

Kauffeld, S., Brennecke, J. & Strack, M. (2009). Erfolge sichtbar machen: Das Maßnahmen-Erfolgs-Inventar (MEI) zur Bewertung von Trainings. In S. Kauffeld, S. Grote & E. Frieling (Hrsg.), *Handbuch Kompetenzentwicklung* (S. 55–78). Stuttgart: Schäffer-Poeschel.

Kauffeld, S. & Grote, S. (2019). Personalentwicklung. In S. Kauffeld (Hrsg.), *Arbeits-, Organisations- und Personalpsychologie für Bachelor* (2. Aufl., S. 167–210). Berlin: Springer. https://doi.org/10.1007/978-3-662-56013-6_7

Kauffeld, S. & Paulsen, H. (2018). *Kompetenzmanagement in Unternehmen: Kompetenzen beschreiben, messen, entwickeln und nutzen*. Stuttgart: Kohlhammer. https://doi.org/10.17433/978-3-17-030198-6

Keiser, N.L. & Arthur Jr., W. (2021). A meta-analysis of the effectiveness of the after-action review (or debrief) and factors that influence its effectiveness. *Journal of Applied Psychology, 106*(7), 1007–1032. https://doi.org/10.1037/apl0000821

Keith, N. & Frese, M. (2008). Effectiveness of error management training: A meta-analysis. *Journal of Applied Psychology, 93*(1), 59–69. https://doi.org/10.1037/0021-9010.93.1.59

Kim, J.H. & Park, H. (2019). Effects of smartphone-based mobile learning in nursing education: A systematic review and meta-analysis. *Asian Nursing Research, 13*(1), 20–29. https://doi.org/10.1016/j.anr.2019.01.005

Kim, Y. & Ployhart, R.E. (2014). The effects of staffing and training on firm productivity and profit growth before, during, and after the Great Recession. *Journal of Applied Psychology, 99*(3), 361–389. https://doi.org/10.1037/a0035408

Kirkpatrick, D.L. (1967). Evaluation of Training. In R.L. Craig & L.R. Bittel (Eds.), *Training and development handbook: A guide to human resources development* (pp. 87–112). New York: McGraw-Hill.

Kirkpatrick, D.L. (1994). *Evaluating training programs*. San Francisco, CA: Berrett-Koehler.

Klemmt, J. (2017). BarCamps – Zur Kausalität von Web 2.0 und plattformbasierter Konferenz. In G. Betz, R. Hitzler, A. Niederbacher & L. Schäfer (Hrsg.), *Hybride Events. Erlebniswelten* (S. 121–135). Wiesbaden: Springer VS. https://doi.org/10.1007/978-3-658-16825-4_10

Klemmt, J. (2018). BarCamps und frühere partizipatorische Konferenzformate. *Gruppe. Interaktion. Organisation. Zeitschrift für Angewandte Organisationspsychologie, 49,* 93–96. https://doi.org/10.1007/s11612-018-0404-z

Knight, C. & Parker, S.K. (2021). How work redesign interventions affect performance: An evidence-based model from a systematic review. *Human Relations, 74*(1), 69–104. https://doi.org/10.1177/0018726719865604

Knowles, M.S. (1975). *Self-directed learning: A guide for learners and teachers*. New York: Association Press.

Koch, A. & Westhoff, K. (2012). *Task-Analysis-Tools (TAToo). Schritt für Schritt Unterstützung zur erfolgreichen Anforderungsanalyse*. Lengerich: Pabst.

Kolbe, M., Weiss, M., Grote, G., Knauth, A., Dambach, M., Spahn, D.R. & Grande, B. (2013). TeamGAINS: A tool for structured debriefings for simulation-based team trainings. *BMJ Quality & Safety, 22*(7), 541–553. https://doi.org/10.1136/bmjqs-2012-000917

Kortsch, T. (2019). *Keep Learning – Informal Learning and Learning Culture in the 21st Century Workplace*. Dissertation, Technische Universität Braunschweig.

Kortsch, T., Bashenkhaeva, V. & Kauffeld, S. (2023). Learning from leaders: The mediating role of leadership between national culture and organizational learning culture. *Human Resource Development International, 2*(26), 151–174. https://doi.org/10.1080/13678868.2022.2060167

Kortsch, T., Decius, J. & Paulsen, H. (2021). New Learning: Wie sich das Lernen bei der Arbeit verändert. *Wirtschaftspsychologie aktuell,* Heft Nr. 1, 44–48.

Kortsch, T., Decius, J. & Paulsen, H. (2023). New Learning geht mit Lernkultur besser. *Wirtschaftspsychologie aktuell*, Heft Nr. 4, S. 30–36.

Kortsch, T., Kaiser, C. & Stüve, T. (2023). Transformation durch Lernen: Wie die Unternehmenstransformation der DATEV eG mit verschiedenen Dialog- und Lernformaten gestaltet wird. *Gruppe. Interaktion. Organisation. Zeitschrift für angewandte Organisationspsychologie, 54*, 403–410. https://doi.org/10.1007/s11612-023-00698-1

Kortsch, T. & Kauffeld, S. (2019). Validation of a German Version of the Dimensions of the Learning Organization Questionnaire (DLOQ) in German Craft Companies. *Zeitschrift für Arbeits- und Organisationspsychologie, 63*(1), 15–31. https://doi.org/10.1026/0932-4089/a000282

Kortsch, T., Paulsen, H. & Kauffeld, S. (2019). Lernkultur in Unternehmen – wie man sie messen und gestalten kann. *Wirtschaftspsychologie aktuell*, Heft Nr. 2, 27–32.

Kraiger, K., Ford, J. K. & Salas, E. (1993). Application of cognitive, skill-based, and affective theories of learning outcomes to new methods of training evaluation. *Journal of Applied Psychology, 78*(2), 311–328. https://doi.org/10.1037/0021-9010.78.2.311

Kunzelmann, A. & Rigotti, T. (2022). Challenge Demands and Resilience. Strain and Learning as Different Pathways. *Zeitschrift für Arbeits- und Organisationspsychologie, 66*(2), 59–71. https://doi.org/10.1026/0932-4089/a000363

Kyndt, E. & Baert, H. (2013). Antecedents of Employees' Involvement in Work-Related Learning: A Systematic Review. *Review of Educational Research, 83*(2), 273–313. https://doi.org/10.3102/0034654313478021

Lacerenza, C. N., Reyes, D. L., Marlow, S. L., Joseph, D. L. & Salas, E. (2017). Leadership training design, delivery, and implementation: A meta-analysis. *Journal of Applied Psychology, 102*(12), 1686–1718. https://doi.org/10.1037/apl0000241

Lave, J. & Wenger, E. (1991). *Situated learning: Legitimate peripheral participation*. Cambridge, UK: Cambridge University Press. https://doi.org/10.1017/CBO9780511815355

Leong, K., Sung, A., Au, D. & Blanchard, C. (2020). A review of the trend of microlearning. *Journal of Work-Applied Management, 13*(1), 88–102. https://doi.org/10.1108/JWAM-10-2020-0044

LePine, J. A. & Van Dyne, L. (1998). Predicting voice behavior in work groups. *Journal of Applied Psychology, 83*(6), 853–868. https://doi.org/10.1037/0021-9010.83.6.853

Liu, Q., Peng, W., Zhang, F., Hu, R., Li, Y. & Yan, W. (2016). The effectiveness of blended learning in health professions: systematic review and meta-analysis. *Journal of Medical Internet Research, 18*(1), e4807. https://doi.org/10.2196/jmir.4807

Lombardo, M. M. & Eichinger, R. W. (1996). *The career architect development planner*. Minneapolis, MN: Lominger.

Longmuß, J., Grantz, T. & Höhne, B. (2018). Mediengestützte Arbeits- und Lernprojekte als Instrument der betrieblichen Kompetenzentwicklung. In D. Ahrens & G. Molzberger (Hrsg.), *Kompetenzentwicklung in analogen und digitalisierten Arbeitswelten* (S. 53–72). Berlin: Springer. https://doi.org/10.1007/978-3-662-54956-8_5

Marlow, S. L., Lacerenza, C. N., Reyes, D. & Salas, E. (2017). The Science and Practice of Simulation-Based Training in Organizations. In K. G. Brown (Ed.), *The Cambridge Handbook of Workplace Training and Employee Development* (pp. 256–277). Cambridge, UK: Cambridge University Press. https://doi.org/10.1017/9781316091067.013

Marquardt, E. & Gerhard, U. (2019). „Barcamp adapted" – gemeinsam zu neuem Wissen. In R. Defila & A. Di Giulio (Hrsg.), *Transdisziplinär und transformativ forschen, Band 2* (S. 237–257). Wiesbaden: Springer VS. https://doi.org/10.1007/978-3-658-27135-0_9

Marsick, V. J. & Watkins, K. E. (1990). *Informal and incidental learning in the workplace*. London: Routledge.

Marsick, V. J. & Watkins, K. E. (2003). Demonstrating the value of an organization's learning culture: The dimensions of the learning organization questionnaire. *Advances in Developing Human Resources, 5*(2), 132–151. https://doi.org/10.1177/1523422303005002002

Marzano, R. J. & Kendall, J. S. (Eds.). (2006). *The new taxonomy of educational objectives.* Thousand Oaks, CA: Corwin Press.

McEwan, D., Ruissen, G. R., Eys, M. A., Zumbo, B. D. & Beauchamp, M. R. (2017). The effectiveness of teamwork training on teamwork behaviors and team performance: A systematic review and meta-analysis of controlled interventions. *PloS One, 12*(1), e0169604. https://doi.org/10.1371/journal.pone.0169604

McGehee, W. & Thayer, P. W. (1961). *Training in business and industry.* Hoboken, NJ: Wiley.

Means, B., Toyama, Y., Murphy, R. & Baki, M. (2013). The effectiveness of online and blended learning: A meta-analysis of the empirical literature. *Teachers College Record, 115*(3), 1–47. https://doi.org/10.1177/016146811311500307

Moser, K., Souček, R., Galais, N. & Roth, C. (2024). *Onboarding. Neue Beschäftigte erfolgreich integrieren* (2. Aufl.). Göttingen: Hogrefe. https://doi.org/10.1026/03224-000

Mubayrik, H. F. B. (2018). The present and future state of blended learning at workplace-learning settings in adult education: A systematic review. *Journal of Social Studies Education Research, 9*(4), 247–273. https://dergipark.org.tr/en/pub/jsser/issue/43626/534260

Müller, C. & Mildenberger, T. (2021). Facilitating flexible learning by replacing classroom time with an online learning environment: A systematic review of blended learning in higher education. *Educational Research Review, 34,* 100394. https://doi.org/10.1016/j.edurev.2021.100394

Nikolova, I., Van Ruysseveldt, J., De Witte, H. & Van Dam, K. (2014). Learning climate scale: Construction, reliability and initial validity evidence. *Journal of Vocational Behavior, 85*(3), 258–265.

Nonaka, I. & Takeuchi, H. (1995). *The knowledge creating company.* Oxford, UK: Oxford University Press.

Nortvig, A. M., Petersen, A. K. & Balle, S. H. (2018). A Literature Review of the Factors Influencing E-Learning and Blended Learning in Relation to Learning Outcome, Student Satisfaction and Engagement. *The Electronic Journal of e-Learning, 16*(1), 46–55.

Otto, B., Perels, F. & Schmitz, B. (2015). Selbstreguliertes Lernen. In H. Reinders, H. Ditton, C. Gräsel & B. Gniewosz (Hrsg.), *Empirische Bildungsforschung. Strukturen und Methoden* (S. 41–53). Wiesbaden: Springer VS. https://doi.org/10.1007/978-3-531-19994-8_3

Parker, S. K. (2014). Beyond motivation: Job and work design for development, health, ambidexterity, and more. *Annual Review of Psychology, 65,* 661–691. https://doi.org/10.1146/annurev-psych-010213-115208

Parker, S. K. (2017). Work design growth model: How work characteristics promote learning and development. In J. E. Ellingson & R. A. Noe (Eds.), *Autonomous learning in the workplace* (pp. 137–161). New York: Routledge/Taylor & Francis. https://doi.org/10.4324/9781315674131-8

Phillips, J. J. & Phillips, P. P. (2007). *The value of learning: How organizations capture value and ROI and translate it into support, improvement, and funds.* Hoboken, NJ: John Wiley & Sons.

Pintrich, P. R. (2000). The role of goal orientation in self-regulated learning. In M. Boekaerts, P. R. Pintrich & M. Zeidner (Eds.), *Handbook of self-regulation* (pp. 451–502). Burlington, MA: Academic Press. https://doi.org/10.1016/b978-012109890-2/50043-3

Poell, R. F. & van der Krogt, F. J. (2003). Project-based learning in organizations: Towards a methodology for learning in groups. *The Journal of Workplace Learning, 15*(5), 217–228. https://doi.org/10.1108/13665620310483912

Popper, M. & Lipshitz, R. (1998). Organizational learning mechanisms: A structural and cultural approach to organizational learning. *Journal of Applied Behavioral Science, 34*(2), 161–179. https://doi.org/10.1177/0021886398342003

Powell, K.S. & Yalcin, S. (2010). Managerial training effectiveness: A meta-analysis 1952–2002. *Personnel Review, 39*(2), 227–241. https://doi.org/10.1108/00483481011017435

Rauen, C. (2014). *Coaching* (3. Aufl.). Göttingen: Hogrefe.

Richter, S., Kortsch, T. & Kauffeld, S. (2020). Understanding learning spillover: The major role of reflection in the formal-informal learning interaction within different cultural value settings. *Journal of Workplace Learning, 32*(7), 513–532. https://doi.org/10.1108/JWL-01-2020-0008

Ries, E. (2011). *The Lean Startup: How Today's Entrepreneurs Use Continuous Innovation to Create Radically Successful Business.* New York: Crown Business.

Ritzmann, S., Hagemann, V. & Kluge, A. (2014). The Training Evaluation Inventory (TEI)-evaluation of training design and measurement of training outcomes for predicting training success. *Vocations and Learning, 7*(1), 41–73. https://doi.org/10.1007/s12186-013-9106-4

Saks, A.M. & Burke, L.A. (2012). An investigation into the relationship between training evaluation and the transfer of training. *International Journal of Training and Development, 16*(2), 118–127. https://doi.org/10.1111/j.1468-2419.2011.00397.x

Saks, A.M. & Burke-Smalley, L.A. (2014). Is transfer of training related to firm performance? *International Journal of Training and Development, 18*(2), 104–115. https://doi.org/10.1111/ijtd.12029

Salas, E., DiazGranados, D., Klein, C., Burke, C.S., Stagl, K.C., Goodwin, G.F. & Halpin, S.M. (2008). Does team training improve team performance? A meta-analysis. *Human Factors, 50*(6), 903–933. https://doi.org/10.1518/001872008X375009

Salas, E., Nichols, D.R. & Driskell, J.E. (2007). Testing three team training strategies in intact teams: A meta-analysis. *Small Group Research, 38*(4), 471–488. https://doi.org/10.1177/1046496407304332

Salas, E., Wildman, J.L. & Piccolo, R.F. (2009). Using simulation-based training to enhance management education. *Academy of Management Learning & Education, 8*(4), 559–573. https://doi.org/10.5465/amle.8.4.zqr559

Schaper, N., Friebe, J., Wilmsmeier, A. & Hochholdinger, S. (2006). Ein Instrument zur Erfassung unternehmensbezogener Lernkulturen – das Lernkulturinventar (LKI). In R. Rapp, P. Sedlmeier & G. Zunker-Rapp (Eds.), *Perspectives on cognition. A Festschrift for Manfred Wettler* (pp. 175–198). Lengerich: Pabst.

Schein, E.H. (2010). *Organizational culture and leadership.* Hoboken, NJ: John Wiley & Sons.

Schermuly, C.C. (2019). *New Work – Gute Arbeit gestalten: Psychologisches Empowerment von Mitarbeitern* (2. Aufl.). Freiburg i. Br.: Haufe.

Schmitz, B. & Wiese, B.S. (2006). New perspectives for the evaluation of training sessions in self-regulated learning: Time-series analyses of diary data. *Contemporary Educational Psychology, 31*(1), 64–96. https://doi.org/10.1016/j.cedpsych.2005.02.002

Schneider, B., Ehrhart, M.G. & Macey, W.H. (2013). Organizational climate and culture. *Annual Review of Psychology, 64,* 361–388. https://doi.org/10.1146/annurev-psych-113011-143809

Schuler, H. & Kanning, U.P. (Hrsg.). (2014). *Lehrbuch der Personalpsychologie* (3. Aufl.). Göttingen: Hogrefe.

Schwaber, K. & Sutherland, J. (2020). *The Scrum Guide. The Definitive Guide to Scrum: The Rules of the Game.* Retrieved from https://scrumguides.org/docs/scrumguide/v2020/2020-Scrum-Guide-US.pdf

Seyda, S. & Placke, B. (2020). IW-Weiterbildungserhebung 2020: Weiterbildung auf Wachstumskurs. *IW-Trends, 47*(4), 3–21. https://doi.org/10.2373/1864-810X.20-04-07

Singh, H. (2021). Building effective blended learning programs. In B. H. Khan, S. Affouneh, S. H. Salha & Z. N. Khlaif (Eds.), *Challenges and Opportunities for the Global Implementation of E-Learning Frameworks* (pp. 15–23). Hershey, PA: IGI Global. https://doi.org/10.4018/978-1-7998-7607-6.ch002

Sitzmann, T. & Ely, K. (2011). A meta-analysis of self-regulated learning in work-related training and educational attainment: What we know and where we need to go. *Psychological Bulletin, 137*(3), 421–442. https://doi.org/10.1037/a0022777

Soderquist, K. E., Papalexandris, A., Ioannou, G. & Prastacos, G. (2010). From task-based to competency-based: A typology and process supporting a critical HRM transition. *Personnel Review, 39*(3), 325–346. https://doi.org/10.1108/00483481011030520

Solga, M. V., Ryschka, J. & Mattenklott, A. (2011). Personalentwicklung: Gegenstand, Prozessmodell, Erfolgsfaktoren. In J. Ryschka, M. Solga & A. Mattenklott (Hrsg.), *Praxishandbuch Personalentwicklung* (S. 19–34). Wiesbaden: Gabler.

Song, J. H., Chermack, T. J. & Kim, W. (2013). An Analysis and Synthesis of DLOQ-Based Learning Organization Research. *Advances in Developing Human Resources, 15*(2), 222–239. https://doi.org/10.1177/1523422313475995

Sonntag, K. (1996). *Lernen im Unternehmen*. München: C. H. Beck.

Sonntag, K., Schaper, N. & Friebe, J. (2005). Erfassung und Bewertung von Merkmalen unternehmensbezogener Lernkulturen. In Arbeitsgemeinschaft Betriebliche Weiterbildungsforschung e. V./Projekt Qualifikations-Entwicklungs-Management (Hrsg.), *Kompetenzmessung im Unternehmen. Lernkultur- und Kompetenzanalysen im betrieblichen Umfeld* (S. 19–339). Münster: Waxmann.

Sonntag, K. & Stegmaier R. (2008). Das Lernkulturinventar (LKI) – Ermittlung von Lernkulturen in Wirtschaft und Verwaltung. In R. Fisch, A. Müller & D. Beck (Hrsg.), *Veränderungen in Organisationen* (S. 227–247). Wiesbaden: Springer VS. https://doi.org/10.1007/978-3-531-91166-3_10

Sonntag, K., Stegmaier, R., Schaper, N. & Friebe, J. (2004). Dem Lernen im Unternehmen auf der Spur: Operationalisierung von Lernkultur. *Unterrichtswissenschaft, 32*(2), 104–127.

Spreitzer, G. M. (1995). Psychological empowerment in the workplace: Dimensions, measurement, and validation. *Academy of Management Journal, 38*(5), 1442–1465.

Statistik Austria (Hrsg.). (2018). *Betriebliche Weiterbildung*. Wien: Statistik Austria. Verfügbar unter https://www.statistik.at/fileadmin/publications/Betriebliche_Weiterbildung_2015.pdf

Statistik Austria (Hrsg.). (2023). *Betriebliche Weiterbildung 2020*. Wien: Statistik Austria. Verfügbar unter https://www.statistik.at/fileadmin/publications/Betriebliche-Weiterbildung-2020_Web-Barrierefrei.pdf

Statistisches Bundesamt (Destatis). (2017). *Berufliche Weiterbildung in Unternehmen. Fünfte Europäische Erhebung über die berufliche Weiterbildung in Unternehmen (CVTS5)*. Verfügbar unter https://www.destatis.de/DE/Themen/Gesellschaft-Umwelt/Bildung-Forschung-Kultur/Weiterbildung/Publikationen/Downloads-Weiterbildung/weiterbildung-unternehmen-5215201159004.pdf

Statistisches Bundesamt (Destatis). (2021). *Weiterbildung 2020*. Verfügbar unter https://www.destatis.de/DE/Themen/Gesellschaft-Umwelt/Bildung-Forschung-Kultur/Weiterbildung/Publikationen/Downloads-Weiterbildung/berufliche-weiterbildung-5215001207004.pdf

Statistisches Bundesamt (Destatis). (2022a, 17. August). *Berufliche Weiterbildung: Teilnahmequoten der Unternehmen mit Lehrveranstaltungen*. Verfügbar unter https://www.destatis.de/

DE/Themen/Gesellschaft-Umwelt/Bildung-Forschung-Kultur/Weiterbildung/Tabellen/cvts-teilnahme.html

Statistisches Bundesamt (Destatis). (2022b, 17. August). *Gut drei Viertel der Unternehmen bieten berufliche Weiterbildung an. Pressemitteilung Nr. 349 vom 17. August 2022.* Verfügbar unter https://www.destatis.de/DE/Presse/Pressemitteilungen/2022/08/PD22_349_215.html

Stepper, J.C. (2015). *Working out loud: For a better career and life* (10th ed.). Edmonton, AB: Ikigai Press.

Stokoe, E. (2014). The Conversation Analytic Role-play Method (CARM): A method for training communication skills as an alternative to simulated role-play. *Research on Language and Social Interaction, 47*(3), 255–265. https://doi.org/10.1080/08351813.2014.925663

Tannenbaum, S.I., Beard, R., McNall, L.A. & Salas, E. (2010). Informal learning and development in organizations. In S.W.J. Kozlowski & E. Salas (Eds.), *Learning, training, and development in organizations* (pp. 303–332). New York: Routledge.

Tannenbaum, S.I. & Cerasoli, C.P. (2013). Do team and individual debriefs enhance performance? A meta-analysis. *Human Factors, 55*(1), 231–245. https://doi.org/10.1177/0018720812448394

Tannenbaum, S.I. & Wolfson, M.A. (2022). Informal (Field-Based) Learning. *Annual Review of Organizational Psychology and Organizational Behavior, 9,* 391–414. https://doi.org/10.1146/annurev-orgpsych-012420-083050

Tavakoli, Z., Gandomani, T. & Ghasemi, M. (2017). Adaptation of scrum activities and artifacts to Milton's knowledge management model. *Journal of Software Engineering & Intelligent Systems, 2*(3), 226–230.

Taylor, A. & Hung, W. (2022). The Effects of Microlearning: A Scoping Review. *Educational Technology Research and Development, 70,* 363–395. https://doi.org/10.1007/s11423-022-10084-1

Taylor, F.W. (1911). *The Principles of Scientific Management*. New York, Harper.

Taylor, P.J., Russ-Eft, D.F. & Chan, D.W. (2005). A meta-analytic review of behavior modeling training. *Journal of Applied Psychology, 90*(4), 692–709. https://doi.org/10.1037/0021-9010.90.4.692

Tietze, K.O. (2010). *Kollegiale Beratung: Problemlösungen gemeinsam entwickeln.* Reinbek bei Hamburg: Rowohlt.

Tims, M., Bakker, A.B. & Derks, D. (2012). Development and validation of the job crafting scale. *Journal of Vocational Behavior, 80*(1), 173–186. https://doi.org/10.1016/j.jvb.2011.05.009

Tracey, J.B., Tannenbaum, S.I. & Kavanagh, M.J. (1995). Applying trained skills on the job: The importance of the work environment. *Journal of Applied Psychology, 80*(2), 239–252. https://doi.org/10.1037/0021-9010.80.2.239

Vallée, A., Blacher, J., Cariou, A. & Sorbets, E. (2020). Blended learning compared to traditional learning in medical education: Systematic review and meta-analysis. *Journal of Medical Internet Research, 22*(8), e16504. https://doi.org/10.2196/16504

Vanhercke, D., De Cuyper, N., Peeters, E. & De Witte, H. (2014). Defining perceived employability: A psychological approach. *Personnel Review, 43*(4), 592–605. https://doi.org/10.1108/PR-07-2012-0110

Verwijs, C. & Russo, D. (2023). A theory of scrum team effectiveness. *ACM Transactions on Software Engineering and Methodology, 32*, 1–51. https://doi.org/10.1145/3571849

Villado, A.J. & Arthur, W., Jr. (2013). The comparative effect of subjective and objective after-action reviews on team performance on a complex task. *Journal of Applied Psychology, 98*(3), 514–528. https://doi.org/10.1037/a0031510

Wasserman, M. & Fisher, S. (2017). One (Lesson) for the Road? What We Know (and Don't Know) about Mobile Learning. In K. Brown (Ed.), *The Cambridge Handbook of Workplace Training and*

Employee Development (pp. 293–317). Cambridge, UK: Cambridge University Press. https://doi.org/10.1017/9781316091067.015

Watkins, K.E. & Dirani, K.M. (2013). A meta-analysis of the dimensions of a learning organization questionnaire looking across cultures, ranks, and industries. *Advances in Developing Human Resources, 15*(2), 148–162. https://doi.org/10.1177/1523422313475991

Watkins, K.E. & Kim, K. (2018). Current status and promising directions for research on the learning organization. *Human Resource Development Quarterly, 29*(1), 15–29. https://doi.org/10.1002/hrdq.21293

Watkins, K.E. & Marsick, V.J. (1996). *In action: Creating the learning organization*. Alexandria, VA: American Society for Training and Development.

Wihler, A. (2019). Mentoring von Erwerbstätigen in Organisationen. In S. Kauffeld & D. Spurk (Hrsg.), *Handbuch Karriere und Laufbahnmanagement* (S. 785–810). Berlin: Springer.

Williams, B. (2010, November 29). *When will we Work Out Loud? Soon!* [Blog]. Retrieved from https://thebryceswrite.com/2010/11/29/when-will-we-work-out-loud-soon/

Wright, P.C. & Geroy, G.D. (1992). Needs analysis theory and the effectiveness of large-scale government-sponsored training programmes: A case study. *Journal of Management Development, 11*(5), 16–27. https://doi.org/10.1108/02621719210014527

Wrzesniewski, A. & Dutton, J.E. (2001). Crafting a job: Revisioning employees as active crafters of their work. *Academy of Management Review, 26*(2), 179–201. https://doi.org/10.2307/259118

Zhang, C., Mayer, D.M. & Hwang, E. (2018). More is less: Learning but not relaxing buffers deviance under job stressors. *Journal of Applied Psychology, 103*(2), 123–136. https://doi.org/10.1037/apl0000264

Zhang, J. & West, R.E. (2020). Designing microlearning instruction for professional development through a competency based approach. *TechTrends, 64*(2), 310–318. https://doi.org/10.1007/s11528-019-00449-4

Zia, M.Q., Decius, J., Naveed, M. & Anwar, A. (2022). Transformational Leadership Promoting Employees' Informal Learning and Job Involvement: The Moderating Role of Self-efficacy. *Leadership & Organization Development Journal, 43*(3), 333–349. https://doi.org/10.1108/LODJ-06-2021-0286

Zimmerman, B.J. (1990). Self-regulated learning and academic achievement: An overview. *Educational Psychologist, 25*(1), 3–17. https://doi.org/10.1207/s15326985ep2501_2

9 Sachregister